"十三五"国家重点出版物出版规划项目
普通高等教育"十三五"规划教材

机电控制技术导论

付 庄 张 波 贡 亮 编著

机械工业出版社

本书从电气工程、机械工程的需要出发，理论结合实际，文字简练，图表丰富，例子实用。本书共有十章，主要包括：绪论、继电器接触器电路、PLC、计算机数字系统、单片机原理及应用、机电控制系统设计、DSP、ARM 与 FPGA、机电控制实例和现场总线技术与应用，涵盖了 PCC 控制技术、实时网络通信技术、机器人定位实例、履带式移动机器人、麦克纳姆轮全方位移动平台和物联网的机电系统设计实例等。

　　本书可作为高等院校机电技术相关专业的教学参考书，也可作为从事电气工程、机械工程自动化设计的专业技术人员的参考书。

图书在版编目（CIP）数据

机电控制技术导论/付庄，张波，贡亮编著. —北京：机械工业出版社，2017.6

"十三五"国家重点出版物出版规划项目

ISBN 978-7-111-57419-4

Ⅰ. ①机… Ⅱ. ①付… ②张… ③贡… Ⅲ. ①机电一体化－控制系统－高等学校－教材 Ⅳ. ①TH-39

中国版本图书馆 CIP 数据核字（2017）第 167677 号

机械工业出版社（北京市百万庄大街 22 号　邮政编码 100037）

策划编辑：王　康　责任编辑：王　康　刘丽敏

责任校对：肖　琳　封面设计：张　静

责任印制：孙　炜

保定市中画美凯印刷有限公司印刷

2017 年 10 月第 1 版第 1 次印刷

184mm×260mm · 20.25 印张 · 499 千字

标准书号：ISBN 978-7-111-57419-4

定价：49.00 元

前 言

随着劳动力成本的提高，机器人领域已经成为我国最具发展潜力的行业之一。与该行业相关的国家或行业政策越来越多，例如国家战略新兴产业的高端装备制造"机器换人"政策等。国家每年都有相关的基金支持这方面的科学研究工作，例如 863 计划和国家自然科学基金等。《机器人产业"十三五"发展规划》和"中国制造 2025"描绘了中国机器人产业的发展蓝图，因此迫切需要这方面的教材，以培养相关的技术人才。

在"NSFC-广东联合基金（U1401240）"的支持下，结合广大读者对机电控制技术的需求，作者在多年教学科研工作的基础上编著了本书。《机电控制技术导论》面向机械自动化领域，是机械电子行业培养专业技术人才的参考书。

本书涵盖了国际工业界最新的 PCC（Programmable Computer Controller，即可编程计算机控制器）控制技术；涵盖了工业以太网 POWERLINK、EtherCAT 等实时网络通信技术；给出了机器人定位系统实例；给出了 TMS320LF2812 DSP 的软硬件设计方法和实例；介绍了 ARM 和 FGPA 的机电控制设计方法和实例；介绍了国际最新的 Xilinx Zynq 嵌入式 SoC 设计工具，介绍了 Zynq 开发套件；结合作者的研究背景，编著了履带式移动机器人、麦克纳姆轮全方位移动平台和物联网的机电系统设计实例等。

本书可作为机电工程学院、电气工程及自动化学院或能源科学与工程学院的机械电子工程、机械设计制造及其自动化、电气自动化等专业专科生、本科生或研究生的教材（包括机械工程大平台和动力工程大平台下的所有专业的本科生），例如针对上海交通大学机械与动力工程学院来说，具体的课程包括："单片机系统设计""机电系统设计与实践""机械电子学"等。本书的编写深入浅出，用简单的语言把复杂的问题阐述清楚，以适合研究生、本科生、专科生等不同层次的读者。现阶段国内机器人技术人才短缺，而《机电控制技术导论》恰恰是机器人技术人才培养的重要教材之一，几乎全国所有的大专院校都有这方面的需求。除了专业的理论知识外，本书每章还有部分习题，用于巩固学习的知识，增强学习的效果。教材加入了许多现代机电控制知识，一定也会得到行业内广大读者群的关注。

付庄撰写了第 1、3、4、5、6、10 章，付庄、张波共同撰写了第 2、7、8 章，付庄、贡亮共同撰写了第 9 章，实验室的研究生对本书的部分章节进行了整理和校对工作，在此表示真挚的感谢。在本书的撰写过程中，参考了众多专家学者的专著或论文，特别是引用了王显正、黎明柱、刘利等老师编写的《机电控制技术》教材的部分内容，对本书的成稿起了非常重要的作用，在此对这些专家学者和老师表示衷心的感谢和崇高的敬意。感谢唐静君等老师在课程实验上给予的贡献，对于其他所有相关的老师在此一并表示衷心的感谢。

由于水平有限，本书难免会有错误或不足之处，衷心希望广大读者能将问题及时反馈给我们，我们将在后续的版本中进行改进和完善。

编著者

目　录

前　言

第1章　绪论 1

1.1 背景简介 1

1.2 什么是机电控制技术 2

1.3 机电系统设计流程 4

1.4 机电系统设计举例 5

1.5 机电系统所涵盖的技术 5

1.6 本书目的 6

1.7 本章小结 7

参考文献 7

习题 7

第2章　继电器接触器电路 8

2.1 常用低压电器 8

2.1.1 开关保护电器 8

2.1.2 主令电器 9

2.2 电气原理图的绘制 18

2.2.1 电气控制系统图中的图形符号和文字符号 18

2.2.2 电气原理图 19

2.2.3 电气元件布置图 20

2.2.4 电气安装接线图 21

2.3 继电器接触器基本控制电路 22

2.3.1 起动、自锁与停止控制电路 22

2.3.2 连续工作与点动控制 22

2.3.3 多点控制 23

2.3.4 联锁控制 23

2.3.5 顺序起动控制 24

2.4 异步电动机的控制 25

2.4.1 三相异步电动机工作原理 25

2.4.2 异步电动机的起动电路 25

2.4.3 异步电动机的正反转控制电路 27

2.4.4 异步电动机的制动电路 29

2.4.5 双速异步电动机的调速控制 31

2.5 交流电动机的调速 ·· 33
  2.5.1 异步电动机的调速 ·· 33
  2.5.2 同步电动机的调速 ·· 36
2.6 继电器接触器控制电路的设计 ·································· 38
  2.6.1 设计方法和步骤 ·· 38
  2.6.2 执行机构的选择 ·· 38
  2.6.3 电气原理图设计的注意事项 ································ 39
  2.6.4 设计举例 ··· 40
2.7 本章小结 ·· 40
参考文献 ·· 40
习题 ·· 41

第3章 可编程序控制器 ··· 43
3.1 PLC 简介 ··· 43
3.2 PLC 的结构和工作原理 ·· 43
  3.2.1 基本结构 ··· 43
  3.2.2 各组成部分的功能 ··· 44
  3.2.3 可编程序控制器的基本工作原理 ························· 49
  3.2.4 可编程序控制器的分类 ···································· 52
  3.2.5 PLC 与继电器接触器控制系统及计算机的区别 ········· 53
  3.2.6 可编程序控制器 FX 与 S7-200 概述 ···················· 54
3.3 FX 系列编程元件及基本编程语言 ····························· 54
  3.3.1 F 系列 PLC 中常用的编程器件与编程语言 ·············· 54
  3.3.2 基本逻辑指令 ·· 60
  3.3.3 梯形图绘制的基本规则 ···································· 62
  3.3.4 顺序步进指令和编程 ······································ 63
  3.3.5 PLC 控制系统设计方法 ···································· 65
3.4 S7-200 编程元件及基本编程指令 ····························· 66
  3.4.1 S7-200 的编程元件 ·· 66
  3.4.2 S7-200 的基本编程指令 ··································· 70
  3.4.3 程序举例 ··· 73
  3.4.4 SIMATIC 工业软件 ·· 77
3.5 LM 系列 PLC ·· 78
  3.5.1 LM 系列 PLC 概述 ··· 78
  3.5.2 硬件扩展 ··· 78
  3.5.3 通信功能 ··· 78
  3.5.4 编程软件介绍 ·· 79
3.6 可编程计算机控制器 ·· 79
  3.6.1 PCC 特点及其优势 ··· 79
  3.6.2 Automation Studio 编程软件应用实例 ··················· 81

3.7　PLC 系统网络与通信 ··· 88

　　3.7.1　PROFIBUS-FMS ··· 89

　　3.7.2　PROFIBUS-DP ··· 89

　　3.7.3　PROFIBUS-PA ··· 90

3.8　本章小结 ·· 90

参考文献 ·· 90

习题 ·· 91

第 4 章　计算机数字系统 ··· 93

4.1　数字编码系统 ··· 93

　　4.1.1　数制与编码 ·· 93

　　4.1.2　二进制运算 ·· 94

　　4.1.3　浮点数 ··· 96

　　4.1.4　格雷码 ··· 97

4.2　布尔代数 ·· 97

4.3　触发器 ·· 98

　　4.3.1　RS 触发器 ··· 98

　　4.3.2　D 触发器 ·· 98

　　4.3.3　JK 触发器 ··· 99

　　4.3.4　T 触发器 ·· 99

4.4　寄存器 ·· 99

　　4.4.1　基本寄存器 ··· 100

　　4.4.2　移位寄存器 ··· 100

　　4.4.3　计数器 ·· 101

　　4.4.4　三态门（三态缓冲器） ·· 102

4.5　常用数据锁存/缓冲/驱动器 ·· 102

　　4.5.1　锁存器 ·· 103

　　4.5.2　同相三态数据缓冲/驱动器 ·· 104

　　4.5.3　8 总线接收/发送器 ·· 105

4.6　存储器概述 ··· 105

　　4.6.1　存储器的分类 ··· 106

　　4.6.2　半导体存储器的分类 ·· 106

　　4.6.3　存储单元和存储单元地址 ·· 107

　　4.6.4　存储器的主要指标 ·· 108

　　4.6.5　存储器的寻址原理 ·· 108

4.7　隔离与驱动 ··· 109

　　4.7.1　数字隔离 ··· 109

　　4.7.2　继电器驱动控制 ··· 110

4.8　本章小结 ··· 111

参考文献 ··· 111

习题 112

第5章 单片机原理及应用 113

5.1 认识单片机 113
5.1.1 什么是单片机 113
5.1.2 MCS-51 单片机的内部硬件结构及引脚 114
5.1.3 MCS-51 单片机的内部硬件的主要功能 117

5.2 MCS-51 单片机指令系统及汇编语言程序设计 120
5.2.1 MCS-51 单片机指令格式 121
5.2.2 MCS-51 单片机指令系统 123
5.2.3 单片机寻址方式 129
5.2.4 汇编语言程序设计步骤 131

5.3 单片机 C 语言程序设计 133
5.3.1 C 语言与 MCS-51 133
5.3.2 C51 的数据类型 135
5.3.3 C51 的运算符和表达式 135
5.3.4 C51 的程序结构 138
5.3.5 函数 142
5.3.6 程序开发 143
5.3.7 单片机 C51 与汇编语言混合编程 144
5.3.8 PWM 与占空比 145
5.3.9 直流电动机控制例程 146

5.4 数据通信 151
5.4.1 数据通信的概念 151
5.4.2 串行通信 151
5.4.3 并行通信 158
5.4.4 并行 I/O 口的应用举例 160

5.5 中断系统 161

5.6 定时器/计数器 164
5.6.1 定时器/计数器的基本结构 164
5.6.2 定时器/计数器的工作方式 165
5.6.3 定时器/计数器的应用举例 167

5.7 A-D 转换电路和 D-A 转换电路 168
5.7.1 ADC0809 转换芯片 169
5.7.2 ADC0809 应用举例 172
5.7.3 DAC0832 转换芯片 174
5.7.4 DAC0832 应用举例 175

5.8 人机交互接口 177
5.8.1 键盘接口 177
5.8.2 显示 181

5.9 设计与开发工具 ··· 183
   5.9.1 单片机应用系统的设计方法和步骤 ································· 183
   5.9.2 Keil C51 开发工具软件 ··· 184
5.10 本章小结 ··· 184
参考文献 ··· 184
习题 ··· 185

第 6 章 机电控制系统设计 ·· 187
6.1 单轴机器人定位系统实例描述 ··· 187
6.2 方案设计 ··· 187
   6.2.1 丝杠及齿轮选型 ·· 187
   6.2.2 转速和功率估算 ·· 188
   6.2.3 运行总时间计算 ·· 188
   6.2.4 换算到电动机轴的负载惯量的计算 ······························ 189
   6.2.5 负载转矩的计算 ·· 189
   6.2.6 电动机的初步选定 ··· 190
   6.2.7 加速转矩的计算 ·· 190
   6.2.8 瞬时最大转矩、有效转矩的计算 ································· 190
   6.2.9 电动机参数校验 ·· 191
   6.2.10 控制器和编码器选型 ·· 191
6.3 机电系统设计的影响因素 ··· 191
   6.3.1 自然环境因素的影响 ·· 191
   6.3.2 振动因素的影响 ·· 192
   6.3.3 系统非线性因素的影响 ··· 195
   6.3.4 电磁因素的影响 ·· 196
6.4 本章小结 ··· 196
参考文献 ··· 197
习题 ··· 197

第 7 章 数字信号处理器应用基础 ·· 198
7.1 数字信号处理概述 ··· 198
   7.1.1 数字信号处理 ··· 198
   7.1.2 数字信号处理过程 ··· 199
   7.1.3 数字信号处理的实现方式 ·· 199
   7.1.4 数字信号处理的特点 ·· 200
7.2 数字信号处理芯片 ··· 201
   7.2.1 数字信号处理芯片的主要特点 ···································· 201
   7.2.2 数字信号处理芯片的发展现状与趋势 ·························· 202
7.3 数字信号处理系统设计 ·· 203
   7.3.1 设计步骤 ··· 203

7.3.2　DSP 芯片的选择 ··· 203

7.4　代码设计套件（CCS）开发工具 ·· 204

7.4.1　代码设计套件概述 ··· 204

7.4.2　代码生成工具 ·· 205

7.4.3　CCS 集成开发环境 ··· 206

7.5　简单应用程序开发实例 ·· 210

7.6　TMS320LF2812 DSP 应用实例 ··· 212

7.6.1　核心板介绍 ·· 212

7.6.2　被控对象分析 ··· 212

7.6.3　数字-模拟信号转换模块 ··· 213

7.6.4　控制程序的设计与编写 ·· 214

7.6.5　控制程序的关键函数 ·· 215

7.6.6　积分分离 PID 控制程序 ··· 216

7.7　无刷电动机控制电动舵机实例 ··· 217

7.7.1　电动舵机总体介绍 ·· 217

7.7.2　无刷电动机驱动原理 ·· 218

7.7.3　电动舵机控制器实现 ·· 219

7.7.4　实时性分析 ·· 236

7.8　本章小结 ··· 239

参考文献 ·· 240

习题 ·· 240

第8章　ARM 与 FPGA ··· 241

8.1　嵌入式微处理器简介 ··· 241

8.2　ARM 介绍 ··· 241

8.3　ARM 微处理器系列 ·· 242

8.4　ARM 的体系结构 ··· 244

8.5　基于 Zynq 的可扩展处理平台开发 ·· 245

8.5.1　Zynq-7000 系列的来历 ··· 245

8.5.2　Zynq 开发套件 Zedboard 简介 ·· 245

8.5.3　基于 Zynq-7000 的开发实例 ·· 246

8.5.4　应用程序编写 ··· 250

8.5.5　Eclipse 集成开发工具 ·· 252

8.6　FPGA 介绍 ·· 252

8.6.1　FPGA 结构 ·· 252

8.6.2　FPGA 的功能模块 ·· 253

8.6.3　FPGA 开发流程 ··· 255

8.6.4　FPGA 的常用开发工具 ··· 257

8.6.5　FPGA 程序实例 ··· 258

8.7　本章小结 ··· 266

参考文献 ·············· 267

习题 ·············· 267

第9章 机电控制实例 ·············· 269

9.1 履带式移动机器人 ·············· 269

9.1.1 功能介绍 ·············· 269

9.1.2 机器人结构设计 ·············· 270

9.1.3 履带机器人控制系统设计 ·············· 271

9.2 麦克纳姆轮全方位移动平台 ·············· 275

9.2.1 运动分析 ·············· 275

9.2.2 全方位移动平台设计 ·············· 278

9.3 物联网嵌入式节点介绍与农田环境监测实例 ·············· 285

9.3.1 物联网共性架构 ·············· 285

9.3.2 ZigBee 无线传感网络节点设计 ·············· 286

9.3.3 农田环境监测自供电无线传感网络设计 ·············· 289

9.4 本章小结 ·············· 292

参考文献 ·············· 292

习题 ·············· 293

第10章 现场总线技术与应用 ·············· 294

10.1 现场总线技术简介 ·············· 294

10.1.1 现场总线技术的发展 ·············· 294

10.1.2 现场总线的标准和分类 ·············· 294

10.2 以太网技术 ·············· 297

10.3 实时以太网技术及其比较 ·············· 297

10.4 主要实时以太网介绍 ·············· 298

10.4.1 POWERLINK ·············· 298

10.4.2 ProfiNet ·············· 298

10.4.3 Ethernet/IP ·············· 299

10.4.4 EtherCAT ·············· 299

10.4.5 SERCOS III ·············· 300

10.5 POWERLINK 和 EtherCAT 的比较 ·············· 300

10.6 本章小结 ·············· 301

参考文献 ·············· 302

习题 ·············· 303

附录 ·············· 304

附录 A MCS-51 指令集 ·············· 304

附录 B MCS-51 系列 SFR 寄存器功能说明 ·············· 308

第 1 章

绪　　论

1.1　背景简介

中国的先进制造业起步较晚，但改革开放以来特别是近几年来发展异常迅速，产业基础越做越大，已经发展成为世界重要的生产制造强国之一。而机电控制技术作为先进制造业的重要研究方向，也成为一门在工业产品设计制造中以机械工程、电气与智能控制为基础的整合性技术。最近几年，随着中国制造成本的提高，欧美制造业也逐渐回流，人们都希望用先进的现代制造技术来节约生产制造成本，创造更多的就业机会，从而推动现代制造业的发展。目前，纯手工的工业产业，境况日趋艰难，而机电结合的产业，特别是机器人、人工智能、3D 打印和纳米技术等产业，发展前景越来越好。

机电控制技术的发展已经不仅仅局限于单台电动机、几台电动机等被控对象，还可能针对几十台，上百台，甚至整个工厂，这就要研究智能工厂和智能生产问题。与此相关的著名战略是德国政府提出的"工业 4.0（Industry4.0）"，于 2013 年 4 月汉诺威工业博览会上推出，其目的是为了提高德国工业的竞争力，在新一轮工业革命中占领先机。该战略已经得到德国科研机构和产业界的广泛认同，弗劳恩霍夫协会将在其下属单位引入工业 4.0 概念，西门子公司已经开始将这一概念引入其工业软件开发和生产控制系统[1-2]。而且，德国人工智能研究中心还给出了从工业 1.0 到工业 4.0 的发展历程，描绘了人类社会即将开启"信息物理系统"融合的前景（见图 1-1）。

随着机电控制系统的发展，对微处理器的性能要求越来越高，许多半导体芯片厂商在单颗芯片中集成了更多的功能，例如 I/O、驱动、控制算法以及工业以太网模块等。网络化、智能化、模块化和微型化将是未来机电控制系统的必然趋势。

网络化就是要求机电系统能自动地采集和记录系统中各台电机等电气组件的电压、电流、温升和振动等状态变化，并通过网络将数据实时地传送到远程控制中心，以便对设备的运行状态进行监控和故障诊断，使控制人员可访问设备的参数、状态和诊断信息，并可进行参数设置。8 位微型处理器因为价格便宜，性能稳定，故应用范围极为广泛，是目前主要的控制器之一。但未来功能更强的 32 位微型处理器价格也将进一步降低，机电控制系统会越来越多地用到 32 位甚至更高位数的微型处理器。

智能化是机电控制技术与传统机械自动化的主要区别之一，也是 21 世纪机电控制技术的发展方向。近几年来，随着处理器速度和性能的提高，为嵌入式智能控制算法创造了条件，从而有力地推动了机电控制技术产品向智能化方向发展。智能机电控制技术产品可以模拟人类智能，具有某种程度的判断推理、逻辑思维和自主决策能力，因而可取代制造工程中人的部分脑力劳动。

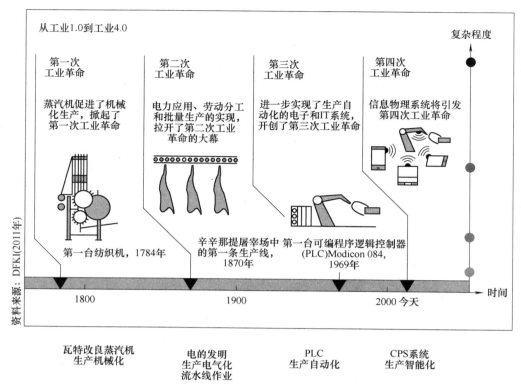

图 1-1　从工业 1.0 到工业 4.0 的发展历程

　　模块化也是机电控制技术产品的一个发展趋势。由于机电控制技术产品种类繁多，研制和开发具有标准机械接口、电气接口、动力接口、信息接口的机电控制技术产品单元是一项复杂而重要的任务，它需要制订一系列标准，以便实现各部件、单元的匹配和连接。机电控制产品的生产企业可利用模块化标准单元迅速开发出新产品。

　　微型化的机电系统高度融合了微机械技术、微电子技术和软件技术，是机电控制技术的一个新的发展方向。微机电系统的几何尺寸一般不超过 1cm^3，并向微米、纳米级方向发展。由于微机电一体化系统具有体积小、耗能低、运动灵活等特点，可进入一般机械无法进入的空间并易于进行精细操作，故在生物医学、航空航天、信息技术、工农业乃至国防等领域，都有广阔的应用前景。目前，利用半导体器件制造过程中的蚀刻技术，在实验室中已制造出亚微米级的机械元件。

　　此外，节能环保也是未来机电控制技术需要考虑的重要内容之一。

1.2　什么是机电控制技术

　　机电控制技术又称机电一体化技术或机械电子学（Mechatronics），是将机械学和电子学融合而成的一门新学科。时至今日，这个词有了更为广泛的含义，一般被认为是一种新的工程技术问题的解决思想。这种思想具体表现为在产品的设计制造和加工过程中，将机械工程、电子技术及计算机智能控制有机集成。应用这种思想，很多原本由机械结构实现的产品都可以由包含微控制器的产品替代。从而使生产过程更加灵活，设计和编程更加简单。

机电工程的定义是一个发展中的概念。电子技术和机械技术相互交叉，以计算机技术、通信技术和控制技术为特征的信息技术"融合"到机械技术中，使得"光-机-电"工程、"机-电-气"工程、"机-电-液"工程、"机-电-仪"工程得到了快速发展。

机电一体化系统不是简单地将机械系统和电气系统结合起来，而是在设计过程中遵循统一的设计理论与方法，将机械、电子和控制系统有机地集成在一起。这种集成化的、多学科交叉的方法被广泛应用于各种工程设计领域，诸如汽车设计、机器人制造、机械加工、清洗设备设计、摄像设备设计等。如果需要设计更加廉价，更加可靠，更加灵活的系统，那么在初始设计阶段就要对机械工程、电气工程、电子工程和控制工程等方面的内容进行集成。在处理多学科的交叉问题时，机电系统设计使用统筹方法来进行设计，例如在设计机械系统前，要考虑电气部分的安装与功能配合等。

如图 1-2 所示，机电系统设计将多个技术领域融合在一起，它包括机械系统与电气系统，电气系统又包括传感器测量系统、驱动系统和微处理器系统等。

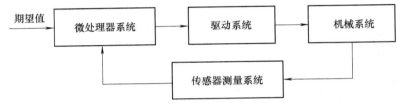

图 1-2　机电控制系统简图

1. 机电系统的简单例子

首先以自动对焦、自动曝光照相机为例，当拍照时，我们只需将它对准要拍摄的物体，按下按钮，照相机本身就可以自动调节焦距，自动调节光圈和快门速度，实现正确曝光。

再以卡车上使用的智能悬挂系统为例。这种悬挂系统可以在搭载不均匀负载时保持车身的平衡；可以在转弯路况较差的情况下，保证驾驶平稳。再以一条自动化冲压生产线为例，这样的生产线可包含很多的上下料生产过程，这些生产过程可按正确的顺序被自动地执行。

可见，自动照相机、智能悬挂系统以及自动化冲压生产线都是机械工程、电气工程及控制工程相互结合的完美实例。其他典型的机电系统还有高铁、数控机床、汽车电子产品、机器人、飞行器、轮船、电梯、智能化仪器仪表、电子排版印刷系统、CAD/CAM 系统等。

2. 嵌入式系统简介

嵌入式系统（Embedded System）是一种完全嵌入器件内部，为特定应用而设计的专用计算机系统，与通用的个人计算机系统不同，嵌入式系统通常执行的是带有特定要求的预先定义的任务。它是以应用为中心，以计算机技术为基础，软硬件可裁剪，适应应用系统对功能、可靠性、成本、体积、功耗等特定要求的专用计算机系统。

在机电控制技术领域，我们广泛地关注这种系统。微处理器在本质上可以被认为是逻辑门和存储单元的集合。但是，这些逻辑门和存储单元并不是分别作为个体由导线相互连接而成的。微控制器主要通过软件的编写来实现不同的逻辑功能。有些嵌入式系统还包含 Linux、WinCE 等操作系统，用户基于该系统编写并运行不同的应用程序来实现整个逻辑的控制。

对应用于控制系统的微处理器，它需要额外的芯片来提供存储数据的空间及与外界交换信号的接口。微控制器就是一种将微处理器功能及上述额外芯片功能集成在一起的器件。

1.3 机电系统设计流程

如图 1-3 所示，任何系统的设计流程都可以分为以下几个阶段：

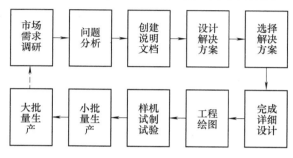

图 1-3 设计流程图

（1）市场需求调研 在设计开始前，要通过对潜在客户的市场调查来分析消费者或者客户的需求。

（2）问题分析 设计的第一个阶段是要通过分析找出问题的本质，这是一个十分重要的阶段，因为如果问题没有被分析透彻的话，那么设计将变得非常耗时且难以满足需求。

（3）创建说明文档 在对问题进行分析后，就可以开始创建说明文档了。准备工作包括问题的陈述，介绍选择解决方法时要考虑的约束条件以及判定设计质量的标准。在陈述问题时，所有在设计中需要实现的功能及系统特性都要准确地描述出来。因此，指标说明文档一般包含质量、尺寸、所需动作的类型及范围、准确度、输入输出要求、接口、电源要求、工作环境、相关标准及测试代码等。

（4）形成可能的总体设计解决方案 这一阶段是一个概念性设计阶段。为了得到解决问题的方法，要分析系统必需的功能，并给出足够多的实现这些功能的细节条件，诸如尺寸、形状、材料及花费等。同时，我们也要找出之前类似问题的解决方法作为参考设计。

（5）选择合适的解决方案 评估所有可能的解决方案，并选出最优的解决方案。评估通常是指对系统进行建模，通过仿真模拟系统对输入的响应。

（6）完成详细设计 在这一阶段，将完成所选方案的所有细节设计。为了实现设计的最优化，有时需要生产原型机或者模型来进行试验。

（7）工程绘图 在设计方案被选定后，就要进行电气原理图、印制电路板（PCB）、电气接线图、程序流程图等工程图样的设计。

（8）样机试制和试验 完成产品的详细设计后，进入样机试制与试验阶段。根据制造的成本和性能试验的要求，一般可制造几台样机供试验使用。样机的试验分为实验室试验和实际工况试验，通过试验考核样机的各种性能指标是否满足设计要求，考核样机的可靠性。如果样机的性能指标和可靠性不能满足设计要求，则要修改设计，重新制造样机，重新试验。如果样机的性能指标和可靠性满足设计要求，则进入产品的小批量生产阶段。

（9）小批量生产 产品的小批量生产阶段实际上是产品的试生产、试销售阶段。这一阶段的主要任务是跟踪调查产品在市场上的情况，收集用户意见，发现产品在设计和制造方面存在的问题，并反馈给设计、制造和质量控制部门。

（10）大批量生产　经过小批量试生产和试销售的考核，排除产品设计和制造中存在的各种问题后，即可投入大批量生产。

设计过程的各个阶段并不是简单地按照先后顺序一个一个地执行。设计者经常需要回到前面的阶段进行更深入的思考。当我们处在生成可能的解决方案阶段时，就经常需要回到之前的问题分析阶段进行重新思考。

另外，快速控制原型（Rapid Controller Prototyping，RCP）和硬件在环实时仿真（Hardware-in-Loop，HIL）是目前国际上机电控制系统设计的常用方法，它把计算机仿真和实时控制有机结合起来，用户可把仿真结果直接用于实时控制，极大提高控制系统的设计效率。

1.4　机电系统设计举例

机电控制系统有两种基本形式，一种称为开环（Open Loop）控制系统，另一种被称为闭环（Closed Loop）控制系统。

图 1-4 给出了丝杆滑块电动伺服系统的双闭环的一个例子。电动伺服系统作为一种自动控制系统，它的输出变量通常是位置或者速度，其任务是实现执行机构对给定外部指令的准确跟踪，即实现输出变量能够自动、连续、精确地复现输入指令信号的变化规律。由控制器、驱动器、伺服电动机、减速器、编码器、检测与反馈单元、机械传动机构及执行部件等组成。

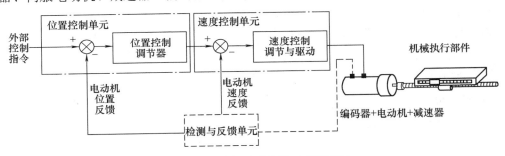

图 1-4　电动伺服系统的双闭环框图

对于图 1-4 的闭环控制系统，外部控制指令对应一个特定的目标轴位置，这一位置通过与反馈位置比较，再经过位置调节器运算，作为速度控制单元的输入，与速度反馈比较后，经过速度调节器的运算，控制电动机驱动器，电动机驱动器驱动电动机旋转。因此，在闭环控制系统中，当我们修改输入命令时，通过调节器的运算（例如 PID）可使输出调节到期望的值。

开环系统的好处是相对简单，因此成本低，一般有较高的可靠性，但因为没有校正误差，往往不够精确。闭环控制系统的特点是精度较高，但系统的结构较复杂、成本较高，还需要建立系统的稳定性模型。

1.5　机电系统所涵盖的技术

1. 传感器检测技术

研究如何将各种被测量（物理量、化学量、生物量等）转化为与之成比例的电信号，然后对转化后的电信号进行处理,如放大、补偿、标度变换等。

2. 自动控制技术

自动控制是在无人干预的情况下,能自动地驱动机器达到控制目标的技术。没有传感器反馈的控制称为开环控制;反之,则称为闭环控制,例如 PID 控制、模糊控制、自适应控制、神经网络控制、智能控制等。相关的控制器有:计算机、可编程序控制器、单片机等;相关的软件有:MATLAB、C、C++、Basic 等。

3. 驱动技术

研究对象包括:执行元件及其驱动装置等。具体的执行元件种类包括:电动元件、液动元件、气动元件等。

4. 现代机械技术

可实现机电产品的主要性能和功能,影响系统的构型、重量、体积、刚性和可靠性等,与机电产品的精密化、标准化和模块化直接相关。

5. 先进制造技术

先进制造技术是指通过微电子技术、自动化技术、信息技术等先进技术给传统制造带来种种变化的技术。具体地说,就是指集机械工程技术、电子技术、自动化技术、信息技术、材料技术等多种技术为一体所产生的技术、设备和系统的总称。

6. 自适应技术

自适应技术是一种面向未来的智能化技术,它能在产品的经济性、安全性和舒适性方面获得最优化的同时,减少或消除振荡以及不希望的噪声。应用自适应技术的产品和方法能够获得决定性的竞争优势。

7. 运动控制

运动控制(Motion Control,MC)是自动化的一个分支,它使用统称为伺服装置的一些设备,如液压泵、线性执行器或者伺服电动机来控制机器的位置、速度或加速度。运动控制在机器人和数控机床领域的应用更为复杂。

1.6 本书目的

"机电控制技术导论"全面系统地介绍了机电控制的基本器件,包括低压电器、可编程序控制器、单片机、数字信号处理器、嵌入式控制器(组成、原理及应用),并在此基础上阐述了总线技术和机电系统的总体设计方法,是适用于机械工程、机械设计制造及其自动化、能源与动力工程、核工程类和航空航天类等相关专业本科生、研究生的教学参考书。

通过本书的学习,可培养相关专业本科生、研究生掌握机电控制技术的基本概念和原理、基本器件和机电控制设计方法,培养完整的机电控制系统的设计能力。本书不仅能为学生提供必要的基础理论知识,也可培养学生利用专业技能分析解决问题的能力,为今后从事工程技术工作、科学研究以及开拓新技术领域,打下坚实的基础。

本书主要包括机电控制技术的基本知识、继电器接触器控制、单片机技术、可编程序控制器、数字信号处理器、嵌入式控制器以及总线技术等,以及实现机电系统控制的基本方法、途径和步骤。在本书的学习过程中有助于读者能灵活地运用机电控制技术解决机械自动化系统控制的实际问题。

1.7 本章小结

本章介绍了机电控制技术的背景和概念，给出了机电控制的设计流程，机电系统设计举例、所涵盖的技术等内容。

参考文献

[1] 工业 4.0 背景下电机控制行业发展趋势分析. http://articles.e-works.net.cn /view/ article 116278. html.
[2] 德国联邦政府的高科技战略举措行动"工业 4.0"，控制工程在线，2013-2-21.
[3] 杨汝清，等. 机电控制技术[M]. 北京：科学出版社，2009.
[4] William Bolton. 机械电子学[M]. 付庄，等译. 北京：机械工业出版社，2014.

 习　题

1.1　什么是工业 4.0？
1.2　请解释开环与闭环控制的区别。
1.3　请分析电动伺服系统的双闭环系统的原理。
1.4　请给出生活中一个机电控制的例子。
1.5　请说明顺序控制是什么意思，通过一个例子说明。
1.6　请说明机电控制的设计流程。
1.7　请说明机电控制技术所涵盖的相关技术。
1.8　什么是嵌入式系统？
1.9　机电控制发展的背景是什么？

第 2 章

继电器接触器电路

2.1 常用低压电器

电能通过电动机可以转换为机械能，来驱动各种生产设备。三相异步电动机的开环控制可由接触器、继电器、按钮、行程开关等低压电器组成的电气线路来简单实现。而直流、交流伺服电机的闭环控制，则需要有电流环、速度环或位置环的伺服驱动器来实现，只是在上电、断电时，用接触器、滤波器、断路器、继电器等电器进行伺服系统的开关控制。虽然电气技术已经获得了飞速发展，但以继电器、接触器为代表的低压电器及其组合电路，仍然在现代机电控制系统中获得了非常广泛的应用。

在电的产生、输送和使用过程中，配电是一个重要的环节，下面介绍配电系统中的常用低压电器。

2.1.1 开关保护电器

1. 开关装置

刀开关主要用来接通和断开长期工作设备的电源，分为单极、双极和三极，常用来控制小容量异步电动机的不频繁起动或停止，还常常用于小型电气柜的上电操作。

刀开关主要根据电源种类、电压等级、电动机容量、所需极数及使用场合来选用。若用来控制不经常起停的小容量异步电动机时，其额定电流不要小于电动机额定电流的 3 倍。在电气原理图中，刀开关的图形符号、文字符号如图 2-1a、b、c 所示，图 2-1d 给出了两种较大容量刀开关的实物图。

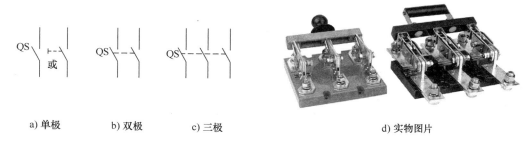

a) 单极   b) 双极   c) 三极   d) 实物图片

图 2-1 刀开关的图形符号、文字符号及实物图片

2. 转换开关

转换开关是一种可供两路或两路以上电源或负载转换用的开关电器，又称组合开关。转

换开关由多个触头组合而成，多用于非频繁地接通和分断电路，接通电源和负载，控制小容量异步电动机的正反转和星-三角起动等。转换开关有单极、双极和多极之分，适用于交流380V 以下或直流 220V 以下的电气设备，其图形和文字符号如图 2-2 所示。

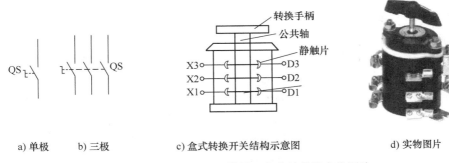

a) 单极　　　　b) 三极　　　　c) 盒式转换开关结构示意图　　　　d) 实物图片

图 2-2　转换开关的图形符号、文字符号及实物图片

3. 断路器

断路器（Circuit Breaker）是指能够关闭、承载和断开正常条件下的回路电流并能关闭、在规定的时间内承载和断开异常条件下的回路电流的开关装置。断路器可用来分配电能，不频繁地起动异步电动机，对电源线路及电动机等实行保护，当它们发生严重的过载或者短路及欠电压等故障时能自动切断电路，其功能相当于熔断器式开关与热继电器等的组合。而且在分断故障电流后一般不需要变更零部件。目前，已获得了广泛的应用。断路器按其使用范围分为高压断路器和低压断路器，高低压界线划分比较模糊，一般将 3kV 以上的称为高压电器。断路器的图形、文字符号、外形和原理如图 2-3 所示。

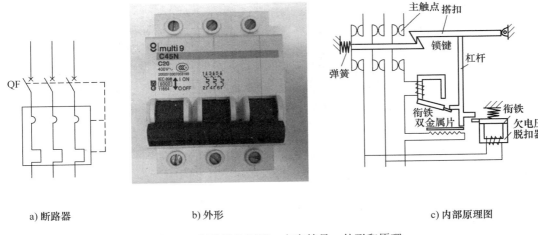

a) 断路器　　　　　　　b) 外形　　　　　　　c) 内部原理图

图 2-3　断路器的图形、文字符号、外形和原理

2.1.2　主令电器

主令电器是用作闭合或断开控制电路以发出指令或对生产过程进行程序控制的开关电器。它包括控制按钮、凸轮开关、行程开关、脚踏开关、接近开关、急停开关、转换开关、指示灯等。

1. 控制按钮

控制按钮通常用作短时接通或断开小电流控制电路的开关。一般用手按动按钮进行操作。旋钮式按钮是用手旋转来进行操作的。按钮的额定电压有交流 380V、220V 或直流 24V 等类型，额定电流根据不同的负载也有不同的选择。按钮帽有多种颜色，一般红色用作停止按钮，绿色用作起动按钮。按钮主要根据所需要的触点数、使用场合及颜色来选择。按钮开关的图形、文字符号及外形、原理如图 2-4 所示。

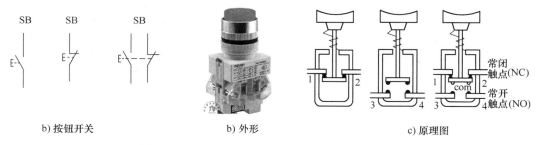

b) 按钮开关　　　　　　　b) 外形　　　　　　　c) 原理图

图 2-4　按钮开关的图形、文字符号、外形和原理

2. 行程开关

行程开关又称限位开关，是位置开关的一种，也是一种常用的小电流主令电器。利用生产机械运动部件的碰撞使其触头动作来实现接通或分断控制电路，从而达到控制的目的。通常，这类开关被用来限制机械运动的位置或行程，使运动机械按一定位置或行程自动停止、反向运动、变速运动或自动往返运动等。行程开关主要是根据机械位置对开关的要求及触点数目的要求来选择型号。行程开关的图形、文字符号、外形和原理如图 2-5 所示。

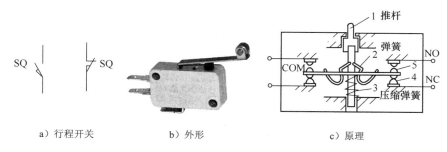

a）行程开关　　　　　　　b）外形　　　　　　　c）原理

图 2-5　微动行程开关的图形、文字符号、外形和原理

3. 接近开关

接近开关是无需接触就可"动作"的位置开关，在电路中有位置检测、行程控制、计数控制及检测金属物体是否存在等作用。按作用原理接近开关有高频振荡式、电容式、感应电桥式、永久磁铁式和霍尔效应式等种类。

其中高频振荡式由 *LC* 元件组成，电源供电后会产生高频振荡，当检测体远离开关检测面时，振荡电路通过检波、门限、输出等回路，使开关处于一种工作状态（常开型为"断"，常闭型为"通"）。当检测体接近检测面达一定距离时，维持回路振荡的条件被破坏，振荡停止，使开关改变原有工作状态（常开型为"通"，常闭型为"断"）。检测体再次远离检测面后，开关又重新恢复原有状态。这样，接近开关就完成了一次"开""关"动作。

a) 图形及文字符号   b) 外形

图 2-6 接近开关的图形、文字符号和外形

4. 熔断器

熔断器串接在所保护的电路中，当电路发生短路或严重过载时，它的熔体能自动迅速熔断，从而切断电路，使导线和电气设备不致损坏。

熔断器的图形、文字符号和外形如图 2-7 所示。

熔断器使用注意事项包括：

1）熔断器的保护特性应与被保护对象的过载特性相适应，考虑到可能出现的短路电流，选用相应分断能力的熔断器。

2）熔断器的额定电压要适应线路电压等级，熔断器的额定电流要大于或等于熔体额定电流。

a) 图形及文字符号   b) 外形

图 2-7 熔断器的图形、文字符号和外形

3）线路中各级熔断器熔体额定电流要相互配合，保持前一级熔体额定电流必须大于下一级熔体额定电流。

4）熔断器的熔体要按要求选择，不允许随意加大熔体或用其他导体代替熔体。

熔断器与断路器的区别如下：

二者的相同点是都能实现短路保护，熔断器的原理是利用电流流经导体会使导体发热，达到导体的熔点后导体融化，所以断开电路，保护电器和线路不被烧坏。它是热量的一个累积，所以也可以实现过载保护。一旦熔体烧毁就要更换熔体。

断路器也可以实现线路的短路和过载保护，不过原理不一样，它是通过电磁脱扣器实现短路保护，通过电流的热效应实现过载保护（不是熔断，多不用更换器件）。具体到实际中，当电路中的用电负荷长时间接近于所用熔断器的负荷时，熔断器会逐渐加热，直至熔断。像上面说的，熔断器的熔断是电流和时间共同作用的结果，起到对线路的保护作用，它是一次性的。而断路器是电路中的电流突然加大，超过断路器的负荷时，会自动断开，它是对电路一个瞬间电流加大的保护，例如当漏电很大、短路或瞬间电流很大时的保护。当查明原因并处理好后，可以合闸继续使用。断路器还可进行过载保护。

5. 交流接触器

接触器是一种用来频繁地接通或分断带有负载（如电动机）的主电路的自动控制电器。接触器按其主触点通过电流的种类不同，分为直流、交流两种，生产设备上应用最多的是交流接触器。交流接触器的选择主要考虑主触点的额定电压、额定电流、辅助触点的数量与种类、吸引线圈的电压等级及操作频率等。主触点的开关电流较大时，必须采取灭弧措施。

接触器的额定电压是指主触点的额定电压，应大于或等于负载回路的电压。接触器的额定电流是指主触点的额定电流，有5A、10A、20A、40A、60A、100A、150A、200A、400A等，应大于或等于被控回路的额定电流。接触器的触点数量和种类应满足主电路和控制线路的需要。接触器的图形符号、外形、内部结构如图2-8所示，文字符号为KM。电器元件的各部分在外观上看是一个整体，但在电气原理图中同一电器的各部分是分散的，分散的各部分都用相同的文字符号表示。例如图2-8的线圈、常开触点、常闭触点可分散画在原理图的不同部分。

图2-8d是没有灭弧装置的一种接触器外形，图中1L1、2T1，2L2、4T2，5L3、6T3，分别是三组主触点，13NO、14NO是一组常开的辅助触点，A1、A2是线圈。图2-8e是一种带灭弧装置的接触器的外形。图2-8f是图2-8d接触器线圈断开时的状态，当接触器线圈通电时，静铁心被磁化，并把动铁心（衔铁）吸上，带动转轴使常开触点闭合，从而接通电路。

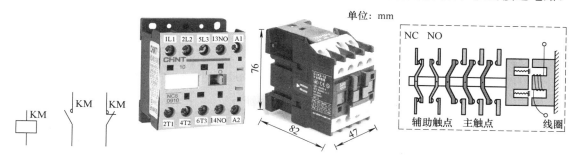

a) 线圈 b) 常开触点 c) 常闭触点   d) 外形1   e) 外形2   f) 无灭弧装置的内部结构

图2-8 接触器的图形符号、外形、内部结构

6. 继电器

继电器是当输入量的变化达到规定要求时，在输出电路中使被控量发生阶跃变化的一种电器。继电器的输入信号可以是电流、电压等电学量，也可以是温度、速度、时间及压力等非电量，而输出通常是触点的动作。可用于接通或断开控制电路，作为一种"自动开关"，用小电流去控制大电流，实现输出回路的控制，在自动化的控制电路中，起着自动调节、安全保护、转换电路等作用。

继电器的种类很多，按输入信号的性质分为电压继电器、电流继电器、时间继电器、温度继电器、速度继电器及压力继电器等。按工作原理可分为电磁式继电器、感应式继电器、电动式继电器、热继电器及固态继电器等。由于电磁式继电器具有工作可靠、结构简单、制造方便及寿命长等一系列优点，故应用最为广泛。

（1）电磁式继电器

电磁式继电器按线圈电流的种类分为直流和交流两种。其结构及工作原理与接触器相似，但因继电器一般用来接通和断开控制电路，故触点电流容量较小（一般5A以下）。下面介绍一些常用的电磁式继电器。

1）电流继电器

电流继电器的线圈串接在被测量的电路中，以反应电路电流的变化。电流继电器有欠电流继电器和过电流继电器两类。欠电流继电器的工作电流为线圈额定电流的30%～65%，释放电流为额定电流的10%～20%；过电流继电器工作电流范围通常为1.1～4倍额定电流。电流继电器主要根据主电路内的电流种类和额定电流来选择。

2）电压继电器

电压继电器的结构与电流继电器相似，不同的是电压继电器线圈并联在被测量的电路两端。电压继电器按动作电压值的不同，有过电压、欠电压及零电压之分。通常，过电压继电器在电压为额定电压的 110%～115% 以上时动作；欠电压继电器在电压为额定电压的 40%～70% 时动作；零电压继电器当电压降至额定电压的 5%～25% 时动作。不同厂家的产品参数会有差别。

3）中间继电器

中间继电器实质上是电压继电器的一种，但它的触点数多（6 对或更多），触点电流容量大（额定电流 5～10A），动作灵敏（动作时间不大于 0.05s）。其主要用途是当其他继电器的触点数或触点容量不够时，可借助中间继电器来扩大它们的触点数或触点容量，起到中间转换的作用。中间继电器主要依据被控电路的电压等级、触点数量、种类及容量来选用，文字符号为 KA。

电磁式继电器的一般图形符号是相同的。电流继电器的文字符号为 KI，线圈方格中用 $I>$（或 $I<$）表示过电流（或欠电流），如图 2-9 所示。电压继电器的文字符号为 KV，线圈方格中用 $U<$（或 $U=0$）表示欠电压（或零电压）。

图 2-10 给出了一款印制电路板用功率继电器的原理图和外形图。使用时，要注意线圈电压的极性和额定电压值，控制负载的电压、电流不要超过继电器开关触点允许的额定值。

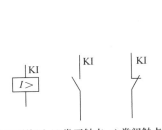

a) 吸引线圈 b) 常开触点 c) 常闭触点

图 2-9 电磁式电流继电器的图形符号

a) 原理 b) 外形图

图 2-10 印制电路板用功率继电器

（2）时间继电器

时间继电器是一种用来实现触点延时接通或断开的控制电器，按其动作原理与构造不同，可分为电磁式、空气阻尼式、电动式及晶体管式等类型。应用较多的是空气阻尼式，晶体管式时间继电器也获得了广泛的应用。

空气阻尼式时间继电器是利用空气阻尼的原理制成的，由电磁系统、延时机构和触点系统三部分组成。当继电器的线圈通电后，静铁心产生吸力，衔铁克服反力弹簧的阻力与静铁心吸合，带动推板立即动作，压合不延时微开关使其常闭触头断开，常开触头闭合。同时活塞杆在宝塔型弹簧的作用下向上移动，带动与活塞相连的橡皮膜向上运动，运动的速度受进气口进气速度的限制，活塞杆带动杠杆慢慢移动，经过一段时间活塞完成全部行程，压动延时微动开关完成延时动作。图 2-11 是 JS7 系列空气阻尼式时间继电器的原理图，根据需要可选择 0.4～60s 和 0.4～180s 的延时范围。空气阻尼式时间继电器的优点是结构简单、寿命长及价格低廉，还附有不延时的触点，所以应用较为广泛。缺点是准确度低、延时误差大（±10%～±20%）。因此在要求延时精度高的场合不宜采用，可以考虑用单片机的定时器进行延时。晶体管式时间继电器具有延时范围广、体积小、精度高、调节方便及寿命长等优点，所以发展很快，应用也日益广泛。时间继电器的图形符号如图2-12所示，文字符号为KT。

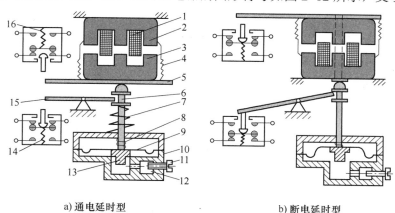

a) 通电延时型   b) 断电延时型

图 2-11   空气阻尼式时间继电器

1—线圈 2—铁心 3—衔铁 4—反力弹簧 5—推板 6—活塞杆 7—塔形弹簧 8—弱弹簧 9—橡皮膜

10—空气室壁 11—调节螺钉 12—进气孔 13—活塞 14、16—微动开关 15—杠杆

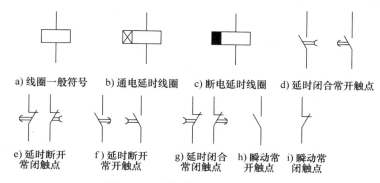

a) 线圈一般符号   b) 通电延时线圈   c) 断电延时线圈   d) 延时闭合常开触点

e) 延时断开   f) 延时断开   g) 延时闭合   h) 瞬动常   i) 瞬动常
常闭触点   常开触点   常闭触点   开触点   闭触点

图 2-12   时间继电器的图形符号

（3）热继电器

热继电器是利用电流的热效应原理来保护电动机，使之免受长期过载的危害。电动机过载时间过长，绕组温升超过允许值时，将会加剧绕组绝缘的老化，缩短电动机的使用年限，严重时会使电动机绕组烧毁。热继电器由于热惯性，当电路短路时不能立即动作使电路立即断开，因此不能作短路保护。同理，在电动机起动或短时过载时，热继电器也不会动作，这可避免电动机不必要的停机。热继电器主要由发热元件、双金属片和触点组成。

主要根据电动机的额定电流来确定热继电器的型号及热元件的额定电流等级。热继电器的图形和文字符号如图2-13所示。当电动机过载运行时，使双金属片因受热进一步弯曲，推动导板16向左移动，并推动补偿双金属片1绕转轴2顺时针转动，推杆8向右推动簧片7到一定位置时，弓形弹簧片11作用力方向发生改变，使簧片12向左运动，动合触点9闭合，动断触点10断开。用此触点断开电动机的控制电路并进而断开主电源电路，从而使电动机得到保护[6]。

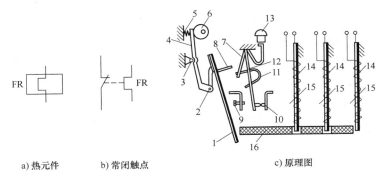

a) 热元件　　　　b) 常闭触点　　　　　　　　c) 原理图

图 2-13　热继电器的图形、文字符号及原理

1—补偿双金属片　2—转轴　3—支点　4—连杆　5—压簧　6—电流调节凸轮　7—簧片　8—推杆　9—复位调节螺钉

10—常闭静触点　11—弓簧　12—动触点　13—平动复位按钮　14—主双金属片　15—加热元件　16—导板

（4）速度继电器

速度继电器主要用作笼型异步电动机的反接制动控制，所以也称为反接制动继电器。一般速度继电器的动作转速为 120r/min，触头的复位转速在 100r/min 以下，转速在 3000～3600r/min 以下能可靠工作。速度继电器的图形及文字符号如图 2-14 所示。

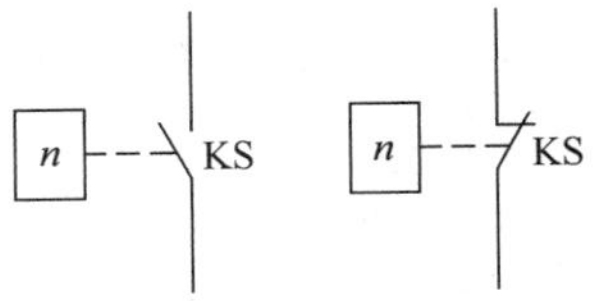

（5）固态继电器

固态继电器（Solid State Relay，SSR）是一种由固态电子元件组成的无机械运动触点的开关器件，因功能与电磁继电器相似而得名。在固态继电器的输入端加上控制信号，输出端就能从关断状态转变成导通状态（无信号时呈阻断状态），从而控制负载。

a) 常开触点　　　b) 常闭触点

图 2-14　速度继电器的图形及文字符号

1）固态继电器的组成

固态继电器内部由输入电路、隔离电路和控制输出电路三部分组成（见图 2-15）。按输入电压的不同类型，输入电路可主要分为直流输入电路和交流输入电路两种。有些输入控制电路还具有与 TTL/CMOS 兼容、正负逻辑控制和反相等功能。固态继电器的输入与输出电路的隔离和耦合方式有光耦合和变压器耦合两种。固态继电器的输出电路也可分为直流输出电路、交流输出电路和交直流输出电路等形式。图 2-16 是一种直流输入交流输出的 40A 通用型固态继电器，例如欧姆龙的 G3NA 等型号，可适用 5～90A 的负载。

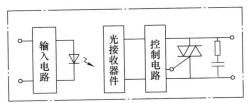

图 2-15　固态继电器的内部结构框图

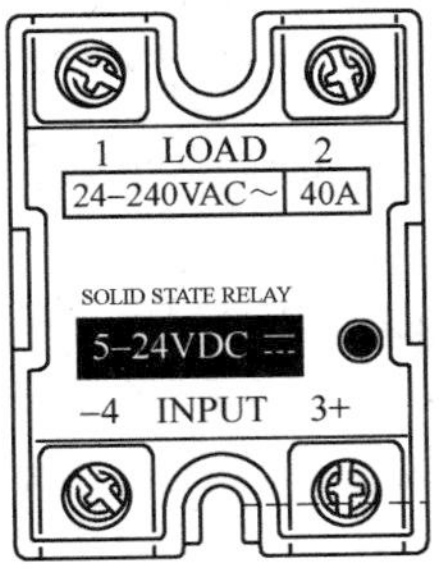

图 2-16　一种通用型固态继电器

2）固态继电器与机械式电磁继电器的区别

固态继电器虽无可动部件及机械运动触点，但可实现机械式电磁继电器的基本功能。固

态继电器与机械式电磁继电器的区别如下：

①固态继电器与机械式电磁继电器相比，是一种没有机械运动、不含运动零件的继电器，但它具有与机械式电磁继电器本质上相同的功能。

②固态继电器是一种全部由固态电子元件组成的无机械运动触点开关元件，它利用电子元器件的电、磁和光特性来完成输入与输出的可靠隔离，利用大功率晶体管、功率场效应晶体管、单向晶闸管和双向晶闸管等器件的开关特性，来达到无机械运动触点、无火花地接通和断开被控电路。

③固态继电器的使用寿命长、可靠性高。

④固态继电器的灵敏度高、控制功率小、电磁兼容性好，可与大多数集成电路兼容且不需加缓冲器或驱动器。

⑤因为固态继电器采用电子固态器件，因此控制的响应速度比机械式电磁继电器快，电子开关的切换速度可达几微秒至几毫秒。

⑥固态继电器的电磁干扰小。固态继电器没有输入线圈和机械开关，没有机械运动触点的电弧产生，因而减少了电磁干扰。

⑦固态继电器也有一些缺点，例如关断后仍有数微安至数毫安的漏电流，有导通电阻，有通态压降的存在，易发热；截止时存在漏电阻，不能使电路完全断开；易受温度的影响等。因此，对于 SSR 具有的独特性能，必须正确的理解和谨慎使用，才能发挥其独特的优势。

3）固态继电器的应用

固态继电器按其使用场合可以分成交流型和直流型两大类，分别在交流或直流电源上作负载的控制开关。交流型固态继电器按触发形式不同分为过零型和随机型。过零型固态继电器用作"开关"，随机型固态继电器通常也可用作"调压"。而三相交流固态继电器一般只用作"开关"。交流固态继电器是一种四端有源器件，其中两个端子为输入端，另两个端子为输出端。当在输入端施加合适的控制信号时，输出端就能从关断状态转变成导通状态；当控制信号撤销后，输出端就呈关断状态。

所谓"过零型固态继电器"是指当加入控制信号后，在输出端供电的交流电压过零时 SSR 才为通态；而当断开控制信号后，SSR 要等待交流电的正半周与负半周的交界点（零电位）时，SSR 才为断态。这种设计能防止高次谐波的干扰和对电网的污染。在输出端的"R-C"串联吸收电路或非线性电阻（如金属氧化物压敏电阻 Metal-Oxide-Varistor，MOV）是为防止从电源中传来的尖峰、浪涌电压对开关器件双向可控硅管的冲击和干扰（甚至误动作）而设计的。而随机型是输入端加信号后输出端立即导通。

直流型的 SSR 与交流型的 SSR 相比，无过零控制电路，也不必设置吸收电路，开关器件一般用大功率开关晶体管。负载为感性负载时，如直流电磁阀或电磁铁，应在负载两端并联一只二极管，极性如图 2-17 所示，二极管的电流应大于等于工作电流，电压应大于工作电压的 4 倍左右。

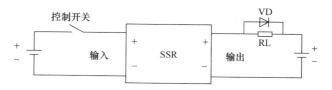

图 2-17　直流型的 SSR 控制感性负载原理图

固态继电器在使用过程中，当环境温度达到临界值 T_0 时，输出电流会随着温度升高而降低。通常，输出电流小于 5 A 的固态继电器，利用空气散热基本可以满足散热要求。对于 5A 以上的固态继电器，散热必不可少。如图 2-18 所示，安装适当散热器的固态继电器的输出电流比没有安装的要高（$A_2 > A_1$），因此要参考相应产品的电流温度曲线选择散热器。此外，环境温度较高时，固态继电器应降额使用。

图 2-19 中是固态继电器的特殊类型，为自触发无源控制交流调压器，使用中仅需要调节外配的电位器，即可控制输出端负载两端电压波形，完成对电压、功率的无级调节，使用十分方便。可以广泛用于调光照明设备、阻性电热设备的温控及其他功率调节场合。

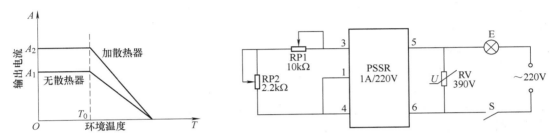

图 2-18　固态继电器的输出电流—环境温度曲线　　图 2-19　固态调压器用于照明设备的控制原理图

在安装形式上，按其结构分机架安装型（面板安装）、线路板安装型。所有型号均有包括托架式轨道等多种安装形式的产品供选择，还同时提供带或不带散热装置型号的产品。有些系列产品还按标准提供保护罩，以增强安全性。

由于固态继电器与电磁继电器相比具有工作可靠、寿命长，对外界干扰小，能与逻辑电路兼容、抗干扰能力强、开关速度快和使用方便等一系列优点，因此与传统电磁继电器一样已成为重要的开关控制电器之一。

（6）其他继电器

此外还有其他类型的继电器，如极化继电器、热敏干簧继电器、光继电器、声继电器、仪表式继电器、霍尔效应继电器、差动继电器等。极化继电器是受极化磁场与控制电流通过控制线圈所产生的磁场综合作用而动作的继电器。继电器的动作方向取决于控制线圈中流过的电流方向。热敏干簧继电器是一种新型热敏开关，它由感温磁环、恒磁环、干簧管、导热安装片、塑料衬底及其他一些附件组成。热敏干簧继电器不用线圈励磁，而由恒磁环产生的磁力驱动开关动作。恒磁环能否向干簧管提供磁力是由感温磁环的特性决定的。

7. 浪涌电压抑制器

浪涌电压抑制器（Surge Suppressor，SS），也叫浪涌吸收器（Surge Absorber，SA）、防雷器，是一种为各种电子设备、仪器仪表、通信线路提供安全防护的电子装置。当电气回路或者通信线路中因为外界的干扰突然产生尖峰电流或者电压时，浪涌保护器能在极短的时间内导通分流，从而避免浪涌对回路中其他设备的损害。

（1）浪涌电压抑制器的主要功能

浪涌电压抑制器的主要功能是保护系统免受浪涌高压的损害。不间断电源（UPS）用来防止电压下降和电源断开，大部分台式系统的电源可以处理高达 800V 的浪涌电压。浪涌抑制器可以阻止高于这个级别的电压。现在出售的大多数浪涌抑制器将浪涌电压转移到地线，但在有些建筑物的布线中，浪涌电压可能会重新出现在其他计算机系统中。有的浪涌抑制器使用线圈和电解电容来吸收过剩的能量，而不是将能量分散到地下。地线分散法主要用来保护浪涌抑制器本身不被烧坏。

浪涌保护额定电压可高达 6000V。保护装置都配备了电磁干扰（EMI）和射频干扰（RFI）噪声过滤电路。必须谨慎使用瞬间电压浪涌抑制器（TTSS），这种抑制器可以防止大的瞬间高压，如闪电雷击，但是对低到一定程度而对电子设备仍然有害的瞬间电压无抑制作用。

（2）浪涌电压抑制器分类

1）开关型：其工作原理是当没有瞬时过电压时呈现为高阻抗，但一旦响应雷电瞬时过电压时，其阻抗就突变为低值，允许雷电流通过。用作此类装置的器件有气体放电管等。

2）限压型：其工作原理是当没有瞬时过电压时为高阻抗，但随电涌电流和电压的增加其阻抗会不断减小，其电流电压特性为非线性。用作此类装置的器件有：氧化锌、压敏电阻、抑制二极管、雪崩二极管等。

3）分流型或扼流型

①分流型：与被保护的设备并联，对雷电脉冲呈现为低阻抗，而对正常工作频率呈现为高阻抗。

②扼流型：与被保护的设备串联，对雷电脉冲呈现为高阻抗，而对正常的工作频率呈现为低阻抗。

8. 伺服系统电源滤波器

在实际应用中，伺服系统和 CNC、PLC、变频器等其他自动化设备总会出现一些干扰因素，影响伺服系统的正常工作，如脉冲不准、驱动器误报警等。只有注意到机电产品的电磁兼容性（EMC）设计和安装的规范，采取必要的抗干扰措施，才能大大降低干扰因素带来的影响。目前机电工程上采用伺服电动机、变频器、数控系统专用的电源滤波器（FIL）来提高抗干扰能力。伺服系统电源滤波器一般串联到外部电源的输入部分，电源经过滤波器滤波后输出给设备供电，能有效抑制线对线、线对地之间的电磁干扰。

图 2-20 中，三相交流电 R、S、T 先经过断路器 QF 的保护后，与浪涌电压抑制器 SA 并联，再经过电源滤波器 FIL 滤波后，输出给下面的负载 1 和负载 2 供电。

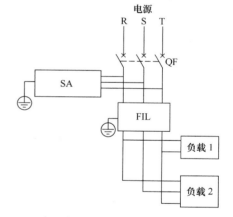

图 2-20　浪涌电压抑制器（SA）、滤波器（FIL）、断路器（QF）的连接

2.2　电气原理图的绘制

电气控制系统中各电气元件及其连接，可用一定的图形表达出来，称为电气控制系统图。电气控制系统图有三类：电气原理图、电器元件布置图和电气安装接线图。

2.2.1　电气控制系统图中的图形符号和文字符号

电气控制系统图中，电气元件必须使用国家统一规定的图形符号和文字符号。国家规定从1990年1月1日起，电气系统图中的图形符号和文字符号必须符合最新的国家标准。国家标准会随着行业和技术的发展更新换代，每年都会有大量的标准被制定和修订，同时也会有许多标准被废止，可以在国家标准化管理委员会的网站（http://www.sac.gov.cn/）上查询最新的行业标准。当前推行的最新标准是国家标准局颁布的GB 4728—2008《电气图用图形符号》、GB 6988—2008《电气技术用文件的编制》。

2.2.2 电气原理图

电气原理图是为了便于阅读和分析控制线路，根据简单清晰的原则，采用电气元件展开的形式绘制成的电气控制线路工作原理。在电气原理图中只包括所有电气元件的导电部件和接线端点之间的相互关系，但并不按照各电气元件的实际位置和实际接线情况来绘制，也不反映电气元件的大小。

下面结合图2-21车床电气原理图说明绘制电气原理图的基本规则和应注意的事项。

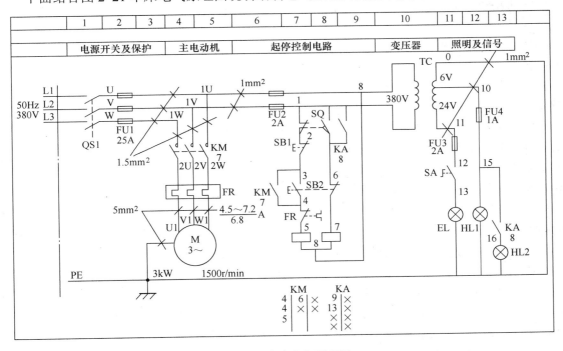

图2-21 车床电气原理图

1. 绘制电气原理图的基本规则

1）原理图一般分主电路和辅助电路两部分：主电路是从电源到电动机绕组的大电流通过的路径；辅助电路包括控制回路、照明电路、信号电路及保护电路等，由继电器的线圈和触点、接触器的线圈和辅助触点、按钮、照明灯、信号灯及控制变压器等电器元件组成。一般主电路用粗实线表示，画在左边或上部；辅助电路用细实线表示，画在右边或下部。

2）属于同一电器的线圈和触点，都要用同一个文字符号表示。当使用相同类型电器时，可在文字符号后加注阿拉伯数字序号来区分。

3）各电器元件的导电部件如线圈和触点的位置，应根据便于阅读和分析的原则来安排，绘在它们完成作用的地方。同一电器元件的各个部件可以不画在一起。

4）所有电器的触点，都按没有通电或没有外力作用时的自然开闭状态画出。如继电器、接触器的触点，按线圈未通电时的状态画；按钮、行程开关的触点按不受外力作用时的状态画；控制器按手柄处于零位时的状态画。

5）有直接电联系的交叉导线的连接点，要用黑圆点表示。

6）无论是主电路还是辅助电路，各电气元件一般应按动作顺序从上到下，从左到右依次排列，可水平布置或垂直布置。

2. 图面区域的划分

在原理图上方的数字是图区的编号，它是为了便于检索电气线路及方便阅读分析。图区编号也可以设置在图的下方。图区编号下方的文字说明它对应的下方元件或电路的功能。

3. 符号位置的索引

在较复杂的电气原理图中，对继电器、接触器线圈的文字符号下方要标注其触点位置的索引；而在触点文字符号下方要标注其线圈位置的索引。符号位置的索引，用图号、页次和图区编号的组合索引法，索引代号的组成为：图号/页次.图区号。

当与某一元件相关的各符号元素出现在不同图号的图样上，而每个图号仅有一页图样时，索引代号可以省去页次；当与某一元件相关的各符号元素出现在同一图号的图样上，而该图号有几张图样时，索引代号可省去图号。依次类推，当与某一元件相关的各符号元素出现在只有一张图样的不同图区时，索引代号只用图区号表示。如图 2-21 图区 9 中，继电器 KA 触点下面的 8 即为最简单的索引代号，它指出继电器 KA 的线圈位置在图区 8。图区 5 中，接触器 KM 主触点下面的 7，即表示接触器 KM 的线圈位置在图区 7。较简单的电气原理图中，触点文字符号下方的索引代号可省去。

在电气原理图中，接触器和继电器线圈与触点的从属关系，应用附图表示。即在原理图中相应线圈的下方，给出触点的图形符号，并在其下面注明相应触点的索引代号，对未使用的触点用"×"表示。有时也可采用省去触点图形符号的表示法，如图 2-21 区 8 中 KM 线圈和图区 9 中 KA 线圈下方的接触器 KM 和继电器 KA 相应触点的位置索引。

在图纸的下面，接触器 KM 触点的位置索引中，左栏为主触点所在图区号（有两个主触点在图区 4，另一个主触点在图区 5），中栏为辅助常开触点所在图区号（一个在图区 6，另一个没有使用），右栏为辅助常闭触点所在图区号（两个触点均未使用）。在继电器 KA 触点的位置索引中，左栏为常开触点所在图区号（一个在图区 9，一个在图区 13，有两个触点未使用），右栏为常闭触点所在图区号（4 个触点均未使用）。

4. 电气原理图中技术数据的标注

除在电气元件明细表中标明外，电气元件的技术数据有时也可用小号字体标注在其图形符号的旁边，如图 2-21 图区 5 热继电器 FR 的动作电流值范围为 4.5～7.2A，整定值为 6.8A。图 2-21 标注的 1.5mm²、1mm² 等字样表明该导线的截面积。

2.2.3 电气元件布置图

电气元件布置图主要用来表明各种电气设备在机械设备上和电气控制柜中的实际安装位置，为机械电气控制设备的制造、安装及维修提供必要的资料。各电气元件的安装位置是由生产设备的结构和工作要求决定的，如电动机要和被拖动的机械部件在一起，行程开关应放在要取得位置信号的地方，操作元件要放在操纵台及悬挂操纵箱等操作方便的地方，一般电气元件应放在控制柜内。图中不需标注尺寸，但是各电器代号应与有关图样和电器清单上的元器件代号相同，在图中往往留有 10%以上的备用面积及导线管（槽）的位置，以供改进设计时使用。电器元件布置图的绘制原则如下：

1）机床的轮廓线用细实线或点画线表示，电器元件均用粗实线绘制出简单的外形轮廓。

2）电动机要和被拖动的机械装置画在一起；行程开关应画在获取位置信息的地方；操作手柄应画在便于操作的地方。

3）各电器元件之间，上、下、左、右应保持一定的间距，并且应考虑器件的发热和散热因素，应便于布线、接线和检修。图 2-22 为某车床电气元件布置图，图中 TC 为照明变压器、XT 为接线端子板。

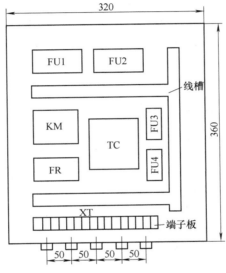

图 2-22　某车床电气元件布置图

2.2.4　电气安装接线图

电气安装接线图是为了安装配线或检查维修电气控制线路故障服务的。在图中要表示出各电气设备之间的实际接线情况，并标注出外部接线所需的数据。在接线图中各电气元件的文字符号、元件连接顺序及线路号码编制都必须与电气原理图一致。

电气安装接线图的绘制原则：

1）各元件按其在安装板中的实际位置绘出，元件所占图面按实际尺寸以统一比例绘制。

2）一个元件的所有部件绘在一起，并用点画线框起来，有时将多个电气元件用点画线框起来，表示它们是安装在同一安装底板上的。

3）安装底板内外的电器元件之间的连线通过接线端子板进行连接，安装底板上有几条接至外电路的引线，端子板上就应绘出几根线的接点。

4）走向相同的相邻导线可以绘成一股线。

图 2-23 是根据上述原则绘制出的某机床电气安装接线图。

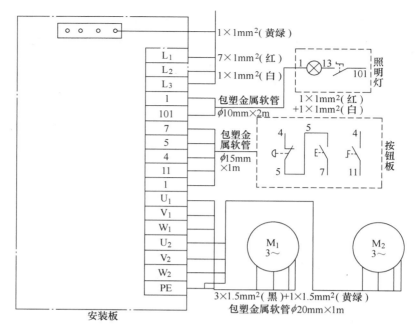

图 2-23　某机床电气安装接线图

2.3　继电器接触器基本控制电路

2.3.1　起动、自锁与停止控制电路

　　生产设备在使用中，一般都必须有起动与停止按钮，用以控制电动机的起动与停止。如图 2-24 所示，按下起动按钮 SB2，接触器 KM 得电，串接于主电动机 M 电路中的接触器主触头闭合，电动机 M 运转。同时，接触器的常开辅触头也闭合，此后松开 SB2，KM 仍得电，电动机 M 连续运转，这就叫自锁。自锁触头 KM 必须与起动按钮并联。当按下停止按钮 SB1，接触器 KM 失电，其主触头复位，切断主回路电流，从而使电动机停止运转，同时，KM 常开辅触头复位，松掉 SB1 后，KM 也不会得电。只有按下 SB2 才会重新起动。停止按钮必须与起动及自锁电路串联。

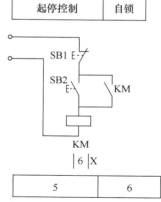

图 2-24　起动与停止控制电路

2.3.2　连续工作与点动控制

　　生产设备在正常情况下需要连续不停地工作，即"长动"；而点动则是指手按下按钮时，电动机转动工作，手松开按钮时，电动机立即停止工作。点动多用于生产设备的调整或某些需手动操作的场合。图 2-25 分别为实现长动与点动的各个电路。图 2-25a 为用按钮实现长动与点动的控制电路；图 2-25b 为用开关 SA 实现长动与点动转换的控制电路；图 2-25c 为利用中间继电器 KA 实现长动与点动的控制电路。长动与点动的主要区别是控制电器能否自锁。

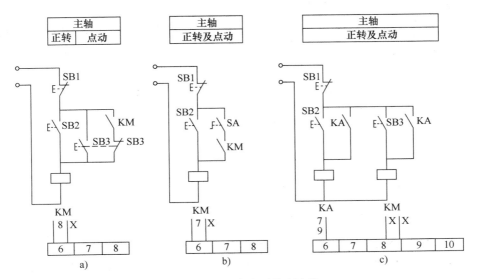

图 2-25 长动与点动控制电路

2.3.3 多点控制

在较大型生产设备中，为了操作方便，常要求能在多个地点进行控制，实现的方法是将分散在各操作站上的起动按钮引线并联起来，停止按钮的引线作串联联接。图 2-26 为 3 处操作站对同一电动机进行起动、停止控制的电路，SB1 是急停按钮，用于紧急情况下停车操作。

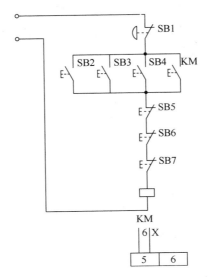

图 2-26 多点控制电路

2.3.4 联锁控制

联锁控制是自动控制中一个很重要的环节，如两（多）台电动机不准同时工作。图 2-27 所示用 KM1 和 KM2 两个接触器分别控制两台电动机 M1 和 M2。利用接触器的常闭触头串接于对方线圈电路中，当接触器 KM1 得电，M1 运转时，KM2 线圈电路被切断，M2 就不能工作。同理,当 KM2 得电后,只有 M2 工作,M1 就不能工作。这种措施称为两个接触器在电气方面互相联锁,简称联锁或互锁。接触器中担负这一任务的常闭触点通常称为"联锁"触点。在电动机正反转控制中常用到这种联锁来防止电源相间短路。

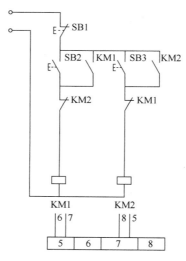

图 2-27　两台电动机的联锁控制

2.3.5　顺序起动控制

在控制电路中,经常要求电动机按顺序起动。如某些机床主轴必须在油泵工作后才能工作;龙门刨床工作台移动时,导轨内必须有充足的润滑油;铣床的主轴旋转后,工作台方可移动等,都要求电动机按顺序起动工作。图 2-28 为两台电动机顺序起动控制电路。

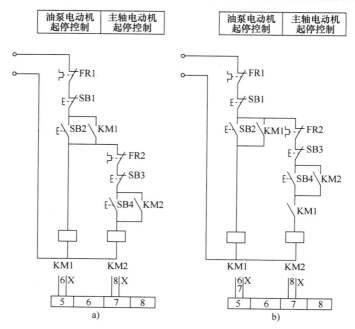

图 2-28　两台电动机的顺序起动控制

接触器 KM1 控制油泵电动机的起、停,保护油泵电动机的热继电器是 FR1。KM2 及 FR2 控制主轴电动机的起动、停车与过载保护。从图 2-28 可见,只有 KM1 得电,油泵电动机起动后,KM2 才有可能得电,使主轴电机起动。停车时,主轴电动机可单独停止,但若油泵电动机停车时,则主轴电动机立即停车。图 2-28a 和 b 的控制功能是相同的,不同处在于 KM1 辅助触点的使用。

2.4　异步电动机的控制

2.4.1　三相异步电动机工作原理

电动机的三相定子绕组接至三相电源后,三相绕组内将流过对称的三相电流,并在电动机内产生一个旋转磁场。图 2-29 中用一对以恒定同步转速 n_0(旋转磁场的转速)按顺时针方向旋转的电磁铁来模拟该旋转磁场,在它的作用下,中间的转子导体逆时针方向切割磁力线而产生感应电动势。感应电动势的方向由弗莱明右手定则确定。由于转子绕组是短接的,所以在感应电动势的作用下,产生感应电流。即异步电动机的转子电流是由电磁感应而产生的,因此这种电动机又称为感应电动机。通电导体与旋转磁场相互作用产生电磁转矩,根据弗莱明左手定则,转矩方向与旋转磁场方向相同。但转子的转速 n 必须低于旋转磁场转速 n_0。如转子转速达到 n_0,则转子与旋转磁场之间就没有相对运动,转子导体将不切割磁通,于是转子导体中不会产生感应电动势和转子电流,也不可能产生电磁转矩,所以电动机转子不可能维持在转速 n_0 状态下运行。可见该电动机只有在转子转速 n 低于同步转速 n_0 时,才能产生电磁转矩并驱动负载稳定运行。因此这种电动机称为异步电动机。

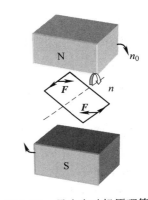

图 2-29　异步电动机原理简图

异步电动机同步转速和转子转速的差值与同步转速之比称为转差率 s

$$s = (n_0 - n)/n_0$$

2.4.2　异步电动机的起动电路

在供电变压器容量足够大和负载能承受较大冲击时,异步电机可直接起动,否则应采用减压起动方式。

1. 全压直接起动控制电路

(1) 对功率为数百瓦的设备可以用开关直接起动,如图 2-30 所示。

(2) 对功率为数千瓦的电动机,可采用接触器直接起动,如图 2-31 所示。

图中 SB1 为停止按钮,SB2 为起动按钮,热继电器 FR 作过载保护,熔断器 FU1、FU2 作短路保护。

2. 减压起动控制电路

对于较大容量(大于 10kW)的电动机或负载,或在起动过程中要求冲击较小的场合,都应采用减压起动。

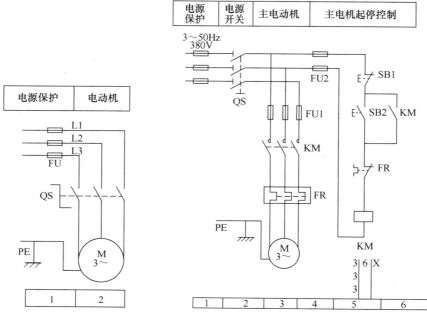

图 2-30　用开关直接起动电路　　　　图 2-31　用接触器直接起动电路

最常见的减压起动是星-三角减压起动和定子串电阻减压起动这两种。

（1）星-三角减压起动控制电路

这种起动方式仅适用于电动机正常运行时绕组为三角形联结的三相异步电动机。在起动时把绕组接成星形联结，待起动完毕后改接成三角形联结而正常运行。图 2-32 是利用时间继电器在电动机起动过程中自动完成星-三角（丫-△）切换的起动控制电路。

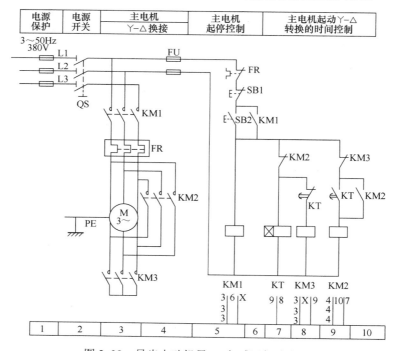

图 2-32　异步电动机星-三角减压起动电路

从图 2-32 可见，按下 SB2 后，接触器 KM1 得电并自锁。与此同时，KT、KM3 也得电。电动机 M 在触点 KM1、KM3 闭合下，以星形联结起动。KT 为通电延时型时间继电器，在其线圈得电后，触点要经过一段时间延迟（延迟时间可调整）才动作。KM3 失电复原。此时 KM2 得电，电动机 M 绕组联结成三角形投入正常运转。

从电动机主电路看，接触器 KM2 与 KM3 是绝不允许同时闭合的，不然会引起电源相间短路故障。为此在控制电路中分别把 KM2、KM3 的常闭触点串联到对方线圈电路中，以实现联锁。

在电动机星-三角起动过程中，绕组的自动切换由时间继电器 KT 延时动作来控制。这种控制方式称为按时间原则控制，它在机床自动控制中得到广泛应用。KT 延时的长短应根据起动过程所需时间来整定。

（2）定子串电阻减压起动控制电路

由于丫-△起动只适用于正常运转时为△联结的电动机，对于运转时丫联结的电动机常采用定子绕组串电阻减压起动方式。图 2-33 中，当按下 SB2 后，接触器 KM1 得电并自锁。同时时间继电器 KT 也得电，经延时后 KT 常开触头闭合，使 KM2 得电，串联于定子绕组中的电阻自动切除，电动机进入全压运转。从控制电路看，图 a 中 KM2 得电，电动机正常全压运转后，KT 及 KM1 线圈仍然有电，这是不必要的。而图 b 的控制电路利用 KM2 的常闭触头切断了 KT 及 KM1 线圈，克服了上述缺点。

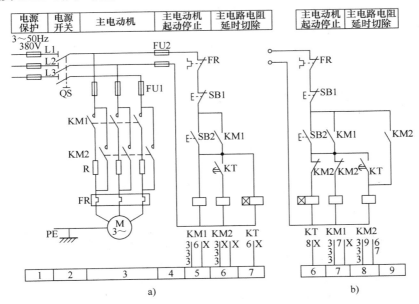

图 2-33　定子串电阻的减压起动电路图

除上述为限制起动电流和机械冲击的减压起动方法外，还有自耦变压器减压起动，它需要专门的三相自耦变压器，使控制装置成本高而且体积大。对于绕线转子异步电动机的起动过程还可以在转子中串联电阻来限制起动电流。

2.4.3　异步电动机的正反转控制电路

机床工作台的前进与后退，主轴的正反转，起重机吊钩的升与降可由多种方法来实现，而利用电动机的正、反转方式最为常见。由三相异步电动机工作原理可知，只要将电动机的三相电源线中任意两相对调，即可使电动机反转。由于所采用的主令电器不同，控制方式可分为按钮控制和行程开关控制两大类。

1. 异步电动机正反转的按钮控制

图 2-34 为电动机正反转按钮控制的典型电路，从主电路看，接触器 KM1 与 KM2 主触头接法不同，因此当 KM2 主触头闭合时，电动机的电源线左、右两相互换，改变了相序而使电动机转向改变。从图中也可看出 KM1 和 KM2 主触头不允许同时闭合，否则会引起电源两相短路。为防止接触器 KM1 与 KM2 同时接通，在各自的控制电路中串接对方的常闭触头，构成联锁关系。

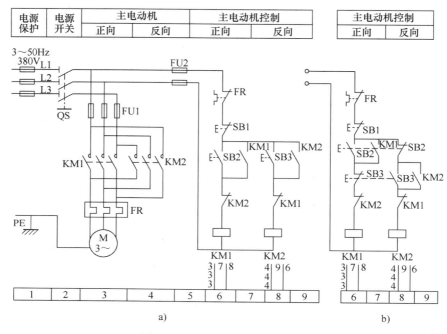

图 2-34　异步电动机正反转电路

从控制电路图 2-34a 看，电动机正转时，按下 SB2 使 KM1 得电并自锁。此时按下 SB3 也不能使接触器 KM2 得电。电动机要反转时，必须先按下停止按钮 SB1，使 KM1 失电，其常闭触头闭合，然后再按下 SB3，KM2 才能得电，使电动机反转，因此这种电路也称为停车反转控制电路。图 2-34b 是利用复合按钮的常闭触头，分别串接于对方接触器控制电路中，不必使用停止按钮过渡而直接控制正反转。这种电路亦称为直接正反转控制电路。但要注意这种直接正反转控制仅用于小容量电动机，且拖动的机械装置转动惯量较小的场合。

2. 异步电动机正反转的行程开关控制

图 2-35 为行程开关控制的正反转电路，它与按钮控制直接正反转电路相似，只是增加了行程开关的复合触头 SQ1 及 SQ2。它们适用于龙门刨、铣床及导轨磨床等工作部件往复运动的场合。

图 2-35 中行程开关 SQ3、SQ4 是用作极限位置保护的。当 KM1 得电，电动机正转，当运动部件压下行程开关 SQ2 时，应该使 KM1 失电，而接通 KM2，使电动机反转。但若 SQ2 失灵，运动部件继续前行会引起严重事故。若在行程极限位置设置 SQ4（SQ3 装在另一极端

位置），则当运动部件压下 SQ4 后，KM1 失电而使电动机停止。这种限位保护的行程开关在行程控制电路中必须设置。

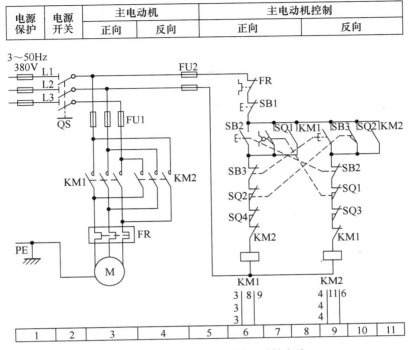

图 2-35　行程开关控制的正反转电路

2.4.4　异步电动机的制动电路

异步电动机从切断电源到停转有一个过程，需要一段时间。对于要求停车时精确定位或尽可能减少辅助时间的生产设备，必须采取制动措施。制动停车的方式有两大类——机械制动和电气制动。机械制动是利用机械或液压制动装置制动；电气制动是由电动机产生一个与原来旋转方向相反的力矩来实现制动。常用的电气制动方式有能耗制动和反接制动。

1.　能耗制动控制电路

异步电动机刚切断三相电源后，立即在定子绕组中接入直流电，转子切割恒定磁场产生感应电流与恒定磁场作用产生制动力矩，使电动机高速旋转的动能消耗在转子电路中，这种制动方式称为能耗制动。当转速降为零时，切断直流电源，制动过程完毕。

图 2-36a 和 b 分别是用复合按钮手动控制及由时间继电器自动控制的能耗制动电路。

在图 2-36a 中，电动机正常运转时，按下停止按钮 SB1，KM1 失电的同时，接通 KM2，其常开触点闭合，把整流电路与定子绕组接通，进行能耗制动。当转速降为零时，手松开 SB1 按钮，KM2 失电而切断直流电源，能耗制动过程结束。

图 2-36b 是采用时间继电器 KT 自动控制能耗制动过程的电路，它仍用接触器 KM2 接通直流电源进行能耗制动，由时间继电器 KT 的常闭触点来控制能耗制动过程的时间，常闭触头断开时切断 KM2 电源，制动过程结束，同时 KT 也失电。

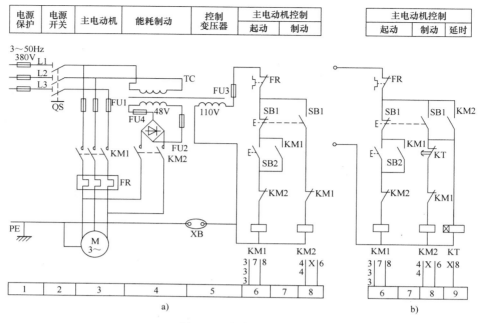

图 2-36　能耗制动电路

制动作用的强弱与通入定子绕组直流电流的大小及电动机的转速有关，转速高、电流大则制动作用强，一般通入定子绕组的直流电流约为空载电流的 3～4 倍较为合适。

能耗制动比较缓和，制动产生的机械冲击对生产设备无大的危害，能取得较好的制动效果，因此应用较多。

2．反接制动控制电路

反接制动是通过改变异步电动机定子绕组上三相电源的相序，使定子产生反相旋转磁场作用于转子而产生制动力矩。

由于直接反接制动时，转子与旋转磁场的相对转速接近同步转速的两倍，所以定子绕组中流过的反接制动电流也相当于全压起动时电流的两倍。因此直接反接制动的特点之一是制动迅速而冲击大，它仅用于小容量电动机上。为了限制电流和减小机械冲击，通常在反接制动时定子电路中串接适当电阻的办法，如图 2-37 中的 R。反接制动的特点之二是电动机在制动力矩作用下转速下降到接近零时，应及时切除电源以防止电动机的反向再起动。

图 2-37 为采用速度继电器 BV 按速度原则控制的反接制动电路。从主电路看，KM1 得电时电动机正常运转，此时速度继电器 BV 的常开触点闭合，为反接制动做好准备。停车时 KM1 失电后 KM2 立即合上，使电动机定子绕组经电阻 R 后与反相序的电源接通，进行反接制动。

电动机与速度继电器转子是同轴联接的，当电动机转速达到 120r/min 以上时，速度继电器常开触点 BV 闭合，而当电动机转速小于 100r/min 时，速度继电器常开触点 BV 断开。利用这一特性可使电动机反接制动转速接近零时切断电源，防止反向再起动。反接制动过程的结束由电动机转速来控制，这种由速度达到一定值而发出转换信号的控制称为按速度原则的自动控制。

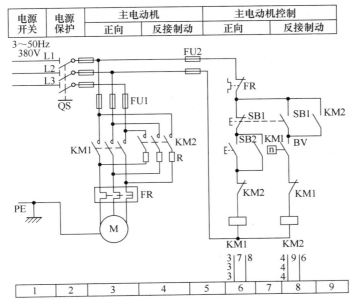

图 2-37 反接制动电路

反接制动的制动电流大，制动力矩大，制动迅速，但在制动过程中对传动机构冲击较大。另外在速度继电器动作不可靠时，还会引起反向再起动。因此这种反接制动方式常用于不频繁起动，以及制动时对停车位置无准确要求而传动机构能承受较大冲击的设备中。如用于铣床、镗床、中型车床等的制动。

2.4.5 双速异步电动机的调速控制

根据电动机转换公式：

$$n = (1-s)n_0 = (1-s)60f/p \tag{2-1}$$

交流异步电动机的调速可分为变极对数 p、变转差率 s、变电源频率 f 三种方法。变转差率 s，可通过调节定子绕组电压来实现；若为绕线转子电动机，则可改变转子绕组电阻或在转子电路上加一套交流变流装置，组成串级调速系统，实现转差率 s 的变化。变频调速是改变定子绕组供电电源的频率 f，从而改变电动机的同步转速来实现调速。当电源频率 f 一定时，若改变电动机定子绕组的磁极对数 p，就可使电动机转速 n 改变。常见的双速电动机绕组联结方式有 △/丫丫 及 丫/丫丫 两种。

1．△/丫丫联结

图 2-38a 为双速电动机 △/丫丫 联结的电路图。当绕组的 1、2、3 号出线端接电源，而使 4、5、6 号出线端悬空时，电机绕组联结成三角形（四极）做低速运转。如果把 1、2、3 号端子短接，4、5、6 号端子接电源时，电动机绕组联结成双星形（两极）电动机作高速运转。

在三角形与双星形转换时，电动机输出功率分别为

$$P_\triangle = \sqrt{3}U_L I_L \cos\phi_\triangle$$

$$P_{丫丫} = \sqrt{3}U_L/\sqrt{3} \cdot 2I_L \cos\phi_{丫丫}$$

由于

$$\cos\phi_\triangle \approx \cos\phi_{丫丫}$$

则

$$P_{丫丫}/P_\triangle = 2/\sqrt{3} = 1.15$$

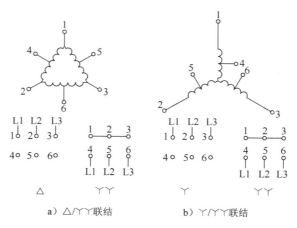

a) △/丫丫联结   b) 丫/丫丫联结

图 2-38 双速电动机三相绕组联结

由此可知，电动机从△联结的低速运转变成丫丫联结的高速运转时，转速升高一倍，而功率只增加 15%，所以这种调速方法可近似地看成恒功率调速。它很适合一般金属切削机床对调速的要求。

2. 丫/丫丫联结

图 2-38b 为丫/丫丫联结，当电动机转速增加一倍（丫丫联结）时，输出功率也增加一倍，属于恒转矩调速。它适用于电梯、起重机及皮带运输机等要求恒转矩调速的场合。图 2-39 为机床上常用的双速电动机△/丫丫调速控制电路图。图 2-39 a 是用两个按钮 SB2 及 SB3 分别控制 KM1 及 KM2、KM3，实现低速与高速转换的控制电路。

图 2-39 b 是用转换开关 SA 来选择低、高速方式后，由按钮 SB2 起动电动机的控制电路。图 2-39 c 是用开关 SA 转换高、低速控制电路。采用时间继电器 KT，自动控制电动机低速起动，经延时后转换到高速运行。上述三个控制电路中，低速与高速之间都用接触器常闭触头互锁，以防短路故障。对于功率较小的双速电动机可采用图 a 和图 b 的控制方式，对于容量较大的双速电动机，可采用图 c 的控制方式。

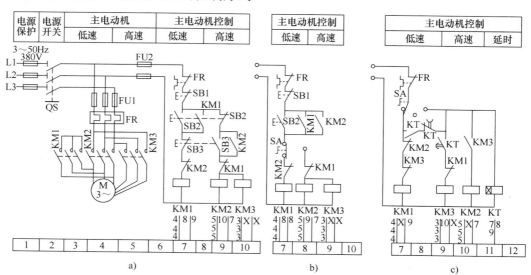

图 2-39 双速电动机高低速控制电路

2.5　交流电动机的调速

　　交流电动机主要分为异步电动机和同步电动机。目前常用的调速方法有机械有级或无级调速、机械与电气结合的有级或无级调速、电气无级调速。这里主要讨论广泛应用的电气无级调速系统，它具有调速范围宽、稳定性好、控制灵活及可实现远距离操控等优点；但是它需要一套较复杂的设备，投资较大，对维护管理人员的素质要求较高。目前，用于电气无级调速的电力电子器件如功率晶体管等已实现了高电压大电流。用这些晶体管等生产的逆变器的容量也越来越大，AC380V 配电时，国外单机逆变器最大做到了约 700kW，IGBT 并联后能做到 1300kW；AC690V 配电时，国外单机逆变器最大做到约 1200kW，并联后能做到约 2400kW。

2.5.1　异步电动机的调速

1. 概述

（1）开环调速与闭环调速

　　所谓电动机调速是指通过改变电动机的参数或电源电压等方法来改变电动机的机械特性，从而改变它与负载机械特性的交点，使得电动机的稳定转速发生改变。图 2-40 给出了当电动机的机械特性由 A_1 转变为 A_2、A_3 时，它们与负载机械特性 T_{fz} 的交点亦相应改变，其稳定转速由 n_1 转变为 n_2、n_3。开环调速是通过改变给定速度信号，经过信号转换、功率驱动环节直接控制电动机的调速方法。这种调速方法没有反馈环节，速度特性比较软，抗速度扰动的能力比较差。闭环调速是通过给定速度信号与反馈速度信号进行比较得到误差信号，经过 PID 等控制算法对误差信号进行运算得到功率驱动环节的控制量，从而实现对电动机的速度调节。闭环调速稳速效果好、抗扰动的能力比较强，目前普遍采用这种方法进行调速。

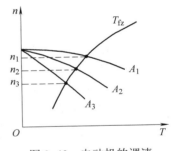

图 2-40　电动机的调速

（2）交流调速的类型

　　从电动机调速特性这个角度看，可分为恒功率调速和恒转矩调速两种。电动机的转矩 T、转速 n 和功率 P 的关系为 $P = K_m Tn$，式中 K_m 是与电动机结构及特性有关的常数。

1）恒功率调速

　　在调速过程中，电动机输出额定功率 P 恒定不变，而输出转矩 T 与转速 n 成反比变化，其变速特性曲线如图 2-41 所示。这种变速特性适用于恒功率类机械负载，如机床的主运动，龙门刨床的工作台运动等。当调到低速时，电动机的转矩不得高于额定值。

2）恒转矩调速

　　在调速过程中，电动机输出额定转矩 T 恒定不变，而输出功率 P 随转速 n 线性变化，其变速特性曲线如图 2-42 所示，这种变速特性适用于恒转矩类机械负载。大部分机床的进给运动均属于恒转矩类负载，其转矩基本保持恒定。在调到高速时，电动机输出功率不得超过额定值。

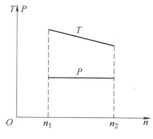

图 2-41　恒功率变速特性

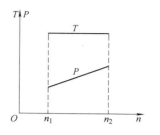

图 2-42　恒转矩变速特性

（3）调速的性能指标

电动机调速系统常用的性能指标有

1）调速范围（D）。调速范围 D 等于在额定负载下，电动机的最高转速 n_{max} 和最低转速 n_{min} 之比，即

$$D = n_{max} / n_{min}$$

2）调速的平滑性（Φ）。调速的平滑性 Φ 用某一个转速 n_i 与能够调到的最邻近的转速 n_{i-1} 之比来评价

$$\Phi = n_i / n_{i-1}$$

无级调速系统的平滑性接近 1，可以实现连续调速。

3）静差度（S）。静差度是衡量转速随负载变动程度的速度稳定度指标，表示电动机在某一转速下运行时，由理想空载变到额定负载所产生的转速降落 Δn_i 与理想空载转速 n_0 之比，即

$$S = (n_0 - n_e) / n_0 = \Delta n_i / n_0$$

式中，n_e 是额定负载下的实际转速。

静差度 S 常用百分数表示，又称静差率。电动机的特性越硬，由负载变动而引起的转速降落越小。静差度 S 越小，稳速精度越高。然而，静差度和特性硬度又有区别。由图 2-43 可见特性 1 和特性 2 硬度相同，即 $\Delta n_{ed1} = \Delta n_{ed2}$。但由于 $n_{01} > n_{02}$，使 $S_1 > S_2$。可见，同样硬度，n_0 越低，S 越大，转速的相对稳定性越差。因此，对一个系统静差度的要求，就是对最低转速静差度的要求。可见，静差度 S 和调速范围 D 两项指标是相互制约的。负载要求的 S 小，D 亦小，负载要求的 S 大，D 亦大，对 S 与 D 同时提要求才有意义。

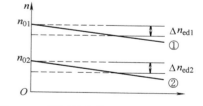

图 2-43　不同的空载转速对静差度的影响

4）调速的经济性。调速的经济指标，一般根据设备费用、能源损耗、运行及维护费用来综合评价。

2. 交流调速

交流电动机，特别是交流异步电动机，它具有如下优点：

①运行可靠、坚固耐用及维修方便。

②在容量、电压、转速及适应环境能力上，都可以高于直流电动机。

③比相同容量的直流电动机体积小、重量轻、造价低及效率高。

从交流异步电动机的转速公式（2-1）可知，要调节异步电动机的转速，应从改变 p、s、f 入手。除了改变极对数 p 的有级调速外，还有转子绕组串接电阻或引入附加电势、电磁离合器滑差调速或改变定子绕组电压等的变转差率 s 的调速。但目前应用最广的方法还是变频调

速，包括交—交变频，交—直—交电压源型变频及交—直—交电流源型变频，脉宽调制型逆变变频和矢量控制变频等。

3. PWM 逆变器的工作原理

交流电动机转速与电源频率成正比。逆变器是可调压可调频的静止电源，可实现对交流电动机的调速控制。根据主电路结构和控制方式的不同，逆变器有很多种类。本节主要介绍通用型的 PWM 逆变器。图 2-44 是逆变器的基本结构，整流部分是把恒压恒频的交流电压变换成直流电压，滤波电路由电容器及电抗器组成，对整流所得的直流电进行滤波。

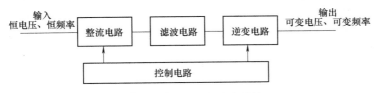

图 2-44 逆变器的基本结构

逆变器把直流电逆变换成交流电。控制电路部分由调理电路、运算电路、驱动电路及保护电路所组成。控制电路通过来自外部的运行指令，经调理电路、运算电路、驱动电路，向逆变器发出控制指令。

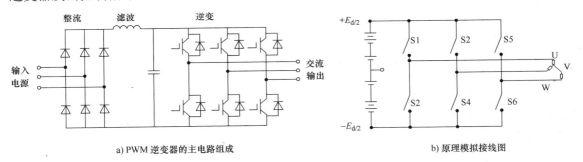

a) PWM 逆变器的主电路组成   b) 原理模拟接线图

图 2-45 PWM 逆变器主电路组成

图 2-45a 是 PWM 逆变器的主电路结构图。如把构成三相桥式电路的晶体管看作开关，则可以用图 2-45b 的结构图来模拟。各开关按一定的时序逻辑开通或关断，全桥逆变器就能输出交流电压，图 2-46 是直流电压到交流电压的变化曲线。由图可知，三相电压信号（正弦波）与载波三角波组合，信号电压大于三角波电压时，元件（开关）打开，小于三角波电压时关断。这样可以得到任意频率、任意振幅的交流输出电压。

如图 2-45b 所示，设直流电压 E_d 的中点为假想 0 电位，则交流输出端（U 和 V）相对于 0 点的电压 V_{u0} 和 V_{v0} 就如图 2-46b 与图 2-46c 所示，UV 间的线电压 V_{uv} 为 $V_{u0} - V_{v0}$，如图 2-46e 所示，它是一个振幅为 E_d，脉宽不同的脉冲电压。正弦波是这一组脉冲电压中所含有的基波电压分量，它是与图 2-46a 信号电压相对应的输出电压。控制电路通过上述运算，并通过驱动电路使逆变器的 6 个元件开通、关断，可以得到所希望的电压、频率的交流电源。直流电压最大值（空载时）E_d 为

$$E_d = \sqrt{2} V_M$$

式中，V_M 是逆变器输入电压的有效值。

感应电动机和同步电动机在图 2-46e 所示电压的驱动下，正弦波基波电压产生有效转矩，其他的高次谐波电压分量，则使损耗、噪声增加并产生脉动转矩。

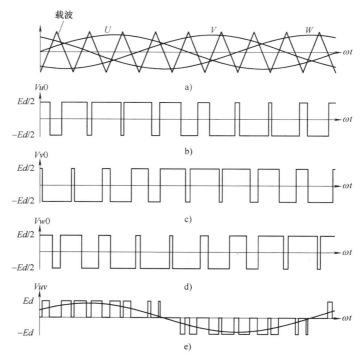

图 2-46　PWM 逆变器的输出波形

2.5.2　同步电动机的调速

目前，高精度的运动控制一般都用交流同步电动机，它功率范围大，适于进行平稳运行的伺服控制。"伺服"一词来自英文 Servo，是指系统跟随外部指令执行期望的运动，控制量包括位置、速度和电流。伺服系统包括液压伺服、气动伺服和电动伺服，而电动伺服主要包括伺服电动机、反馈测量装置和控制器等。

1. 同步伺服的原理

交流永磁同步电动机（PMSM）作为执行元件，把收到的电信号转换成电动机轴上的角位移或角速度输出。其工作原理为：伺服电动机内部的转子相当于永磁铁，驱动器控制的 U、V、W 三相电形成电磁场，转子在此磁场的作用下转动，同时电动机自带的编码器等传感器反馈信号给驱动器，驱动器根据反馈值与目标值进行比较，调整转子转动的角度。伺服电动机的精度决定于编码器的精度（线数）。交流同步电动机随着电动机的定子旋转磁场的变化，转子也做相应频率的速度变化，而且转子转速等于定子磁场转速，故称为"同步"。其同步转速 $n_0 = 60f/p$，其中 p 为极对数。

交流永磁同步伺服驱动系统，是一种以机械位置或角度作为控制对象的自动控制系统，例如数控机床等。使用在伺服系统中的驱动电动机要求响应速度快、定位准确。为了能够和丝杠等机械部件直接相连，使用在机电系统中的伺服电动机的转动惯量较大。为了得到极高的响应速度，伺服电动机也有一种专门的小惯量电动机。但这类电动机的过载能力低，当使用在进给伺服系统中时，必须安装减速装置。转动惯量反映了系统的加速度特性，在选择伺服电动机时，负载折算到电动机轴上的转动惯量 J_L 不能大于电动机转子惯量 J_M 太多，要求做到惯量匹配，一般要求 $5J_M > J_L$。伺服电动机的专用驱动单元称为伺服驱动器，一般其内部包括电流、速度和位置闭环。

2. 同步伺服驱动系统的指标

交流永磁同步电动机具备十分优良的低速性能，可以实现弱磁高速控制，调速范围宽、动态特性好和效率高。交流伺服系统的性能指标可以从调速范围、定位精度、稳速精度、动态响应和运行稳定性等方面来衡量。一般的交流同步伺服系统调速范围在 $1:5000\sim$ $1:10000$；定位精度一般都要达到 ±1 个脉冲；稳速精度，尤其是低速下的稳速精度，比如给定 $1r/min$ 时，可以达到 $\pm0.01r/min$ 以内；动态响应方面，通常衡量的指标是系统最高响应频率，即给定最高频率的正弦速度指令，系统输出速度波形的相位滞后不超过 $90°$ 或者幅值不小于 50%。目前国内外主流交流同步伺服驱动器产品的控制信号有脉冲控制型、模拟量控制型（$-10V\sim+10V$）、总线控制型（EtherCat 或 Powerlink）等，其中脉冲控制型控制脉冲的频率一般不大于 $500kHz$。运行稳定性方面，主要是指系统在电压波动、负载波动、电动机参数变化、控制器输出特性变化、电磁干扰，以及其他特殊运行条件下，维持稳定运行并保证一定的性能指标的能力。总线控制型伺服驱动系统通过网线进行连接，运行的稳定性也很高。

3. 同步伺服系统的应用

交流伺服系统性能优异、可靠性强，广泛应用于工业机器人、数控机床、纺织机械、雕刻机械等领域，在这些要求高精度、高动态性能以及小体积的场合，应用交流永磁同步电动机的伺服系统具有明显的优势。常用的交流同步伺服系统包括中国的汇川、迈信、珠海运控，日本的安川、松下、三菱，德国的倍福等品牌。图 2-47 给出了多台交流伺服电动机与伺服单

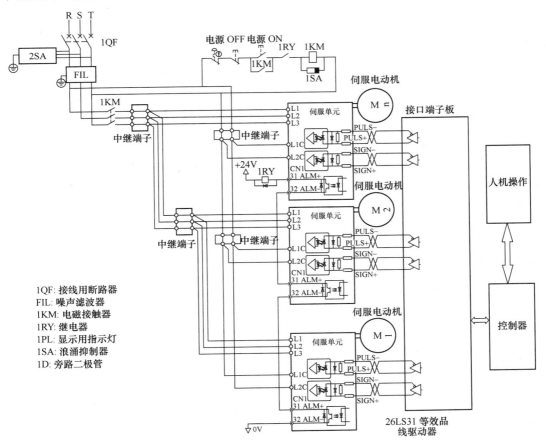

图 2-47 多台交流伺服电动机与驱动器相连

元（驱动器）"位置模式"开环控制的接线例子。图中，示教器等人机操作装置与控制器相连，控制器与接口端子板相连，接口端子板上有放大、滤波、隔离等信号调理电路，差分的脉冲输出信号 PULS-，PULS+，方向信号 SIGN-，SIGN+与驱动器的位置控制信号相连。如果进行闭环控制，还要把伺服电动机的位置信号通过驱动器接入端子板、控制器，并且还要把驱动器的报警、准备好（READY）信号接入端子板，伺服打开信号（S-ON）通过端子板输出到驱动器上。

2.6 继电器接触器控制电路的设计

目前，采用工控机、可编程序逻辑控制器（PLC）、单片机和嵌入式控制器等控制的生产过程和设备越来越多。但并不是继电器接触器控制就不用了，反而在现代的控制系统与上述控制器一起存在。特别是在强电的保护应用方面，更是必不可少。而且，一些简单的控制系统根本不需要微机控制。本节主要介绍电气控制设计的基本原则，电力拖动方案和电动机的选择，电气原理图和工艺设计等。

2.6.1 设计方法和步骤

首先要明确被控制的生产过程、设备的具体工艺要求，确定具体的精度、速度、时间等控制参数。被控对象多种多样，控制方案的优劣，直接影响控制系统的成本和质量。

要确定被控制系统是采用开环还是闭环系统。然后要确定是否需要工控机、可编程序逻辑控制器（PLC）、单片机或嵌入式控制器。要和应用厂家反复讨论，并进行实地考察。拟订控制系统设计的任务书，选择测量元件、执行机构、人机交互的方式等，形成初步的设计方案。联系应用单位，聘请专家，进行方案的初步评审。评审后，根据改进意见进行方案修改设计。设计系统的电气原理图，绘制电气控制系统的总装配图及总接线图、电器元件布置图、电气箱，形成各类元器件及材料的清单目录。编写设计说明书和使用维护说明书。最后进行装配、加工调试、验收。

2.6.2 执行机构的选择

选择执行机构，常用的有电动的、气动的或液压的。如果要选择电动机，首先看笼型异步电动机能否满足要求，如果需要调速范围大和频繁起、制动的生产设备，应考虑采用直流或交流无级调速系统；若调速范围 $D=2\sim3$，调速级数≤2～4，一般采用可变极数的双速或多速笼型异步电动机；若 $D=3\sim10$，且要求平滑调速时，在容量不大的情况下，应采用带滑差电磁离合器的笼型异步电动机拖动方案；若 $D=10\sim100$，可采用晶闸管直流或交流调速拖动系统。此外，还要确定需要"恒功率"还是"恒转矩"调速。

电动机选择首选是普通防护电动机，只有在特殊的场合，例如有粉尘、有水等，才选择封闭式电动机，易爆场合一定要选用防爆式电动机。在调查统计、类比分析、理论计算的基础上，如果负载功率为 P_1，机械传动效率 η 为 0.6～0.85，则所需电动机的功率 P 为 P_1/η。电动机转速的选择以实际需要、电动机适应性、功率因数和效率为依据。并综合考虑价格和机械部分的复杂程度。

丫系列笼型异步电动机的铭牌上有名称、型号、功率、电压、电流、频率、转速、接法、工作方式、绝缘等级、产品编号、重量、生产厂及出厂年月等。若电压写 380V，接法写△联结，表示定子绕组的额定线电压为 380V，应接成△联结。若电压写 380V/220V，接法写丫/△，表明电源线电压为 380V 时，应联结成丫形，电源线电压为 220V 时，应接成△联结。

2.6.3　电气原理图设计的注意事项

1. 避免"临界竞争现象"的产生

图 2-48 中，设计者的本意是按动 SB2 后，KM1、KT 通电，电动机 M1 运转，延时到后，电动机 M1 停转而 M2 运转。但正式运行时，该电路存在临界竞争现象。KT 延时到后，其延时常闭触点总是由于机械运动原因先断开，而延时常开触点晚闭合，当延时常闭触点先断开后，KT 线圈随即断电，由于磁场不能突变为零和衔铁复位需要时间，故有时候延时常开触点可正常闭合，但有时候因受到某些干扰而失控。若将 KT 延时常闭触点换上 KM2 常闭触点就可靠了（见图 2-49）。

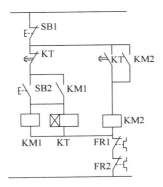

图 2-48　典型的临界竞争电路

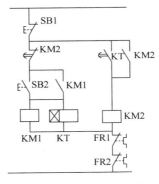

图 2-49　改进后的电路

2. 尽量减少电器元件触点数量

图 2-50 a 不合理；图 2-50 b 较合理，节省了一个 KM1 常开触点。

3. 合理安排电器元件触点位置

图 2-51a 不合理，因为行程开关 SQ 的常开常闭触点靠得很近，在触点断开时，会产生电弧，可能造成电源短路，而且采用这种接法电气箱到现场要引出四根线。图 2-51b 接法合理。

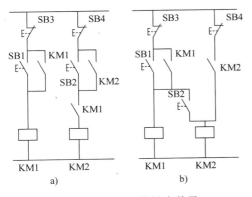

图 2-50　减少电器元件触点数量

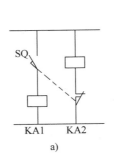 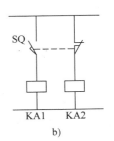

图 2-51　触点的安排

4. 尽量减少电气线路的电源种类

电源有交流和直流两大类，元器件也有交直流两大类，要尽量选用同一类电源。

5. 尽量减少电器元件的品种、规格、数量及触点数量

同一用途的电器元件，尽可能选用同一型号规格。实现同一控制功能的电路在工作可靠的前提下，以电器元件和触点用得最少的电路为最优。

6. 尽可能减少通电电器的数量

例如，时间继电器在完成延时控制功能以后，就应断电，以利于节能和延长使用寿命。

2.6.4　设计举例

设计一个三相交流异步电动机 M1～M3 的继电器接触器控制电路，其要求如下：

1）按动 M1 的起动按钮，M1 起动并连续工作。

2）按动 M2 的起动按钮，M2 起动并连续工作。

3）M1 和 M2 不允许同时工作，但可以自由停止工作。

4）M1 或 M2 过载时，可分别停止 M1 或 M2 工作。

解：分析题意，根据要求 1），驱动 M1 的接触器 KM1 回路中应有起动按钮和自锁功能。同理，KM2 回路中也应有起动按钮和自锁功能。根据要求 3）可知，KM1 和 KM2 应为联锁控制关系，且 KM1、KM2 回路中分别串入停止按钮。再根据要求 4）来自 M1 和 M2 的热继电器分别停止 M1 和 M2 工作，因此 KM1 回路中应串入 FR1，KM2 回路中应串入 FR2。控制电路图如图 2-52 所示。

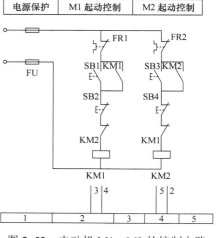

图 2-52　电动机 M1～M3 的控制电路

2.7　本章小结

本章首先介绍了继电器接触器电路涉及的常用低压电器、电气原理图和继电器接触器基本控制电路，然后介绍了异步电动机的控制起动、正反转、制动和调速控制电路，也介绍了同步电动机的调速方法，并给出了继电器接触器控制电路的设计方法。

参考文献

[1]　王显正. 机电控制技术[M]. 上海：上海交通大学出版社，1997.

[2]　佟为明. 低压电器继电器及其控制系统[M]. 哈尔滨：哈尔滨工业大学出版社，2000.

[3]　杨新艺，李晋生. 电工学[M]. 北京：机械工业出版社，2004.

[4]　米伦. 固态继电器在加热器中的应用设计[J]. 低压电器，2006，10:48-50.

[5] http://wenku.baidu.com/link?url=sXgMn3dt_lvVGeYSHvEc-UgOjImiK813zRzJgvm4e3xQ4RAWDzV2fDD
oTgncoafKd74b8I7jmBP5fLXZ9cJqrQOum-lTz-NAEFyu9DG5I2W

[6] http://www.diangon.com/

习 题

2.1　中间继电器和接触器有何异同?在什么条件下可以用中间继电器来代替接触器起动电动机?

2.2　电动机的起动电流很大,当电动机起动时,热继电器会不会动作?为什么?

2.3　既然在电动机的主电路中装有熔断器,为什么还要装热继电器?装有热继电器后是否可以不装熔断器?为什么?

2.4　继电器接触器控制线路中一般应设哪些保护?各有什么作用?短路保护和过载保护有什么区别?零电压保护的目的是什么?

2.5　什么叫"自锁""互锁(联锁)"?试举例说明各自的作用。

2.6　电气原理图中 QS、FU、KM、KI、KT、SB、SQ 分别是什么电气元件的文字符号?

2.7　画出异步电动机星-三角起动的控制线路,并说明其优缺点及适用场合。

2.8　按钮和行程开关有什么不同,各有什么作用?

2.9　常用的低压电器有哪些?

2.10　设计一个控制线路,要求第一台电动机起动 10s 后,第二台电动机自行起动;运行 5s 后,第一台电动机停止,并同时使第二台电动机自行起动,再运行 15s 后,电动机全部停止。

2.11　设计一小车运行的控制线路,小车由异步电动机拖动,其动作程序如下:

1)小车由原位开始前进,到终点后自动停止。

2)在终点停留 2s 后自动返回原位停止。

3)要求能在前进或后退途中任意位置都能停止或起动。

2.12　什么是调速?调速与速度变化有什么区别?

2.13　实现异步电动机调速有哪几种方案?

2.14　电气控制设计中应遵循的原则是什么?设计的基本内容是什么?

2.15　简述确定电力拖动方案的原则。

2.16　简述确定电动机容量的常用方法。

2.17　简述电气控制系统功能图表的特点及对设计机床电气原理图的作用。

2.18　简述电气控制系统工艺设计的主要内容。

2.19　电气元件布置图绘制时,同一组件上电气元件的布置应注意什么?

2.20　电气设计说明书和使用说明书各包含哪些主要内容?

2.21　固态继电器与电磁继电器的区别有哪些?

2.22　断路器有哪些保护功能?原理是什么?

2.23　简述熔断器与断路器的区别。

2.24　简述浪涌电压抑制器的作用。

2.25　简述三相异步电动机和同步电动机的区别。

2.26　送料小车在限位开关 SQ4 处装料,10s 后装料结束,开始右行。碰到限位开关 SQ3 后停下来卸料,15s 后左行。碰到 SQ4 后又停下来装料。这样不停地循环工作,直到按下停止按钮 SB2。按钮 SB0 和 SB1 分别用来起动小车右行和左行。试绘出电气控制电路原理图。

2.27　机床主轴和润滑油泵各由一台电动机带动,要求主轴必须在油泵开动后才能起动。主轴能正反转并能单独停车,有短路、零压及过载保护等。试绘出电气控制原理图。

2.28　电动葫芦起降机构的动负荷试验,控制要求为:可手动上升、下降;自动运行时,上升 6s→停

9s→下降 6s→停 9s，反复运行 1h，然后发出声光信号，并停止运行。试用时间继电器、接触器实现控制要求，设计电路图。说明：（1）有两个自动和手动复位按钮；（2）手动上升、下降和自动的按钮都实现了自锁和联锁，使工作状态互不干扰。

2.29 现有一双速电动机，试按下述要求设计控制电路：

1）分别用两个按钮操作电动机的高速起动和低速起动，用一个总停按钮控制电动机的停止。

2）当起动高速时，应先接成低速，经延时后再换接到高速。

3）应有短路与过载保护。

2.30 欠电压保护和失电压保护是如何实现的？

2.31 设计一个两地操作一台三相异步电动机控制电路，要求既可点动，又可连续运行。

第 3 章

可编程序控制器

3.1 PLC 简介

可编程序逻辑控制器（PLC）是一个能够通过简单编程来储存并执行逻辑、顺序、定时、计数、算术等功能，从而实现过程控制的电子装置。PLC 可以通过编程在不重新改动输入输出装置硬件接线的情况下实现控制系统的修改。另外，相比于继电器接触器控制系统，PLC 响应更快。此外，PLC 还具有可靠性高、抗干扰能力强、适应性强、应用灵活、编程调试维修方便、功能完善等优点，因此目前应用非常广泛。

3.2 PLC 的结构和工作原理

3.2.1 基本结构

小型 PLC 的基本硬件组成如图 3-1 所示：

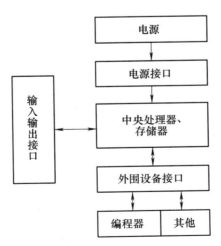

图 3-1 可编程序控制器的基本结构

由于 PLC 的中央处理器是由微处理器、单片机或计算机组成的，且具有各种功能的 I/O 接口及存储器，所以也可将 PLC 用微型计算机控制系统常用的单总线结构来表示，如图 3-2 所示：

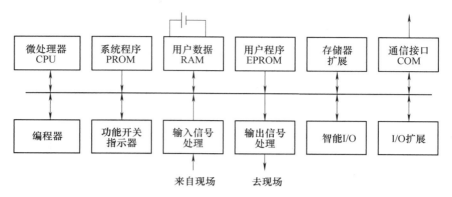

图 3-2　可编程序控制器的单总线结构

3.2.2　各组成部分的功能

PLC 主要由 CPU 模块、数字量输入/输出模块（I/O 模块）、扩展模块、电源模块、存储器、模拟量输入/输出模块、编程器及通信模块组成。

1. 中央处理器（CPU）

CPU 作为 PLC 的核心，主要有如下功能：

1）接收与存储用户由编程器键入的用户程序和数据。

2）检查编程过程中的语法错误，诊断电源及 PLC 内部的工作故障。

3）用扫描方式工作，接收来自现场的输入信号，并输入到映像寄存器和数据存储器中。

4）在进入运行方式后，从存储器中逐条读取并执行用户程序，完成用户程序所规定的逻辑运算、算术运算及数据处理操作。

5）根据运算结果，更新有关标志位的状态，刷新输出映像寄存器的内容，再经输出部件实现输出控制、打印制表或数据通信等功能。

模板式 PLC 的 CPU 是一个专用模板，有的 CPU 模板上还有存放系统程序的 ROM 或 EPROM、存放用户程序或少量数据的 RAM，以及译码电路、通信接口和编程器接口等。在整体式 PLC 中，CPU 是一块集成电路芯片，通常是通用的 8 位或 16 位微处理器。

2. 数字量输入/输出模块（I/O 模块）

（1）数字量（或开关量）输入部件及接口

来自现场的主令元件、检测元件的信号经输入接口进入到 PLC。主令元件的信号是指由用户在控制键盘上发出的控制信号。检测元件的信号有的是开关量（或数字量），有的是模拟量，有的是直流信号，有的是交流信号，要根据输入信号的类型选择合适的输入接口。

为提高系统的抗干扰能力，各种输入接口均采取了抗干扰措施，如在输入接口内带有光电耦合电路，使 PLC 与外部输入信号进行隔离。为消除信号噪声，在输入接口内还设置了多种滤波电路。为便于 PLC 的信号处理，输入接口内有电平转换及信号锁存电路。为便于与现场信号的连接，在输入接口的外部设有接线端子。

数字量（或开关量）输入模板与外部用户输入设备的接线方式可分为汇点式输入和隔离式输入两种基本接线形式。在汇点式输入接线方式中，各个输入回路有一个公共端（COM）。可以是全部输入点为一组，共用一个电源和公共端，如图 3-3a 所示；也可以将全部输入点分为几组，每组有一个单独的电源和公共端，如图 3-3b 所示。汇点式输入接线方式，可用于直流输入模板，也可以用于交流输入模板。直流输入模板的电源一般可由 PLC 内部的 DC 24V 电源提供；交流输入模板的电源则应由用户提供。

隔离式输入接线方式如图 3-4 所示。在隔离式输入接线方式中，每一个输入回路有两个接线端子，由单独的一个电源供电。相对于电源来说，各个输入点之间是相互隔离的。隔离式输入接线方式一般用于交流输入模板，其电源也应由用户提供。

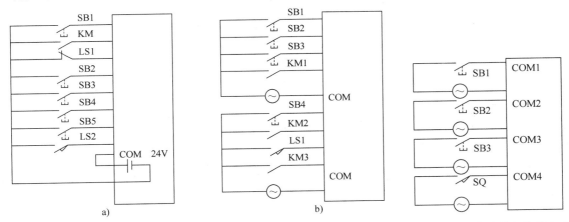

图 3-3　汇点式输入接线方式　　　　　　　　　　图 3-4　隔离式输入接线方式

数字量输入模板是将现场送来的开关信号（如按钮信号、各种行程开关信号、继电器触点的闭合或打开信号等），经光电隔离后，电平转换成可处理的 TTL 电平。根据所送来的信号电压的类型，数字量输入模板可分为直流数字量输入模板（通常是 24V）和交流数字量输入模板（通常是 220V）两种类型。

1）直流数字量输入模板。

常见的直流输入数字量模板有＋24V 和＋48V 电压两种形式，但这两种形式模板的基本结构是一样的，只是个别元件的参数有所不同。图 3-5 为直流数字量输入模板的原理图，从图中可见，它主要由输入信号处理、光电隔离、信号锁存、地址译码和控制逻辑等电路组成。

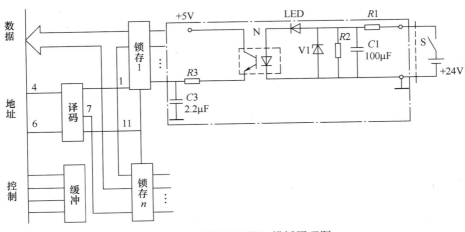

图 3-5　直流数字量输入模板原理图

2）交流数字量输入模板。

交流数字量输入模板的电路如图 3-6 所示。交流输入信号经过整流桥 VD 整流后，所得直流信号作为发光二极管 LED 和光电耦合器 N 的工作电压。电阻 R1 和电容 C1 是直流滤波电路。电阻 R3 和电容 C3 是交流输入信号 220V 的交流滤波电路，用以滤除其中的高频或尖峰脉冲干扰信号。

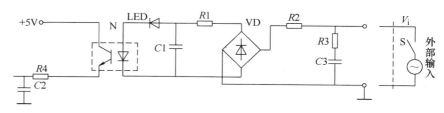

图 3-6　交流数字量输入模板的输入信号处理电路

（2）数字量（开关量）输出部件及接口

由 PLC 产生的各种输出控制信号经输出接口去控制和驱动负载。PLC 的直接输出带负载能力有限，通常是接触器/电磁阀的线圈、信号指示灯等。同输入接口一样，输出接口的负载有的是直流量，有的是交流量，要根据负载性质选择合适的输出接口。

1）数字量输出模板的接线方式

数字量输出模板与外部设备的接线可分为汇点式输出接线和隔离式输出接线两种形式。

① 汇点式输出接线方式如图 3-7 所示。

汇点式输出接线方式，各个输出回路有一个公共端（COM），可以是全部输出点为一组，共用一个公共端和一个电源，如图 3-7a 所示。也可以将全部输出点分为几组，每组有一个公共端和一个单独的电源，如图 3-7b 所示。负载电源可以是直流，也可以是交流，它必须由用户提供。汇点式输出接线既可用于直流输出模板，也可以用于交流输出模板。

② 隔离式输出接线方式如图 3-8 所示。

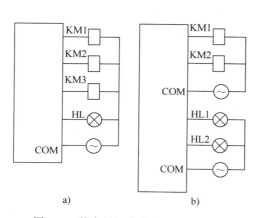

图 3-7　数字量汇点式输出接线方式

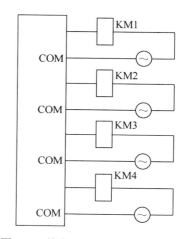

图 3-8　数字量隔离式输出接线方式

在隔离式输出模板中，每个输出回路有两个接线端子，由单独一个电源供电。相对于电源来说，每个输出点之间是相互隔离的。

2）数字量输出接口的输出方式

对数字量输出接口，其输出方式分为晶体管输出型，双向晶闸管（可控硅）输出型及继电器输出型。晶体管输出型适用直流负载或 TTL 电路，双向晶闸管（可控硅）输出型适用于交流负载，而继电器输出型，既可用于直流负载，又可用于交流负载。使用时，只要外接一个与负载要求相符的电源即可，因而采用继电器输出型，对用户十分方便和灵活，但由于它是有触点输出，所以它的工作频率不能很高，工作寿命不如无触点的半导体元件长。同样，为保证工作的可靠性，提高抗干扰能力，在输出接口内也要采用相应的隔离措施，如光电隔离和电磁隔离或隔离放大器等措施。

① 直流数字量输出接口模板（晶体管输出型）

直流数字量输出＋24V，＋48V 电压的基本结构相同，其典型电路如图 3-9 所示。此电路可分为译码、控制逻辑、输出锁存、光电隔离和输出驱动 5 个部分。其中前 4 个部分与直流数字量输入模板电路非常相似，不同之处主要有 3 点：输出锁存器输入和输出的方向相反；数据流向相反；光电耦合器由标准 TTL 电平驱动，因此驱动电路简单。输出和输入模板的最大不同在于输出驱动电路，它也是输出模板的主要部分。晶体管输出型每个输出点的最大带负载能力（因 PLC 的型号而异）约为 0.75A，但是因为有温度上升的限制，每 4 点输出总电流不得大于 2A（每点平均 0.5A）。

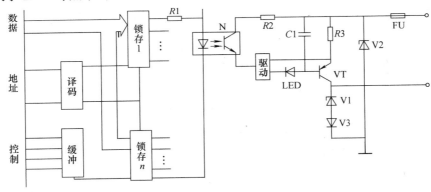

图 3-9　直流数字量输出接口模板原理图

② 交流数字量输出接口模板（双向晶闸管）

如图 3-10 所示，它的主要开关元件是双向晶闸管 VT，可看作两个普通晶闸管的反并联（但其驱动信号是单极性的），只要门极 G 为高电平，就使 VT 双向导通，从而接通 220V 交流电源向负载供电。

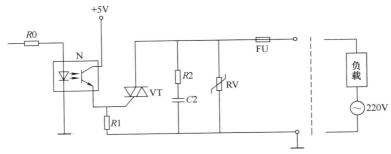

图 3-10　交流数字量输出接口模板的输出驱动电路

图中电容 $C2$ 是作为高频滤波电容，可抑制高尖峰电压击穿 VT。串接电阻 $R2$ 是限制 VT 由截止转为导通的瞬间，因电容的高速放电产生过大的电流变化。RV 是压敏电阻，用它来吸收浪涌电压，以限制 VT 两端电压始终不超过一定限度。电阻 $R1$ 是将光电耦合器二次侧的电流信号转换成电压信号，用以驱动 VT 的门极。光电耦合器二次电流如不足以驱动 VT 正常导通时，可增加一级电流放大电路。双向晶闸管输出型：每点最大带负载能力约为 $0.5～1A$。

③ 继电器输出接口模板

在对动作时间和频率要求不高的情况下，常常采用继电器输出接通或断开开关触点。它的控制部分与直流输出接口模板相同，只是输出驱动电路不同（见图 3-11）。

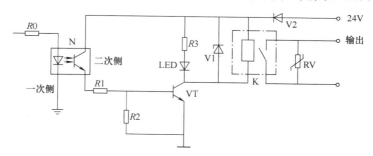

图 3-11　继电器输出接口模板的输出驱动电路

继电器输出型接口响应时间最慢，从输出继电器的线圈得电(或断电)到输出触点 ON（或 OFF）的响应时间约为 10ms。

3. 扩展模块

当用户的 PLC 控制系统所需的输入、输出点数超过主机的输入、输出点数时，就要通过 I/O 扩展接口将主机与 I/O 扩展单元连接起来。另一个含义是原系统中的模板无法满足系统工作要求时，需进行模板的扩充。

4. 电源模块

PLC 的外部工作电源一般为单相 85～260V，50/60Hz 交流电源，也有采用 24～26V 直流电源的。对于在 PLC 的输出端子上接的负载所需的负载工作电源，必须由用户提供。

5. 存储器

可编程序控制器存储器中配有系统程序存储器和用户程序存储器。当用户程序很长或需存储的数据较多时，可考虑选用较大容量的存储器或进行存储器扩展。

6. 模拟量输入/输出模块

小型 PLC 一般没有模拟量输入/输出接口，或者只有通道数有限的 8 位 A–D，D–A 模板。大、中型 PLC 可以配置成百上千的模拟量通道，它们的 A–D，D–A 转换器一般是 10 位或 12 位。其中，模拟输入信号或模拟输出信号可以是电压或电流。可以是单极性，如 0～5V，0～10V，1～5V，4～20mA，也可以是双极性的，如 ±50mV，±5V，±10V，±20 mA。在一些高精度和高抗干扰的 PLC 控制系统中，模拟量 I/O 接口模板也需要有光电隔离措施。在模拟量 I/O 接口模板中，如果内部没有隔离，则需要在外部输入电路通过"线性光耦"进行隔离。

7. 编程器及通信模块

（1）编程器

编程器用于用户程序的输入、编辑、调试和监视，还可以通过其键盘去调用和显示 PLC 的一些内部继电器状态和系统参数。可编程序控制器的编程器一般由 PLC 生产厂家提供，可分为简易编程器和智能编程器。目前，出现了使用以个人计算机为基础的编程系统。大多数 PLC 厂家只向用户提供编程软件，而个人计算机则由用户自己选择。

（2）通信模块

通信接口是专用于数据通信的一种模块。PLC 通过通信接口可以与打印机、监视器相连，也可与其他的 PLC 或上位计算机相连，构成多机局部网络系统或多级分布式控制系统或实现管理与控制相结合的现场总线系统。通信接口有串行接口和并行接口两种，它们都在专用系统软件的控制下，遵循国际上多种规范的通信协议来工作。用户应根据不同的设备要求选择相应的通信方式并配置合适的通信接口。

3.2.3 可编程序控制器的基本工作原理

1. 可编程序控制器的等效电路

图 3-12 是以 S7-200 为例的 PLC 等效工作电路。

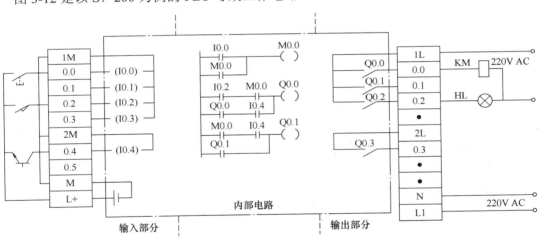

图 3-12　PLC 的等效工作电路

（1）输入部分

所谓输入继电器是 PLC 内部的"软继电器"，是存储器中的某一位，它可以提供任意多个动合触点或动断触点供 PLC 编程使用。输入部分由外部输入电路、PLC 输入接线端子和输入继电器组成。外部输入信号经 PLC 输入接线端子去驱动输入继电器的线圈。每个输入端子与其相同编号的输入继电器有着唯一确定的对应关系，当外部的输入元件处于接通状态时，对应的输入"软继电器"动作。输入回路所使用的电源，可以用 PLC 内部提供的 24V 直流电源（其带负载的能力有限），也可由 PLC 外部独立的交流或直流电源供电。输入继电器只能由来自现场的输入元件来触发，而不能用编程的方式去控制。

（2）内部电路

所谓内部电路是由用户程序形成的用"软继电器"来代替硬继电器的控制逻辑。一般用户程序是用梯形图语言编制的，它看起来很像继电器接触器控制系统的线路图。

（3）输出部分

输出部分是由在 PLC 内部且与内部控制电路隔离的输出继电器的外部动合触点、输出接线端子和外部驱动电路组成，用来驱动外部负载。PLC 的内部控制电路中有许多输出继电器（也是"软继电器"），每个输出继电器除了有为内部控制电路提供编程用的任意多个动合、动断触点外，还为外部输出电路提供了实际的动合触点与输出接线端子相连。驱动外部负载电路的电源必须由外部电源提供。

2. 可编程序控制器的工作方式

PLC 采用周期性顺序扫描、集中批处理的工作方式。PLC 在运行过程中，总是处在不断循环扫描过程中。每次扫描所用的时间称为扫描时间，又称扫描周期或工作周期。由于 PLC 的 I/O 点数较多，采用集中批处理的方法，可以简化操作过程，提高系统可靠性。

当 PLC 启动后，先进行初始化操作，包括对工作内存的初始化、复位所有的定时器、将输入/输出继电器清零，检查 I/O 单元连接是否完好，如有异常则发出报警信号。之后，PLC 就进入周期性扫描过程。

PLC 的扫描过程分为 4 个阶段：

（1）公共处理扫描阶段

包括 PLC 自检、执行来自外设命令、对看门狗定时器（Watch Dog Timer）清零等。

（2）输入采样扫描阶段

在该阶段 PLC 按顺序逐个采集所有输入端子上的信号，不论输入端子上是否接线，将所有采集到的输入信号写到输入映像寄存器中。在当前的扫描周期内，用户程序依据的输入信号的状态（ON 或 OFF），均从输入映像寄存器中去读取，而不管此时输入信号的状态是否变化。

（3）执行用户程序扫描阶段

在执行用户程序阶段，CPU 对用户程序按顺序进行扫描。每扫描到一条指令，所需要的输入状态均从输入映像寄存器中去读取，而不是直接使用现场的立即输入信号。对其他信息，则是从 PLC 的元件映像寄存器中读取。在执行用户程序中，每一次运算的中间结果都立即写入元件映像寄存器中，这样该元素的状态马上就可以被后面将要扫描到的指令所使用。对输出继电器的扫描结果，也不是马上去驱动外部负载，而是将其结果写入输出映像寄存器中，待输出刷新阶段集中进行批处理。

（4）输出刷新扫描阶段

当 CPU 对全部用户程序扫描结束后，将元件映像寄存器中各输出继电器的状态同时送到输出锁存器中，再由输出锁存器经输出端子去驱动各输出继电器所带的负载。在输出刷新阶段结束后，CPU 进入下一个扫描周期。上述的三个批处理过程如图 3-13 所示。

3. PLC 对输入/输出的处理规则

PLC 对输入/输出的处理规则，如图 3-14 所示。

（1）输入映像寄存器中的数据是在采样阶段从扫描到的输入信号的状态集中写进去的，在本扫描周期中，它不随外部输入信号的变化而变化。

（2）输出映像寄存器的状态，是由用户程序中输出指令的执行结果来决定的。

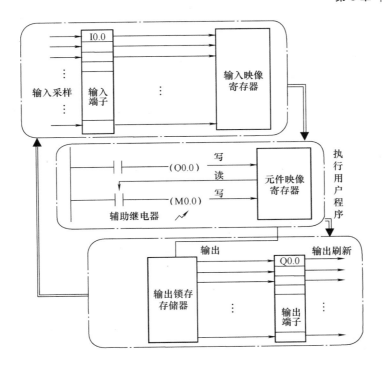

图 3-13 小型 PLC 的三个批处理过程

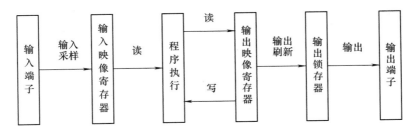

图 3-14 PLC 对输入/输出的处理规则

（3）输出锁存器中的数据是在输出刷新阶段，从输出映像寄存器中集中写进去的。

（4）输出端子的输出状态，是由输出锁存器中的数据确定的。

（5）执行用户程序时所需的输入、输出状态，是从输入/输出映像寄存器中读出的。

4. PLC 的扫描周期及滞后响应

PLC 的扫描周期与 PLC 的时钟频率、用户程序的长短及系统配置有关。一般 PLC 的扫描时间为几十毫秒，在输入采样和输出刷新阶段只需 1～2ms，扫描时间的长短主要由用户程序来决定。

从 PLC 的输入端输入信号发生变化到输出端对该输入变化做出反应，所需时间称为响应时间或滞后时间。这种输出对输入的滞后现象，影响了控制的实时性，但对于一般的工业控制，这种滞后是允许的。如果需要快速响应，可选用快速响应模板、高速计数模板及采用中断处理功能来缩短滞后时间。响应时间的快慢与以下因素有关：

（1）输入滤波器的时间常数（输入延迟）

因为 PLC 的输入滤波器是积分环节，因此输入滤波器的输出电压会有时间延迟。另外，如果输入导线很长，由于分布参数的影响，也会产生滤波器的效果。在对实时性要求很高的情况下，可考虑采用快速响应输入模板。

（2）输出继电器的机械滞后（输出延迟）

因为 PLC 的数字量输出经常采用继电器触点，由于继电器机械开关固有的动作时间，导致继电器的实际动作相对线圈的输入电压的滞后效应。如果采用双向晶闸管或晶体管的输出方式，则可减少滞后时间。

（3）PLC 的循环扫描工作方式

要想减少程序扫描时间，必须优化程序结构，在可能的情况下，应采用跳转指令。

（4）PLC 对输入采样、输出刷新的集中批处理方式

为加快响应，目前有的 PLC 的工作方式采取直接控制方式，这种工作方式的特点是：遇到输入便立即读取进行处理，遇到输出则把结果予以输出。还有的 PLC 采取混合工作方式，在输入采样阶段，进行集中读取（批处理），而在执行程序时，遇到输出时便直接输出。这种方式由于对输入采用的是集中读取，所以在一个扫描周期内，同一个输入即使在程序中有多处出现，也不会像直接控制方式那样，可能出现不同的值；又由于这种方式的程序执行与输出采用直接控制方式，所以又具有直接控制方式输出响应快的优点。

（5）用户程序中语句顺序安排不当

如果某一输出继电器的输出语句写在前面，而相关的控制逻辑语句写在后面，则会引起一定的输出响应滞后。

3.2.4　可编程序控制器的分类

1. 根据控制规模分类

PLC 的控制规模是以输入/输出点数来衡量的。PLC 的输入/输出点数表明了 PLC 可从外部接收多少个输入信号和向外部发出多少个输出信号，实际上也是 PLC 的输入/输出端子数。根据 PLC 的点数可将 PLC 分为小型机、中型机和大型机。

2. 根据结构形式分类

从结构上看，PLC 可分为整体式、模块式及分散式 3 种形式。

3. 根据用途分类

（1）用于顺序逻辑控制

顺序逻辑控制是可编程序控制器的最基本的控制功能，完成如顺序、联锁、计时和计数等开关量的控制。该类可编程序控制器不要求有太多的功能，只要有足够数量的 I/O 回路即可。

（2）用于闭环过程控制

对于闭环控制系统，需要有模拟量的 I/O 回路，以供采样输入和调节输出，实现对温度、压力、流量、位置、速度等物理量的连续调节。

（3）用于多级分布式和集散控制系统

在多级分布式和集散控制系统中，除了要求所选用的可编程序控制器具有上述功能外，还要求具有较强的通信功能，以实现各工作站之间的通信、上位机与下位机的通信，最终实现全厂自动化，形成通信网络。

（4）用于机械加工的数字控制和机器人控制

机械加工行业和很多机器人制造公司也选用 PLC 作为控制器，以实现速度控制、运动控制、位置控制、步进电动机控制、伺服电动机控制、单轴控制和多轴控制等功能。

3.2.5 PLC 与继电器接触器控制系统及计算机的区别

1. 可编程序控制器与继电器接触器控制系统的区别

在器件组成上，继电器接触器控制系统的控制逻辑采用硬件接线，触点数量有限，所以系统的灵活性和可扩展性受到很大限制。同时存在机械磨损、电弧灼烧等，因此寿命短，可靠性和可维护性较差。而 PLC 的控制逻辑以程序存储在存储器中，易于修改。PLC 的"软继电器"实质上是存储单元的状态，所以其触点数量是无限的，而且无"磨损"现象。

在工作方式上，当电源接通时，继电器接触器控制电路中所有继电器该吸合的都同时吸合，这种工作方式称为并行工作方式。而 PLC 的各软继电器都处于周期性循环扫描接通中，受同一条件制约的各个继电器的动作次序决定于程序扫描顺序，这种工作方式称为串行工作方式。PLC 的串行工作方式存在输入/输出滞后现象。例如，西门子公司 S5-110A，每个程序语句平均 18μs，若整个用户程序有 1000 条语句，并假设输入滤波时间常数约为 6ms，则对应输入信号最大响应时间是：18μs×1000+6ms=24ms。

从控制速度上看，继电器接触器控制系统依靠机械触点的动作实现控制，工作频率低，机械触点还会出现抖动问题。而 PLC 通过程序指令控制半导体电路来实现控制，速度快，程序指令执行时间在微秒级，且不会出现触点抖动问题。

从定时和计数控制上看，继电器接触器控制系统采用时间继电器的延时动作进行时间控制，易受环境温度变化的影响，定时精度不高。而 PLC 时钟脉冲由晶体振荡器产生，精度高，定时范围宽，用户可根据需要在程序中设定定时值，修改方便，不受环境的影响，且 PLC 具有计数功能，而继电器接触器控制系统一般不具备计数功能。

2. 可编程序控制器与单片机等微型计算机（MCU）的区别

作为工业生产专用的可编程序控制器，它也是由 CPU、RAM、ROM、I/O 接口等构成，与微型计算机有相似的构造，但又不同于一般的通用微机，特别是它采用了特殊的抗干扰技术，有着很强的接口能力，使它更能适用于工业控制。此外，二者还有其他一些区别，例如：PLC 易于维修、易于操作、编程简单、设计调试周期短；PLC 的输入/输出响应速度慢，有较大的滞后现象（一般为 ms 级），而 MCU 的响应速度快（为 μs 级）。此外，PLC 与 MCU 在发展过程中相互渗透，使两者差异越来越小。

3. 可编程序控制器与工业控制计算机的区别

可编程序控制器与工业控制计算机（简称工控机）的区别为：

硬件方面，工控机是由通用微型计算机推广应用发展起来的，通常由微型计算机生产厂家开发生产，在硬件方面具有标准化总线结构，各种机型间兼容性强。而 PLC 则是针对工业顺序控制，由电气控制厂家研制发展起来的，其各个厂家的硬件结构产品不通用。但是 PLC 的信号采集和控制输出的功率强，可不必再加信号变换和功率驱动环节，而直接对现场的测量信号及执行机构对接；在结构上，PLC 采取整体密封模板组合形式；在工艺上，对印制电路板、插座、机架都有严格的处理；在电路上，又有一系列的抗干扰措施。因此，PLC 的可靠性更能够满足工业现场环境下的要求。

软件方面，工控机可借用通用微型计算机丰富的软件资源，对算法复杂、实时性强的控制任务能较好地适应。PLC 在顺序控制的基础上，增加了 PID 等控制算法，它的编程主要采用梯形图语言，易于被熟悉电气控制线路而不太熟悉微机软件的工厂电气技术人员所掌握。但是，一些微型计算机的通用软件还不能直接在 PLC 上应用，还要经过二次开发。通常，我们要根据控制任务和应用环境来恰当地选用最适合的控制设备。

3.2.6　可编程序控制器 FX 与 S7-200 概述

FX 系列 PLC 是三菱公司的小型可编程序控制器。SIMATIC S7 系列 PLC 是德国西门子（SIMENS）公司的高性能可编程序控制器。S7 系列 PLC 根据控制规模的不同分成三个子系列：S7-200、S7-300 和 S7-400，分别对应小型、中型和大型 PLC。S7-200 是整体式机构的小型 PLC，具有很高的性价比。下面将以 FX 与 S7-200 为例进行详细的介绍。

3.3　FX 系列编程元件及基本编程语言

3.3.1　F 系列 PLC 中常用的编程器件与编程语言

1. F 系列 PLC 中常用的编程器件

PLC 可看成是由软继电器、定时器、计数器等组成的。F 系列 PLC 梯形图中的编程元件，其名称由字母和数字表示，它们分别表示元件类型和元件号，元件号用八进制表示。

（1）输入继电器（X）

图 3-15 为输入继电器等效电路，每个外部输入触点对应于一个输入继电器，接收来自外部的开关信号。外部输入触点开关触发内部继电器常开、常闭触点的通断。输入继电器带有多对动合和动断触点供编程用。输入继电器由外部信号来驱动，而不能由程序的指令来驱动。

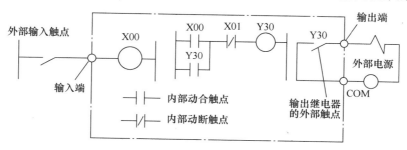

图 3-15　输入继电器、输出继电器等效电路

（2）输出继电器（Y）

输出继电器（见图 3-15）是用来将 PLC 的信号传送到外部负载的器件。输出继电器的输出触点连接到 PLC 的输出端上。输出继电器按程序执行结果而被驱动，它有一个外部输出的动合触点，有许多动合、动断触点可以在编程中使用。

（3）辅助继电器（M）

PLC 中备有许多辅助继电器，由各种器件的触点驱动，作用类似于继电器接触器控制的中间继电器。辅助继电器带有若干动合、动断触点，不可直接驱动外部负载，要通过输出继电器才能驱动外部负载。辅助继电器用 3 位八进制编号，号码值根据基本单元的型号而定。辅助继电器又可分为通用和保持两种类型。

1）通用辅助继电器

编码见表 3-1。

表 3-1　F、F1、F2 系列通用辅助继电器

F 系列	F-12M、F-20M：M100～M157（48 个）
	F-40M、F-60M：M100～M277（128 个）
F1/F2 系列	M100～M277（128 个）

2）保持辅助继电器

当电源中断时，保持辅助继电器能够保持它们原来的状态。这种辅助继电器之所以能保持电源切断之前的状态，是因为有后备锂电池保持供电。某些控制对象需要保存掉电前的状态，以使 PLC 恢复工作时再现这些状态，保持辅助继电器就是用于此目的。编码见表 3-2。

表 3-2　F、F1、F2 系列保持辅助继电器

F 系列	F-12M、F-20M：M160～M177（16 个）
	F-40M、F-60M：M300～M377（64 个）
F1/F2 系列	M300～M377（64 个）

（4）移位寄存器

移位寄存器由辅助继电器组成，由 8 个或 16 个辅助继电器组成一组，构成一个移位寄存器，第一个辅助继电器的编号就是这个移位寄存器的编号。当辅助继电器已用作移位寄存器时，这一组辅助继电器不可另作它用。移位寄存器的分组和编号，见表 3-3。

表 3-3　移位寄存器的分组和编号

F-12M、F-20M：（8 个一组、共 8 组）		F-40M、F-60M：（16 个一组、共 12 组）	
移位寄存器	对应的辅助寄存器	移位寄存器	对应的辅助寄存器
M100	M100～M107	M100	M100～M117
M110	M110～M117	M120	M120～M137
M120	M120～M127	M140	M140～M157
M130	M130～M137	M160	M160～M177
M140	M140～M147	M200	M200～M217
M150	M150～M157	M220	M220～M237
M160	M160～M167	M240	M240～M257
M170	M170～M177	M260	M260～M277
		M300	M300～M317
		M320	M320～M337
		M340	M340～M357
		M360	M360～M377

F/F2 系列移位寄存器和 F-40M 移位寄存器的分组、编号一样，此外还有四组 16 位的具

有电池保护的移位寄存器，编号是 M300（M300～M317）、M320（M320～M337）、M340（M340～M357）、M360（M360～M377）。图 3-16 是一个 16 位移位寄存器的等效电路，它有三个输入端：数据输入、移位输入和复位输入。

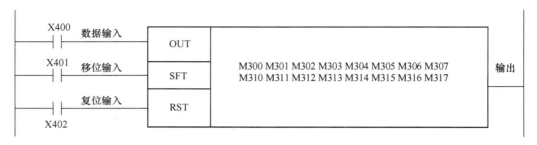

图 3-16　移位寄存器 M300 的等效电路

数据输入端的输入继电器 X400 的通、断决定了移位寄存器首位 M300 的状态。SFT 为移位控制端。X401 每接通一次，移位寄存器 M300 内的数据相应右移一位，如图 3-17 所示。

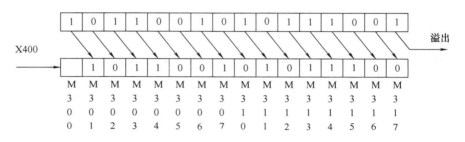

图 3-17　移位寄存器移位图

RST 为复位输入端，X402 接通后，M300～M317 全部断开。当位数不够时，可以将两个移位寄存器串联使用。此时，第一个移位寄存器溢出的数据作为第二个移位寄存器的输入。

（5）定时器（T）

定时器的作用是提供限时或定时操作，相当于继电器控制系统中的延时继电器。定时器的线圈由 PLC 内各元件的触点来驱动，常开、常闭延时触点供编程使用。

定时器的器件编号和设定时间见表 3-4。

表 3-4　定时器器件编号及设定时间

F 系列		F1 系列
F-12M、F-20M	F-40M、F-60M	
T50～T57（8 个） 0.1～99s（二位数字设定、最小单位：0.1s）	T450～T457， T550～T557（共 16 个） 0.1～999s（三位数字设定，最小单位：0.1s）	T050～T057、T450～T457 T550～T557（共 24 个） 0.1～999s（三位数字设定，最小单位：0.1s） T650～T657（共 8 个） 0.01～99.9s（三位数字设定，最小单位：0.01s）

定时器的延时时间是由编程中的设定值 K 决定的。图 3-18a、b 分别是延时接通和延时断开的梯形图和时序图。

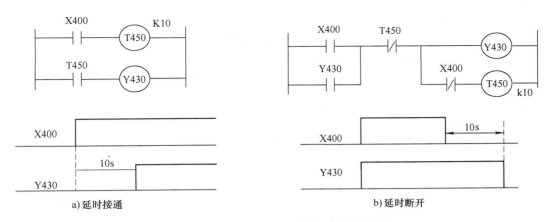

a) 延时接通   b) 延时断开

图 3-18   延时接通和断开的梯形图和波形图

（6）计数器（C）

计数器的计数次数由编程时设定值 K 决定。计数器线圈由 PLC 内各元件触点来驱动。计数器为减计数器，由断到通计数器值减 1，直到计数器为零停止，此时计数器动作，动合触点接通、动断触点断开。PLC 中每个计数都有掉电保护，因此当掉电时，当前计数被保护。计数器的器件编号及计数值范围见表 3-5。

表 3-5   计数器的器件编号及计数值

F 系列		F1 系列
F-12M、F-20M	F-40M、F-60M	
C60~C67（8 个）	C460~C467	C060~C067、C460~C467
（计数值 1-99）	C560~C567	C560~C567、C660~C667
	（计数值 1~999）	（计数值 1~999）

计数器电路的梯形图可画成如图 3-19a（合并画法），也可按图 3-19b 画（分开画法）。图中，X400 是外加的复位条件，M71 是 PLC 开机的复位条件。复位条件满足，计数器复位至设定值 90。X401 是计数输入，每次计数输入从断到通计数器值减 1，当计数值达到 "0" 时，输出触点 C460 接通。

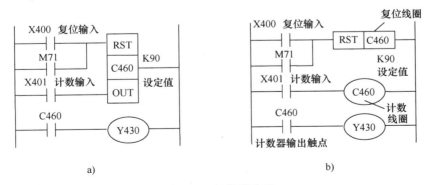

a)   b)

图 3-19   计数器电路

图 3-20 是用计数器组成一个定时器。

图中 X403 是复位输入端。M72 即 100ms 的时钟，当电源在计数中途掉电时，之后电源恢复继续计数。此时，在掉电前和电源恢复后总计数时间达到 60s，输出触点 C461 接通。

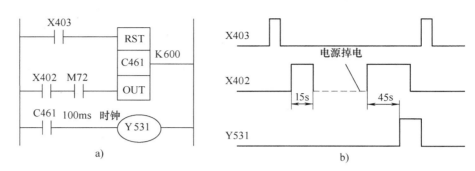

图 3-20　是用计数器组成一个定时器

（7）特殊辅助继电器

PLC 还有几个特殊辅助继电器，如图 3-21 所示，下面说明它的用途。

M70：运行监视。 M70 自动地随 PLC 的运行/停止而呈通/断状态，当 PLC 程序在运行时 M70 一直接通，可以利用此触点经输出继电器（Y），在外部显示程序在运行与否。

M71：初始化脉冲。 在程序运行开始后，M71 接通一个扫描周期，利用 M71 在运行开始时可以清除具有掉电保护的保持辅助继电器、计数器、移位寄存器的数据。

M72：0.1s 的时钟脉冲。 M72 产生周期为 0.1s 的时钟脉冲，可用于驱动计数器或移位寄存器，以完成（执行）监视定时器功能。

M76：电池电压下降。 在向 PLC 供电的情况下，如果电池电压下降，则 M76 接通。它可以把信号输出给外部指示单元来指示电池电压下降，方法是驱动输出继电器（Y）并用其触点接通指示灯。

M77：禁止全部输出。 当 M77 接通，全部输出继电器（Y）的输出自动断开，但此时其他继电器、定时器、计数器仍工作。若发生异常，可用 M77 紧急停机，切断全部输出。

（8）状态器（S）

状态器用于顺序控制类型的控制程序中，是编制步进控制程序中使用的基本元件。它与步进梯形指令 STL 结合使用，可实现系统的顺序控制。F1 系列状态器的编号为：S600～S647（八进制，共 40 点）。每一个状态器 S 都具有若干个常开触点和常闭触点，可供 PLC 编程时选用。当步进指令（STL）不用时，状态器可作受掉电保护的一般辅助继电器使用。

图 3-22 为状态器表示的过程步进图。当步进控制的启动信号 X400 到达后，状态器 S600 即被启动接通，下降电磁阀 Y430 工作；如果下限位开关 X401 接通，状态器 S601 被启动接通，而状态器 S600 自动复位，以此类推。可见，状态器 S 是一种步进控制的元件。

除以上这些基本编程器件以外，F1 系列还有数据寄存器和功能指令线圈。数据寄存器用于数据传送、数据比较、算术运算等操作。功能指令线圈可以提供 87 条功能指令用于完成数据传送和数据处理等操作，编号为 F670～F677，其中 F670 为执行线圈，用于设定功能；F671～F675 为设定线圈，用于设定条件；F677 用于鼓型控制器，设定某一程序的执行时间。

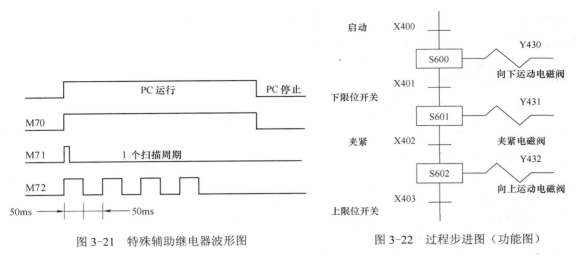

图 3-21　特殊辅助继电器波形图　　　图 3-22　过程步进图（功能图）

2. PLC 基本编程语言

PLC 是以程序的形式进行工作的。尽管国内外厂家采用的编程语言不同，但程序的表达方式大多采用梯形图、指令、逻辑功能图、功能表图以及高级语言等五种形式。

（1）梯形图

梯形图是一种编程语言，它仍沿用了继电器的触点、线圈、串并联等术语和图形符号，梯形图由多个阶梯组成，如图 3-23a 所示。每个输出元素构成一个阶梯。每个阶梯可有多个支路，通常每个支路可容纳若干个编程元素，最右边的必须是输出元素，两侧的竖线类似继电器控制线路的电源线，称作母线。输入接点总安排在左端，不论是行程开关、按钮，还是继电器触点，都用常开、常闭符号表示，不计及物理属性。梯形图是 PLC 的第一编程语言。

（2）指令（语句表）

指令是用助记功能缩写符号来表示 PLC 的各种功能。每条指令由三部分组成：指令号（简称步序号）、指令名称（功能）及数据（继电器号，即地址号、计时及计数设定值等）。

（3）逻辑功能图

这种方式是基本上沿用了半导体逻辑电路的逻辑方块图表达，对每一种功能都使用一个运算方块，其运算功能由方块内的符号确定。常用"与""或""非"三种逻辑功能表达。和功能方块有关的输入均画在方块的左边，输出画在方块右边。采用逻辑功能图的表达方式，对于熟悉逻辑电路和具有逻辑代数基础的人来说，用这种方法编程很方便。

图 3-23 给出了用 PLC 实现三相异步电动机起动/停止控制的三种语言的表示方法。

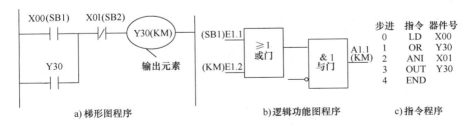

图 3-23　PLC 的三个编程方式

（4）高级语言

在大型 PLC 中为了完成具有数据处理、PID 调节等较为复杂的控制，也采用 Basic、Pascal

等计算机语言，这样 PLC 就具有更强的功能。目前的各种 PLC，基本上同时支持两种或两种以上编程语言，大多数可以同时使用梯形图和指令。

3.3.2 基本逻辑指令

各种 PLC 的梯形图大同小异，其指令系统的内容也类似，本节将以 F/F1/F2 系列 PLC 逻辑指令为例，具体说明指令的意义及程序编制的方式。

1. 逻辑指令

（1）LD、LDI、OUT 指令

LD（Load）：动合触点（常开触点）与母线连接指令。

LDI（Load Inverse）：动断触点（常闭触点）与母线连接指令。

OUT（Out）：线圈驱动指令。

图 3-24 梯形图及其程序表示了上述三条基本指令的用法。

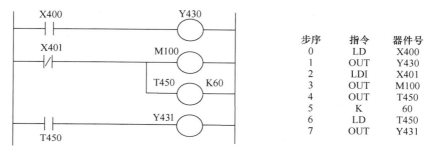

图 3-24　LD、LDI、OUT 的使用

LD 与 LDI 用于与母线相联接的触点，也可以与 ANB，ORB 配合使用，用于分支的开始处。OUT 是驱动线圈的指令，用于驱动输出继电器、定时器、计数器，但不能用于输入继电器。OUT 指令可以并联连续使用任意次。如图 3-24 中 OUT M100，OUT T450。OUT 指令用于计数器、定时器时必须紧跟常数 K 值。

（2）AND、ANI 指令

AND（And）：动合触点（常开触点）串联连接指令。

ANI（And Inverse）：动断触点（常闭触点）串联连接指令。

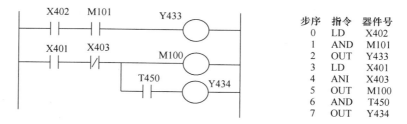

图 3-25　AND、ANI 指令的用法

AND 和 ANI 是用于串联单个触点的指令，可多次使用 AND/ANI。连续使用 OUT 指令必须注意按次序编程，"连续输出"是指在执行 OUT 指令后，通过触点对其他线圈执行 OUT 指令（见图 3-25 中 OUT Y434）。连续输出只要电路设计顺序正确，OUT 指令可重复使用。

一般说来串联触点个数及 OUT 指令的使用次数无限，由于受到编程器屏幕尺寸的限制，每行串联点数应不超过 11 个，若多于 11 个，则要续至下一行。

（3）OR、ORI 指令

OR（Or）：动合触点（常开触点）并联连接指令。

ORI（Or Inverse）：动断触点（常闭触点）并联连接指令。

图 3-26 梯形图及其程序表示了 OR、ORI 指令的用法。

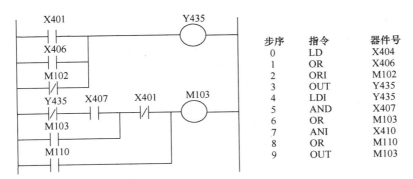

图 3-26　OR、ORI 指令的用法

OR 和 ORI 指令并联到前面最近的 LD 和 LDI 指令上，并联的数量不受限制。

（4）ORB（Or Block）：电路块并联连接指令

两个或两个以上的触点串联连接的电路称为"串联电路块"。在并联连接串联电路块时，在支路起点要用 LD 或 LDI 指令，而在该支路终点要用 ORB 指令。ORB 指令是一条独立的指令，它不带器件号。如有多个并联电路连接，在每一个支路后面加 ORB 指令，用这种方法编程并联电路块的个数没有限制。

（5）ANB（And Bolck）：电路块串联连接指令

两个或两个以上的触点并联连接的电路称为"并联电路块"。并联电路块与前面电路串联连接时用 ANB 指令。在并联电路块起点用 LD 或 LDI 指令，在用 ANB 指令将并联电路与前面电路串联连接前，应先并联电路组块。

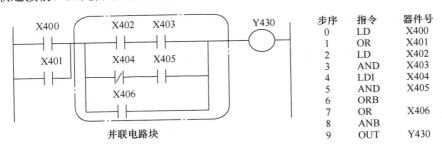

图 3-27　ANB 指令的用法

ANB 指令也是一条独立的指令，它不带器件号。如有多个并联电路块顺次以 ANB 指令与前面电路连接，ANB 的使用次数可以不受限制，但 ANB 串联的个数不能超过 8 个。

（6）RST 指令

RST（Reset）：计数器和移位寄存器清除指令。

将计数器的当前值恢复到设定值或清除移位寄存器的内容使用 RST 指令。

（7）PLS 指令

PLS（Pulse）：脉冲输出指令，又称微分输出指令，用于产生短时间的脉冲输出。

PLS 将脉宽较宽的输入信号变成脉宽等于 PLC 扫描周期的触发脉冲信号，如图 3-28 所示。当需要在辅助继电器触点接通后产生一脉冲信号时，使用 PLS 指令。PLS 指令可用作计数器、移位寄存器的复位输入。

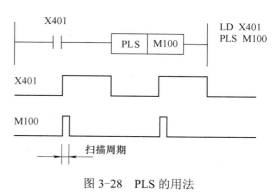

图 3-28　PLS 的用法

（8）SFT 指令

SFT（Shift）：使移位寄存器中的内容做移位的指令。由辅助继电器构成的移位寄存器，根据基本单元的不同，可由 8 个或 16 个辅助继电器组成。

（9）S、R 指令

S（Set）、R（Reset）分别为置位和复位指令。这一对指令用于输出继电器（Y）、状态器（S）和辅助继电器（M200～M377）的保持及复位工作。

（10）MC、MCR 指令

MC（Master Control）：主控指令。

MCR（Master Control Reset）：主控复位指令。

主控指令又称母线转移指令。主要用于电路的分支，增设一个临时控制总线，以便接入一个控制电路块。两条指令必须同时使用。MC、MCR 指令只能用于辅助继电器 M100～M177。

（11）CJP、EJP 指令

CJP（Condition Jump）：转移开始指令。

EJP（End of Jump）：转移结束指令。

功能是用来跳过部分程序，使其不执行，而继续执行下面的程序。这样可以大大缩短程序扫描执行时间。F1 系列跳转继电器共 64 个，其目标范围为 700～777。

（12）NOP 指令（Nop）：空操作指令，主要用于程序的修改。

（13）END 指令：程序执行结束指令。

3.3.3　梯形图绘制的基本规则

PLC 的梯形图绘制一般应遵循如下规则：

（1）按自上而下，从左到右的顺序排列，每个继电路线圈为一个逻辑行，即一层阶梯，每一逻辑行起于左母线，终于右母线。输出继电器线圈与右母线直接连接，不能在输出继电器线圈与右母线之间连接其他元素，如图 3-29 所示。

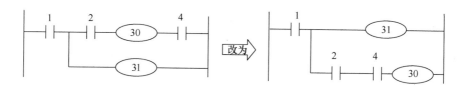

图 3-29　输出线圈右边不得再有触点

（2）一般情况下，某个编号的输出继电器线圈只能出现一次，如图 3-30 所示，而继电器的常开常闭触点则可无限引用。

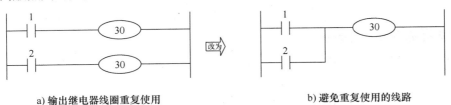

a) 输出继电器线圈重复使用　　　　　　　b) 避免重复使用的线路

图 3-30　线圈的重复使用

在使用多个跳转指令的程序段和使用步进指令的情况下，也允许出现重号的继电器线圈。

（3）输入继电器的线圈由输入点上的外部输入信号驱动。因此图中输入继电器的触点用来表示对应点的输入信号。

（4）在每一逻辑行上，串联接点多的逻辑应排在上面，如图 3-31a 所示。如果将串联接点多的电路安排在下面，如图 3-31b 所示，则需增加一条 ORB 指令，多占用了内存。

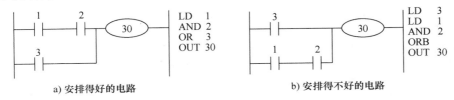

a) 安排得好的电路　　　　　　　　　　　b) 安排得不好的电路

图 3-31　并联电路

（5）在每个逻辑行上，并联触点多的电路应排在左面，如图 3-32a 所示。如果将并联触点多的电路排在右面，如图 3-32b 所示，则增加一条 ANB 指令。

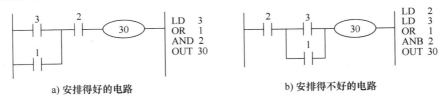

a) 安排得好的电路　　　　　　　　　　　b) 安排得不好的电路

图 3-32　串联电路

（6）不允许在一对触点有双向"电流"通过，如图 3-33a 所示的桥式电路中，触点 5 上有双向"电流"通过，不能直接编程，应变换为等效电路（见图 3-33b），然后再编程。

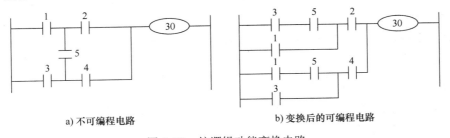

a) 不可编程电路　　　　　　　　　　　　b) 变换后的可编程电路

图 3-33　按逻辑功能变换电路

3.3.4　顺序步进指令和编程

自动生产线等复杂机电系统往往需要一些部件按一定的先后次序动作，各动作之间，各元件之间的逻辑关系极为复杂，用上述组合逻辑的方法设计时，梯形图不仅冗长，而且可读性差。因此，PLC 大都设有顺序步进指令，以解决上述问题。

1. 状态梯形图及步进梯形图

状态梯形图是用状态描述的工艺流程图，通常将一个动作作为一个状态，用一个状态器 S 来表示，一个完整的状态应由三部分组成。

（1）驱动处理：该状态下元器件应该完成的动作，即对负载的驱动处理，对象可以是 Y、M、T、C 等。

（2）转移条件：动作完成后的转移信号，转移条件可以是单触点，也可是 X、Y、M、T、C 等各元器件的逻辑组合。

（3）转移目标：下一步转移的目标。只能是状态 S。

图 3-34a 所示为状态转移图的组成及构成三要素。由状态转移图很容易画出对应的梯形图。如图 3-34b 所示，图中 ||-|| 符号表示 STL 步进接点。

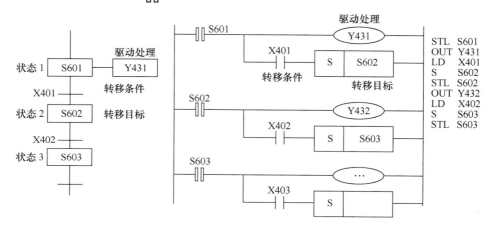

a) 状态转移图及构成三要素   b) 相应的梯形图

图 3-34　状态转移图及相应的梯形图

当 S601 的 STL 触点接通，负载 Y431 也称接通。如果转换条件 X401 接通，下一步的状态寄存器 S602 被置位。同时系统程序使 S601 自动断开，Y431 也断开。

2. STL/RET 指令　STL（STEP LADDER）/RET（RETURN）

STL/RET 指令用于步进接点的驱动和步进返回；STL 步进接点的通断由其对应的状态器所控制。STL 步进接点只有常开接点，无常闭接点。在一系列的 STL 指令的最后，必须用 RET 指令返回母线。

3. 顺序控制的其他编程方式

下面介绍一下以行程开关、接近开关、按键一类检测元件作为步与步之间转换条件的顺序控制梯形图的编程方法。

（1）用通用逻辑指令的编程方法

通用逻辑指令是指与触点和线圈有关的指令，如 LD、AND、OUT 等。在设计顺序控制梯形图时，一般都用辅助继电器代表各步。例如，M200～M203 等。M_i 的启动电路由 M_{i-1} 和 X_i 的常开触点串联而成（见图 3-35）。X_i 一般是短信号，所以用 M_i 的常开触点自锁。当后续

步 M_{i+1} 激活时，M_i 应断开。所以将 M_{i+1} 的常闭触点与 M_i 的线圈串联。

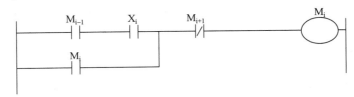

图 3-35　基本电路 1

（2）用置位、复位指令（S、R）的编程方式

当某步 M_i 是活动的，并且它后面的转移条件 $X_{i+1}=1$ 成立，则后续步 M_{i+1} 应被置位，接通并保持，而 M_i 应被复位。基本电路结构如图 3-36 所示。

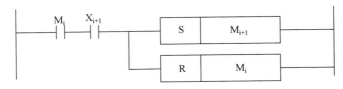

图 3-36　基本电路 2

3.3.5　PLC 控制系统设计方法

PLC 控制系统设计的基本内容包括：

1）选择用户输入、输出设备以及控制对象。

2）选择 PLC，包括机型、容量、I/O 模块、电源模块等。

3）分配 I/O 点，绘制 I/O 接线图。

4）设计控制程序。包括设计梯形图、语句表或流程图。为保证可靠性，必要时可采用冗余控制系统。

5）设计控制台（柜）。

6）编制控制系统的技术文件。包括说明书、电气原理图、电气布置图、电气安装图、I/O 连接图及电气元件明细表等。

设计 PLC 控制系统的一般步骤如下：

1）根据生产的工艺过程分析控制要求。如需要完成的动作（动作顺序、动作条件、必须的保护和联锁等）、操作方式（手动、自动；连续、单周期、单步等）。

2）根据控制要求确定所需的用户输入、输出设备。据此确定 PLC 的 I/O 点数，包括开关量和模拟量的 I/O 以及特殊功能模块。

3）选择 PLC。包括机型、I/O 模块的选择、电源模块的选择等几个方面。

4）分配 PLC 的 I/O 点数，设计 I/O 接线图。

5）进行 PLC 程序设计，进行控制台的设计和现场施工。

PLC 程序设计的步骤是：

1）对于较复杂的系统，需绘制系统控制流程图，用以清楚表明动作的顺序和条件。

2）设计梯形图。

3）根据梯形图编制程序清单。

4）用编程器或计算机上的编程软件编程。

5）对程序进行调试和修改，直到满足要求为止。

6）待控制台及现场施工完成后，进行联机调试。如不满足要求，再修改程序或检查接线直到满足要求为止。

7）编制技术文件。

8）交付使用。

3.4　S7-200 编程元件及基本编程指令

3.4.1　S7-200 的编程元件

1. S7-200 的基本数据类型

在 S7-200 的编程语言中，不同的数据对象具有不同的数据类型，不同的数据类型具有不同的数制和格式。程序中所用的数据可指定一种数据类型，并确定数据大小和数据位结构。S7-200 的基本数据类型及范围见表 3-6。

表 3-6　S7-200 的基本数据类型及范围

基本数据类型	位数	说明
布尔型 BOOL	1	位范围：0，1
字节型 BYTE	8	字节范围：0～255
字型 WORD	16	字范围：0～65535
双字型 DWORD	32	双字范围：0～$(2^{32}-1)$
整型 INT	16	整数范围：$-32768 \sim +32767$
双整型 DINT	32	双字整数范围：$-2^{31} \sim (2^{31}-1)$
实数据 REAL	32	IEEE 浮点数

2. 编程元件

S7-200 可编程序控制器的编程元件包括输入继电器、输出继电器、辅助继电器、变量继电器、定时器、计数器、数据寄存器等。在 PLC 内部，并不真正存在这些实际的物理器件，与其对应的是存储器的某些存储单元。一个继电器对应一个基本单元（即 1 位，lbit）；8 个基本单元形成一个 8 位二进制数，通常称为 1 字节（1 Byte），它正好占用普通存储器的一个存储单元，连续两个存储单元构成一个 16 位二进制数，通常称为一个字（Word）。连续的两个字构成双字（Double Words）。使用这些编程元件，实质上就是对相应的存储内容以位、字节、字或双字的形式进行存取。一般按"字节·位"的编址方式来读取一个继电器的状态，也可按"字节"或"字"来读取相邻一组继电器的状态。主要编程元件介绍如下：

（1）输入继电器 I

通过输入继电器，可将 PLC 的存储系统与外部输入端子（输入点）建立起明确对应的连接关系，它的每 1 位对应 1 个数字量输入点。不能通过编程的方式改变输入继电器的状态，但可以在编程时无限制地使用输入继电器的状态。

（2）输出继电器 Q

通过输出继电器，可将 PLC 的存储系统与外部输出端子（输出点）建立起明确对应的连接关系。输出继电器的状态可以由输入继电器的触点、其他内部器件的触点，以及它自己的触点来驱动，即它完全是由编程的方式决定其状态。我们也可以无限制地使用输出继电器的状态。输出继电器有且仅有一个实在的物理动合触点，用来接通负载。这个动合触点可以是有触点的（继电器输出型），或者是无触点的（晶体管输出型或双向晶闸管输出型）。

（3）变量寄存器 V

S7-200 中有大量的变量寄存器，用于模拟量控制、数据运算、参数设置及存放程序执行过程中的中间结果。变量寄存器可以"位"（bit）为单位使用，也可按字节、字、双字为单位使用。变量寄存器的数量与 CPU 的型号有关，CPU222 为 V0.0～V2047.7，CPU224、CPU226 为 V0.0～V5119.7。

PLC 中备有许多辅助继电器，由 PLC 中各种器件的触点驱动，作用同继电器接触器控制的中间继电器类似。辅助继电器带有若干动合触点和动断触点，供编程使用。辅助继电器的触点不可直接驱动外部负载，要通过输出继电器才能驱动外部负载。

（4）辅助继电器 M

S7-200 与 FX 系列的辅助继电器功能类似。在 S7-200 中，也称辅助继电器为"位存储区"的内部标志位 （Marker），每 1 位相当于 1 个中间继电器。

（5）特殊继电器 SM

特殊继电器用来存储系统的状态变量及有关的控制参数和信息。它可以读取程序运行过程中的设备状态和运算结果，利用这些信息实现一定的控制动作。用户也可以通过对某些特殊继电器位的直接设置，使设备实现某种功能。S7-200 的 CPU22X 系列 PLC 的特殊继电器的数量为 SM0.0～SM299.7。

SM0.0：RUN 监控，PLC 在运行时，SM0.0 总为 ON。

SM0.1：初始脉冲，PLC 由 STOP 转为 RUN 时，SM0.1 ON 1 个扫描周期。

SM0.2：当 RAM 中保存的数据丢失时，SM0.2 ON1 个扫描周期。

SM0.3：PLC 上电进入到 RUN 状态时，SM0.3 ON1 个扫描周期。

SM0.4：分时钟脉冲，占空比为 50%，周期为 1min 的脉冲串。

SM0.5：秒时钟脉冲，占空比为 50%，周期为 1s 的脉冲串。

SM0.6：扫描时钟，一个扫描为 ON，下一个扫描周期为 OFF，交替循环。

SM0.7：指示 CPU 上 MODE 开关的位置，0=TERM，1=RUN，通常用来在 RUN 状态下启动自由口通信方式。

SMB0：有 8 个状态位。在每个扫描周期的末尾，由 S7-200 的 CPU 更新这 8 个状态位。因此这 8 个 SM 为只读型 SM，这些特殊继电器的功能和状态是由系统软件决定的，与输入继电器一样，不能通过编程的方式改变其状态，只能通过使用这些特殊继电器的触点来使用它的状态。

SMB1：用于潜在错误提示的 8 个状态位，这些位可由指令在执行时进行置位或复位。

SMB2：用于自由口通信接收字符缓冲区，在自由口通信方式下，接收到的每个字符都放在这里，便于梯形图存取。

SMB3：用于自由口通信的奇偶校验，当出现奇偶校验错误时，将 SM3.0 置"1"。

SMB4：用于表示中断是否允许和发送口是否空闲。

SMB5：用于表示 I/O 系统发生的错误状态。

SMB6：用于识别 CPU 的类型。

SMB7：功能预留。

SMB8～SMB21：用于 I/O 扩展模板的类型识别及错误状态寄存。

SMW22～SMW26：用于提供扫描时间信息，以毫秒计的上次扫描时间，最短扫描时间及最长扫描时间。

SMB28 和 SMB29：分别对应模拟电位器 0 和 1 的当前值，范围为 0～255。

SMB30 和 SMBl30：分别为自由口 0 和 1 的通信控制寄存器。

SMB31 和 SMW32：：用于永久存储器（E^2PROM）写控制。

SMB34 和 SMB35：用于存储定时中断间隔时间。

SMB36～SMB65：用于监视和控制高速计数器 HSC0、HSC1、HSC2 的操作。

SMB66～SMB85：用于监视和控制脉冲输出（PTO）和脉冲宽度调制（PWM）功能。

SMB86～SMB94 和 SMB186～SMBl94：用于控制和读出接收信息指令的状态。

SMB98 和 SMB99：用于表示有关扩展模板总线的错误。

SMBl31～SMBl65：用于监视和控制高速计数器 HSC3、HSC4、HSC5 的操作。

SMB166～SMB194：用于显示包络表的数量、地址和变量存储器在表中的首地址。

SMB200～SMB299：用于表示智能模板的状态信息。

其他特殊继电器功能及使用情况请参阅详细的 S7-200 手册。

（6）高速计数器 HSC

普通计数器的计数频率受扫描周期的制约，在需要高频计数时，可使用高速计数器。与高速计数器对应的数据，只有一个高速计数器的当前值，是一个带符号的 32 位双字型数据。

（7）累加器 AC

累加器是用来暂存数据的寄存器，它可以向子程序传递参数，或从子程序返回参数，也可以用来存放运算数据、中间数据及结果数据。S7-200 共有 4 个 32 位的累加器：AC0～AC3。使用时只表示出累加器的地址编号（如 AC0）。累加器存取数据的长度取决于所用的指令，它支持字节、字、双字的存取，以字节或字为单位存取累加器时，是访问累加器的低 8 位和低 16 位。

（8）状态继电器（也称为顺序控制继电器）S

状态继电器是使用步进控制指令编程时的重要编程元件，用状态继电器和相应的步进控制指令可以在小型 PLC 上编制较复杂的控制程序。

（9）局部变量存储器 L

局部变量存储器用于存储局部变量。S7-200 中有 64 个局部变量存储器，其中 60 个可以用作暂时存储器或者给子程序传递参数。如果用梯形图或功能块图编程，STEP7-Micro/WIN32 保留这些局部变量存储器的最后 4B。如果用语句表编程，可以寻址到全部 64B，但不要使用最后 4B。局部变量存储器与存储全局变量的变量寄存器很相似，主要区别是变量寄存器是全局有效的，而局部变量存储器是局部有效的。S7-200 根据需要自动分配局部变量存储器。可以按位、字节、字、双字访问局部变量存储器，可以把局部变量存储器作为间接寻址的指针，但是不能作为间接寻址的存储器区。

（10）模拟量输入（AIW）寄存器/模拟量输出（AOW）寄存器

模拟量信号经 A-D 转换后变成数字量存储在模拟量输入寄存器中，通过 PLC 处理后将要转换成模拟量的数字量写入模拟量输出寄存器，再经 D-A 转换成模拟量输出。即 PLC 对模拟量输入寄存器只能做读取操作，而对模拟量输出寄存器只能做写入操作。数字量的数据长度是 16 位，因此要以偶数号字节进行编址。

3. 编程元件名称及操作数的寻址范围

S7-200 CPU22X 系列的编程元件的寻址范围见表 3-7，指令操作数的有效寻址范围见表 3-8。

表 3-7　CPU22X 系列 S7-200 编程元件的寻址范围

编程元件	CPU221	CPU222	CPU224	CPU226
用户程序	2KB		4KB	
用户数据	1KB		2.5KB	
输入继电器 I	I0.0～I15.7			
输出继电器 Q	Q0.0～Q15.7			
模拟量输入映像寄存器 AIW	AIW0～AIW30			
模拟量输出映像寄存器 AQW	AQW0～AQW30			
变量寄存器 V	VB0.0～VB2047.7		VB0.0～VB5119.7	
局部变量寄存器 L	LB0.0～LB63.7			
辅助继电器 M	M0.0～M31.7			
特殊继电器 SM	SM0.0～SM299.7			
只读 SM	SM0.0～SM29.7			
定时器 T	T0～T255			
计数器 C	C0～C255			
高速计数器 HC	HC0, HC3, HC4, HC5		HC0～HC5	
状态继电器 S	S0.0～S31.7			
累加器 AC	AC0～AC3			
跳转标号	0～255			
调用子程序	0～63			
中断程序	0～127			
PID 回路	0～7			
通信口	0	0	0	0, 1

表 3-8　操作数的有效寻址范围

操作数类型	CPU221	CPU222	CPU224，CPU226
位	I0.0-15.7，Q0.0-15.7	I0.0-15.7，Q0.0-15.7	I0.0-15.7，Q0.0-15.7
	M0.0-31.7，S0.0-31.7	M0.0-31.7，S0.0-31.7	M0.0-31.7，S0.0-31.7
	SM0.0-179.7，T0-255	SM0.0-179.7，T0-255	SM0.0-179.7，T0-255
	V0.0-2047.7，C0-255	V0.0-2047.7，C0-255	V0.0-5119.7，C0-255
	L0.0-63.7	L0.0-63.7	L0.0-63.7
字节	IB0-15，QB0-15	IB0-15，QB0-15	IB0-15，QB0-15
	MB0-31，SM0-179	MB0-31，SM0-179	MB0-31，SM0-179
	SB0-31，VB0-2047	SB0-31，VB0-2047	SB0-31，VB0-5119
	LB0-63，AC0-3	LB0-63，AC0-3	LB0-63，AC0-3
	常数	常数	常数
字	IW0-14，QW0-14	IW0-14，QW0-14	IW0-14，QW0-14
	MW0-30，SMW0-178	MW0-30，SMW0-178	MW0-30，SMW0-178
	SW0-30，VW0-2046	SW0-30，VW0-2046	SW0-30，VW0-5118
	LW0-62，AC0-3	LW0-62，AC0-3	LW0-62，AC0-3
	T0-255，C0-255	T0-255，C0-255	T0-255，C0-255
	常数	常数	常数

（续）

操作数类型	CPU221	CPU222	CPU224，CPU226
双字	ID0-12，QD0-12	ID0-12，QD0-12	ID0-12，QD0-12
	MD0-28，SMD0-176	MD0-28，SMD0-176	MD0-28，SMD0-176
	SD0-28，VD0-2044	SD0-28，VD0-2044	SD0-28，VD0-5116
	LD0-60，AC0-3	LD0-60，AC0-3	LD0-60，AC0-3
	HC0，HC3-5，常数	HC0，HC3-5，常数	HC0-5，常数

3.4.2 S7-200 的基本编程指令

在 S7-200 的指令系统中，有两类基本指令集，SIMATIC 指令集和 IEC1131-3 指令集。SIMATIC 指令集是 SIEMENS 公司专为 S7 系列 PLC 设计的,可以用梯形图 LAD、语句表 STL 和功能块图 FBD 三种语言进行编程。语句表 STL 类似于计算机的汇编语言，是 PLC 的最基础的编程语言。功能块图 FBD 类似于数字电子电路，它是将具有各种与、或、非、异或等逻辑关系的功能块图按一定的控制逻辑组合起来。本书将以梯形图和语句表这两种编程语言介绍 S7-200 的指令系统。S7-200 的基本指令系统主要包括以下几个方面：

（1）位操作指令，包括逻辑控制指令、定时器指令、计数器指令和比较指令。

（2）运算指令，包括四则运算、逻辑运算、数学函数指令。

（3）数据处理指令，包括传送、移位、字节交换和填充指令。

（4）表功能指令，包括对表的存取和查找指令。

（5）转换指令，包括数据类型转换、编码和译码、七段码指令和字符串转换指令。

位操作指令是最重要的，是其他所有指令应用的基础，是本章需要掌握的重点内容。

1. 位操作指令

S7-200 的位操作指令主要实现逻辑控制和顺序控制,有些梯形图与 FX 系列的 PLC 类似,下面分别进行一下简单介绍。

（1）装载指令 LD（Load），LDN（Load Not）与线圈驱动指令=

LD：将动合触点接在母线上。

LDN：将动断触点接在母线上。

=：线圈输出。

LD，LDN，=指令使用说明：①LD，LDN 指令总是与母线相连（包括在分支点引出的母线）。②=指令不能用于输入继电器。③并联输出的=指令可以连续使用。④=指令的操作数一般不能重复使用。例如：在程序中不能多次出现"=Q0.0"指令。⑤LD，LDN，=指令的操作数（即可使用的编程元件）为

指令	操作数
LD	I，Q，M，SM，T，C，V，S
LDN	I，Q，M，SM，T，C，V，S
=	Q，M，SM，T，C，V，S

（2）触点串联指令 A（And），AN（And Not）

A：串联动合触点。

AN：串联动断触点。

A，AN 指令使用说明：①A，AN 指令应用于单个触点的串联（常开或常闭），可连续使用。②A，AN 指令的操作数为：I，Q，M，SM，T，C，V，S。

（3）触点并联指令 O（Or），ON（Or Not）

O，ON 指令应用于并联单个触点，紧接在 LD，LDN 之后使用，可以连续使用。O，ON 指令的操作数为：I，Q，M，SM，T，C，V，S。触点的串并联指令总结见表3-9。

表 3-9　与或非逻辑对照表

逻辑	描述	梯形图　LAD	语句表 STL
与 AND	当 I0.0 与 I0.1 都为 1 时，则输出 Q0.0 为 1。	I0.0　I0.1　　　Q0.0	LD　I0.0 A　I0.1 =　Q0.0
或 OR	当 I0.0 或 I0.0 为 1 时，则输出 Q0.1 为 1。	I0.0　　　　Q0.1 I0.1	LD　I0.0 O　I0.1 =　Q0.1
非 NOT	当 I0.0 为 0 时，则输出 Q0.2 为 1。	I0.0　　　Q0.2	LDN　I0.0 =　Q0.2

（4）置位/复位指令 S（Set）/R（Reset）

S：置位指令，将由操作数指定的位开始的 1 位至最多 255 位置"1"，并保持。

R：复位指令，将由操作数指定的位开始的 1 位最多 255 位清"0"，并保持。

S，R 指令使用说明：①与=指令不同，S 或 R 指令可以多次使用同一个操作数。②用 S/R 指令可构成 S-R 触发器。由于 PLC 特有的顺序扫描的工作方式，使得执行后面的指令具有优先权。③使用 S，R 指令时需指定操作性质（S/R）、开始位（bit）和位的数量（N）。开始位（bit）的操作数为：Q，M，SM，T，C，V，S。④操作数被置"1"后，必须通过 R 指令清"0"。

（5）边沿触发指令 EU（Edge Up）和 ED（Edge Down）

EU：上升沿触发指令。在检测信号的上升沿，产生一个扫描周期宽度的脉冲。

ED：下降沿触发指令。在检测信号的下降沿，产生一个扫描周期宽度的脉冲。

EU，ED 指令使用说明：①EU，ED 指令后无操作数。②用于检测状态的变化（信号出现或消失）。

（6）逻辑结果取反指令 NOT

NOT 指令：将指令左端的逻辑运算结果取非，无操作数。

（7）立即存取指令 I（Immediate）（LDI，LDNI，AI，ANI，OI，ONI=I，SI，RI）

S7-200 可通过立即存取指令加快系统的响应速度，立即存取指令允许系统对输入/输出点（只能是 I 和 Q）进行直接快速存取，共有 4 种方式。

1）立即读输入指令

立即读输入指令是在 LD，LDN，A，AN，O，ON 指令后加"I"，组成 LDI，LDNI，AI，ANI，OI，ONI 指令。程序执行立即读输入指令时，只是立即读取物理输入点的值，而不改变输入映像寄存器的值。

2）立即输出指令=I

执行立即输出指令，是将栈顶值立即复制到指令所指定的物理输出点，同时刷新输出映像寄存器的内容。

3）立即置位指令 SI

执行立即置位指令，将从指令指定的位开始的最多 128 个物理输出点同时置"1"，并且刷新输出映像寄存器的内容。

4）立即复位指令 RI

执行立即复位指令，将从指令指定的位开始的最多 128 个物理输出点同时清"0"，并且刷新输出映像寄存器的内容。

（8）堆栈操作指令

如果梯形图中的触点呈现复杂的逻辑关系，就要涉及堆栈操作。S7-200 有一个 9 层堆栈，用于处理逻辑操作。PLC 的堆栈是一组存取数据的临时存储单元，由 9 个堆栈位存储器组成的串联堆栈。堆栈的结构见表 3-10。

表 3-10   逻辑堆栈的结构

名称	堆栈结构	说明	名称	堆栈结构	说明
STACK0	S0	第 1 级堆栈（栈顶）	STACK5	S5	第 6 级堆栈
STACK1	S1	第 2 级堆栈	STACK6	S6	第 7 级堆栈
STACK2	S2	第 3 级堆栈	STACK7	S7	第 8 级堆栈
STACK3	S3	第 4 级堆栈	STACK8	S8	第 9 级堆栈
STACK4	S4	第 5 级堆栈			

逻辑堆栈的操作原则是"先进后出""后进先出"。进栈时，数据由栈顶压入，堆栈中原有的数据被串行下移一位，在栈底（STACK8）的数据，则丢失。出栈时，数据从栈顶被取出，所有数据向上串行一位，在 STACK8 中，装入 1 个随机数据。逻辑堆栈的栈顶，在位运算中兼作累加器。对于简单的逻辑指令，通常是执行进栈、出栈操作或简单的位运算。例如，每执行一次 LD（或 LDN）指令，自动进行 1 次进栈操作。当一个梯级扫描结束，或=指令执行完毕，PLC 自动进行出栈操作，将栈顶值存入相应的存储区。

当梯形图的结构比较复杂时，例如：涉及触点块的串联或并联及分支结构时，应使用堆栈操作指令。

1）触点块串联指令 ALD（And Load）

触点块由 2 个以上的触点构成，触点块中的触点可以是串联连接或者是并联连接，也可以是混联连接。执行 ALD 指令对堆栈的影响见表 3-11。

表 3-11   ALD 指令对堆栈的影响

名称	执行前	执行后	说明
STACK0	1	0	
STACK1	0	S2	假设指令执行前，S0=1，S1=0
STACK2	S2	S3	执行 ALD 指令时，对逻辑堆栈中第 1 级堆栈 S0
STACK3	S3	S4	和第 2 级堆栈 S1 的值进行逻辑与运算，运算结果
STACK4	S4	S5	存放栈顶 S0
STACK5	S5	S6	即 S0 =S0×S1=1×0=0
STACK6	S6	S7	执行完 ALD 指令，自动进行 1 次出栈操作
STACK7	S7	S8	栈底生成随机值 X
STACK8	S8	X	

2）触点块并联指令 OLD（Or Load）

OLD 是多个触点块的并联指令。执行该指令对堆栈也会有影响。

3）逻辑入栈指令 LPS（Logic Push）及逻辑出栈指令 LPP（Logic Pop）

逻辑入栈指令 LPS 与逻辑出栈指令 LPP 成对使用，用于处理梯形图中分支结构程序。LPS用于分支开始，LPP 用于分支结束。执行 LPS 指令是将栈顶值复制后压入堆栈，栈底值压出后丢失。逻辑出栈指令 LPP 是将逻辑堆栈弹出 1 级，原第 2 级的值变为新的栈顶值。

4）逻辑读栈指令 LRD（Logic Read）

执行 LRD 指令时，对逻辑堆栈中第 2 级堆栈 S1 的值进行复制，并将复制值存放到栈顶S0。执行完 LRD 指令，除栈顶值外，逻辑堆栈中的其他堆栈的值不变。

5）装载堆栈指令 LDS（Load Stack）

执行 LDS 指令时，对逻辑堆栈中某级堆栈进行复制，并将复制值由栈顶 S0 压入堆栈。执行完 LDS 指令，栈底值自动消失。

2. 定时器及定时器指令

S7-200 的 CPU22X 系列的 PLC 有 3 种类型的定时器：接通延时定时器 TON，保持型接通延时定时器 TONR 和断开延时定时器 TOF，总共提供 256 个定时器 T0～255，其中 TONR为 64 个，其余 192 个可定义为 TON 或 TOF。定时准确度可分为 3 个等级：1ms、10ms 和 100ms。定时器的定时时间为定时精度与设定值的乘积。

3 种类型的定时器符号分别为

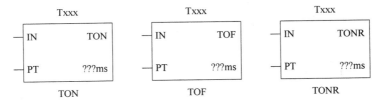

3. 计数器及计数器指令

计数器包括加计数器，减计数器和加减计数器三种，符号分别为

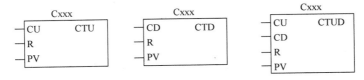

由于 S7-200 还有很多其他指令，具体说明请参考 S7-200 的指令说明书。

3.4.3 程序举例

下面介绍用 FX 与 S7-200 系列 PLC 的逻辑指令编制的梯形图中常用的一些基本电路。为了方便绘制，例子中 PLC 的常闭触点采用相同的符号。

【例 1】 起动、停止和自锁电路

图 3-37 中的起动、停止信号 X410（或 I0.1）和 X411（或 I0.0）持续的时间很短，这种信号称为短信号或点动信号。按下起动按钮，X410 接通，使 Y430（或 Q0.0）接通。X410

断开后，Y430 的常开触点自锁。按下停止按钮，X411 的常闭触点断开，使 Y430 断开。这种功能也可以用 S、R 指令实现。在实际电路中，起动信号和停止信号可由多个触点组成的串并联电路产生。

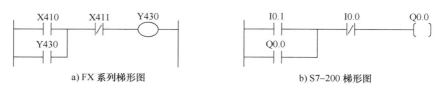

图 3-37　起动、停止和自锁电路梯形图

【例2】　双向控制电路

下图为交流电动机正反转控制的 FX 系列 PLC 外部接线图。SB2、SB3、SB1 分别是正反转起动按钮和停止按钮，KM1，KM2 分别是正反转控制接触器，FR 是热继电器。

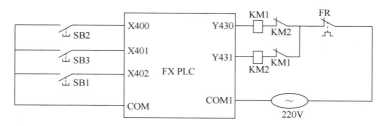

图 3-38　交流电动机正反转控制 FX 系列 PLC 外部接线图

这一类梯形图电路，用两个输出电器控制同一个被控制对象的两种相反的工作状态。异步电动机的正反转控制电路、双线圈两位置电磁阀的控制电路都属于这种基本控制电路。线路中 KM1 和 KM2 绝对不可同时接通，否则将造成交流电源两相间短路的故障。

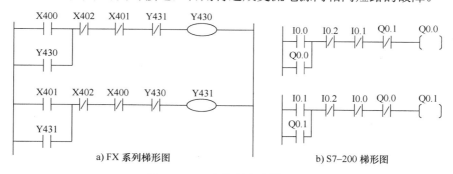

图 3-39　双向控制电路梯形图

图 3-39 中，输入输出的对应关系为：X400～I0.0；X401～I0.1；X402～I0.2；Y430～Q0.0；Y431～Q0.1。图 a 中，用 Y430 和 Y431 的动断触点实现互锁，保证了 Y430 和 Y431 接通；用 X401 和 X400 的动断触点实现按钮互锁。如果按下 SB2，X400 闭合，Y430 接通，电动机正转；如果按下反转起动按钮 SB3，X401 闭合，它的动断触点使 Y430 断开，同时它的动合触点使 Y431 接通，电动机由正转为反转。为了可靠工作，操作的时候可以先按下 SB1 停止按钮，X402 闭合，它的动断触点使 Y430、Y431 断开，然后再进行正反转控制。

【例3】　闪烁电路

本例通过两个定时器和一个固定的输入信号达到使一盏灯闪烁的目的。图 3-40 中，当 X400

（或 I0.0）接通后，Y430（或 Q0.0）周期性地接通与断开。接通和断开的时间分别等于 T451 和 T450（或 T38、T37）的设定值。

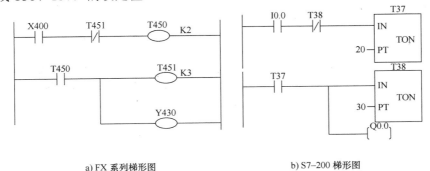

a) FX 系列梯形图　　　　　　　　b) S7-200 梯形图

图 3-40　闪烁电路梯形图

【例4】 大容量计数器

本例利用两个计数器来组成一个大容量计数器。图 3-41 中，输入输出对应关系为：X400～I0.0，X401～I0.1，Y430～Q0.0。

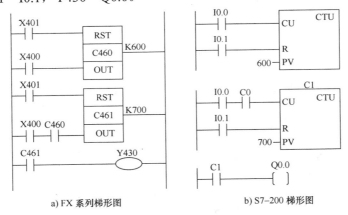

a) FX 系列梯形图　　　　　　　　b) S7-200 梯形图

图 3-41　大容量计数电路梯形图

【例5】 物品分选系统

如图 3-42 所示，该物品分选系统由下料装置、传送带、检测开关、电磁铁等组成。工件由传送带传输，在第 0 个位置检测，在第 5 个位置加工。S1 为废品检测信号，S2 为正品计数信号，SH 为产品发送信号。S1 的信号指导第 5 位置的 YA 剔除电磁铁的动作，S2 计数指导 YB 换箱电磁铁的动作。分选系统的梯形图如图 3-43 所示。

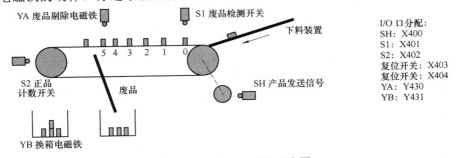

图 3-42　物品分选系统示意图

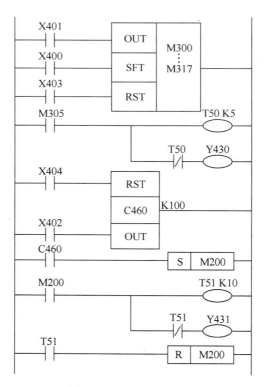

图 3-43 FX 系列梯形图

产品通过生产线的检查站时，如果发现有废品则剔除，正品计数后落入包装箱内。在产品随传送带移动的过程中，检验的结果也应同步地向前移动。用产品的发送信号 SH 作为移位输入，每传送一个产品由发送器 SH 送一个正脉冲信号，通过 X400 使移位寄存器各位的内容右移一位。用废品检测信号作为移位输入，当检查站查到废品时，X401 接通，使寄存器首位 M300 变为 "1" 状态（正品时为 "0"）。废品行进到剔除站时，移位作用使 M305 刚好是 "1" 状态，Y430 接通，电磁铁 YA 将其推下传送带。正品则在传送带终端靠自重落下，并用光电开关 S2 计数，该开关在有物体下落时输出为 "1"。这样就能连续不断地随传送带的运行完成产品分选。注意，X400 的周期应大于 Y430 的动作时间。S7-200 的梯形图如图 3-44 所示。

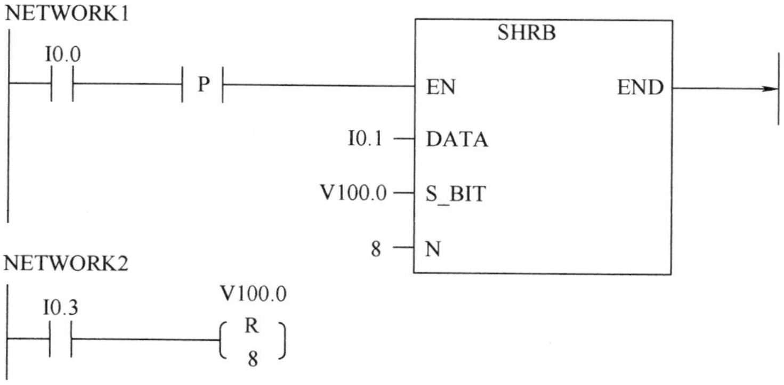

图 3-44 S7-200 梯形图

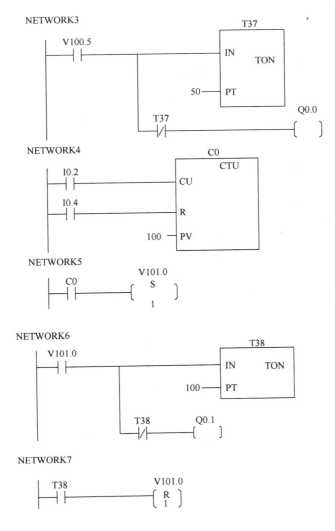

图 3-44 S7-200 梯形图（续）

两种梯形图输入输出的对应关系为：X400～I0.0，X401～I0.1，X402～I0.2，X403～I0.3，X404～I0.4，Y430～Q0.0，Y431～Q0.1。

3.4.4 SIMATIC 工业软件

SIMATIC 工业软件主要由标准工具、工程工具、运行软件和人机界面等构成。

1. 标准工具

STEP7 基本软件是用于 SIMATIC S7/M7/C7 可编程序控制器的标准工具。该软件一般预先安装在专用的图形编程器 PG720/720C、PG740、PG760 中或者安装在 Windows 平台的 PC 上。除 STEP7 外，还有 STEP-Mini 和 STEP-Micro，这两种工具更合适初学者。

2. 工程工具

工程工具是面向控制任务的软件工具，例如：

（1）编程人员用的高级语言，如 S7-SLC 和 M7-PRoC/C++等。

（2）技术专家用的图形语言，如 S7-GRAPH，S7-HiGraph，CFC 等。

（3）其他辅助软件。

3. 运行软件

运行软件直接集成在自动化解决方案内，它提供了预编程解决方案，且可由用户程序调用。运行软件较多，常用的运行软件有：

（1）SIMATIC S7 的标准控制软件。

（2）SIMATIC S7 的智能模板控制软件。

（3）SIMATIC S7 的模糊控制软件。

（4）将自动化系统连接到 Windows 应用程序的接口软件。

（5）SIMATIC M7 的实时操作系统。

4. 人机界面

人机界面是现场操作员控制及 SIMATIC 过程监视的工业软件，包括：

（1）操作员面板和系统组态用的软件，如 Protool 和 Protool/Life 等。

（2）用于过程诊断的 ProAgent 等。

（3）Windows 用的高性能可视化组态工具 WinCC 等。

3.5 LM 系列 PLC

我国的自动化技术发展迅猛，在过程控制领域，已经有几家公司开发出了自己的 PLC 产品。和利时公司自 2004 年开始研发自己的 PLC，到 2006 年相继开发出 LM 系列小型 PLC 和 LK 系列大中型 PLC。

3.5.1 LM 系列 PLC 概述

LM 小型 PLC 包括多种 CPU 模块和扩展模块，和利时还推出了 PowerPro 编程软件及丰富的指令集。LM 小型 PLC 应用领域包括：机床、冲压、印刷、纺织、建材、包装、注塑、运动控制、环保设备、中央空调、电梯、橡胶工业、各类生产流水线等。

3.5.2 硬件扩展

LM 系列小型 PLC CPU 模块可以独立运行，当 CPU 模块 I/O 点不满足系统需求时，可通过扩展电缆连接 I/O 扩展模块。如有特殊的组网需求，可以连接专用功能扩展模块。

3.5.3 通信功能

LM 系列 PLC 提供了多种通信方式以满足不同的应用需求。为了能够适应现代工厂自动化对系统开放性的需求，LM 系列 PLC 提供了以下几种通信方式。

1. 串行通信

CPU 模块上集成的 RS232 和 RS485 串行通信端口，支持标准 Modbus RTU 协议和自由协议，使得 LM 系列可连接任何支持 Modbus RTU 协议的人机界面，亦可用 RS485 接口将多达 32 台 PLC 连成总线型网络。对于一些开放的协议，还可通过自由协议的方式进行通信。

2. 现场总线

专用扩展模块 LM3401 为 PROFIBUS-DP 从站模块，可以通过该模块将 LM 系列 PLC 连接到 PROFIBUS-DP 现场总线网络中，与其他现场设备互联，速度自适应，最高可达 12Mbit/s。

3. 工业以太网

专用扩展模块 LM3403 为以太网模块，支持标准 Modbus TCP 协议，可以通过该模块将 LM 系列 PLC 连接到以太网中，其通信速率达 10Mbit/s，输入输出区大小均为 200 字节。

3.5.4 编程软件介绍

PLC 系统不仅要有好的硬件，而且要有好的软件。和利时 PLC 采用"PowerPro V2"和 "PowerPro V4"，前者适用于 LM-PLC，后者适用于 LK-PLC，这两种版本的功能和使用方法基本相同。该软件安装于 PC 的 Windows 操作系统下，PC 通过串行通信接口或以太网接口与 PLC 硬件系统连接。PowerPro 包含程序编辑器和仿真调试器，是标准的可编程序逻辑控制程序开发平台。PowerPro 符合 IEC61131-3 标准，支持梯形图（LD）、指令列表（IL）、功能块图（FBD）、顺序流程图（SFC）、连续功能图（CFC）、结构化文本（ST）多种语言。该软件为用户提供了友好的组态编程环境，互动平台，操作简便易学易用，既可以离线组态、编程和仿真调试，也可以在线调试和操作监控。PowerPro 安装完毕后，设置相关参数，使之与 CPU 模块建立通信。然后根据工程需要，设计、开发相应的工程应用程序。

3.6 可编程计算机控制器

可编程计算机控制器（Programmable Computer Controller，PCC）是一种融合了传统 PLC 和工业计算机的优点，具有独特理念的模块化控制装置，既有 PLC 的高可靠性和易扩展性，又有着工业计算机的强大运算/处理能力和较高的实时性及开放性。PCC 作为新一代的可编程序控制器，经过十多年的发展和应用，已成为当前工业控制器发展的重要方向之一。

3.6.1 PCC 特点及其优势

1. 操作系统

与常规 PLC 相比较，PCC 最大的特点在于分时多任务操作系统和多样化的应用软件的设计，常规的 PLC 大多采用单任务的时钟扫描或监控程序，来处理程序本身的逻辑运算指令和外部的 I/O 通道状态采集与刷新，这样 PLC 的执行速度取决于应用程序的大小，这无疑同 I/O 通道的高实时性的控制要求相矛盾。PCC 的系统软件解决了这一问题，它采用分时多任务机制构筑其应用软件的运行平台，这样应用程序的运行周期与程序长短无关，而是由操作系统的循环周期决定，由此它将应用程序的扫描周期同真正外部的控制周期区别开来，满足了实时控制的要求，控制周期可在 CPU 运算能力允许的前提下，按用户的要求调整。

如图 3-45 所示，基于上述操作系统，PCC 的应用程序由多任务模块构成，可以方便地按控制项目中各部分不同的功能要求，如数据采集、报警、PID 调节、通信控制等，分别编制出控制程序模块（任务），这些模块既相互独立运行，数据间又保持一定的关联，经过独立编制和调试后，可下载至 CPU，在多任务操作系统下并行运行，共同实现控制要求。

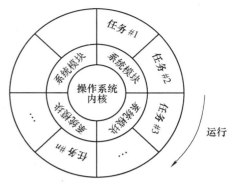

图 3-45　PCC 的软件系统

2. 程序设计

基于上述特殊的操作系统，PCC 在应用程序的设计上有着常规 PLC 无法比拟的灵活性。由于 PCC 是基于多任务环境下的程序设计，采用大型应用软件的模块化设计思想，用户在开发自己的任务时，由于对其功能的提取具有通用性，因而作为一个独立的功能模块，用户可十分方便地将其封装起来，以便于日后在其他应用项目重新使用。

PCC 的编程硬件采用普通 PC 配一套开发软件作为在线开发工具，不仅节省了用户的硬件投资，也发挥了 PC 作为在线编程开发工具的软硬件优势，它为用户提供了源程序级的单步、断点、单周期及 PCC 在线错误自诊断等多种形式的调试手段，使应用程序的开发十分灵活。另外，通过 PC 上编程软件包所提供的为数众多的函数，用户可短时间内编制出高效而复杂的控制程序来。PCC 在编制不同的单个任务模块时，具有灵活选用不同编程语言的特点，这就意味着不仅在常规的 PLC 上的指令表语言可在 PCC 上继续沿用，而且用户还可采用更为高效直观的高级语言（PL2000）。它是一套完全面向控制的文本语言，熟悉 Basic 的技术人员可以很快掌握它的语法，它对于控制要求的描述非常简便、直观。除此之外，PCC 的应用软件开发还具有集成 C 语言程序的能力。PCC 都采用变量来标识外部 I/O 通道及内部寄存器单元，软件开发人员不用熟知 PCC 内部的硬件资源，而只须集中精力于项目本身的要求，即可迅速编制出自己的控制程序来。

3. 硬件结构

在硬件结构方面，在 PCC 核心的运算模块内部，PCC 为其 CPU 配备了数倍于常规 PLC 的大容量存储单元。而在硬件外部，它有着全模块式的插装结构，在工业现场，不仅可以方便地带电插拔，而且在接线端子，模块供电及工作状态显示等诸多方面均有着精巧的设计。

PCC 在硬件上为工业现场的各种信号设计了许多专用的接口模块，如温度、高频脉冲、增量式编码器、称重信号及超声波信号接口模块等。它们将各种形式的现场信号方便地接入以 PCC 为核心的数字控制系统中，用户可按需要对应用系统的硬件 I/O 通道以十余路或数十路为单位模块，进行数十点至数百点甚至上千点个 I/O 的扩展与联网。

4. 远程通信

PCC 在远程通信方面的灵活性，是区别于常规 PLC 的另一明显标志。除开放式现场总线的网络方案之外，PCC 还提供了多种网络协议，用户不仅可以采用贝加莱（B&R）的独占网络协议，也可以方便的与其他厂家的 PLC 或其他工控设备联网通信（如 Siemens、AB、Modicon 等），在一些特殊情况下，PCC 还为用户提供了创建自定义协议的帧驱动（Frame Drive）工具。千兆级 POWERLINK 还可轻松实现与各种不同产品，不同通信协议接口的高效互联。PCC 的通信互联如图 3-46 所示。

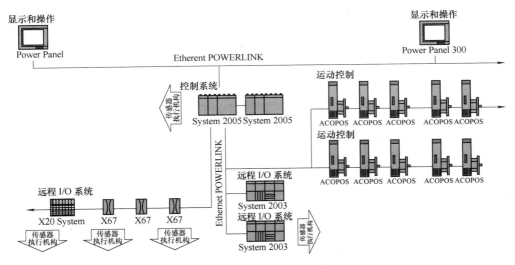

图 3-46 PCC 的通信互联

以 B&R 公司的 PCC 为例，主要由 2005、2003 系列以及 X20 系列构成，由于在网络通信方面的开放性和结构上的模块化，三种系列的 PCC 在构成控制系统的规模上是十分灵活的，顺应了 PLC、工控机及 DCS 技术相互融合的发展潮流。PCC 与 PLC 对比见表 3-12。

表 3-12 PCC 与 PLC 的对比

比较项目	传统的 PLC	PCC
内存容量	几十 KB	100KB～16MB，便于大量分析运算
编程语言	指令表，梯形图，高级语言	指令表、梯形图、汇编、顺序功能图、高级语言（Automation Basic、C）
操作系统	特定	定性多任务分时
系统的模块化	硬件上可以实现	硬件，软件
I/O 处理能力	开关量，模拟量	开关量、模拟量和回路调节技术
I/O 模块带电插拔	不可	可以
系统扩展及组网能力	差	好。Ethernet，现场总线如 CAN，ProfiBus（FMS，DP），INA2000，RS485。可实现多层次网络结构（管理层，控制层和现场层）
开放性	差	好。通信的兼容性强：过程显示接口-PVI，Frame Driver（帧驱动）
系统的智能性	差	MP（多处理器），IP（智能 I/O 模块），软件的自诊断能力强
控制能力	差。有 PID 模块	好。在机械行业 PCC 以专用模块的方式对如下功能进行了集成： 1. 高精度运动控制技术：高速编码计数，速度和位置补偿，电子齿轮传动，凸轮仿形，多轴插补，CNC 技术，飞锯等 2. 无限制的 PID 调节（约 50ms 一个回路），智能温度控制技术：自校正 PID 调节，传感器直接连接，PCC 温度模块，方便的参数整定

此外，PCC 还能随着当前的计算机和网络技术的发展和工业 4.0 的需要而不断更新。

3.6.2 Automation Studio 编程软件应用实例

Automation Studio™ 是针对贝加莱（B&R）工业自动化产品的集成软件开发环境，提供了编程语言和诊断工具，不仅可处理工程项目开发中的每个步骤，并且可在同一用户界面中处理贝加莱（B&R）控制系统、人机界面系统和运动控制系统的操作控制。对初学者不但容易入门，也节约了开发成本，减少了设备维护工作。下面将用一个简单的例子展示 Automation Studio 开发程序的流程。

1. 新建项目

单击菜单栏的"新建"，创建新项目，按图 3-47～图 3-49 所示进行参数设置。

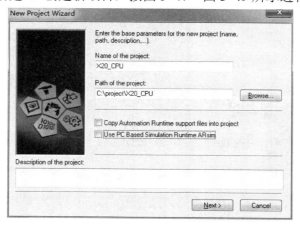

图 3-47　新建工程

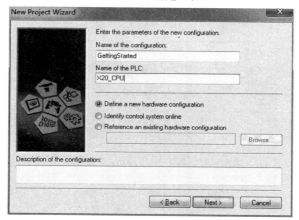

图 3-48　定义新硬件

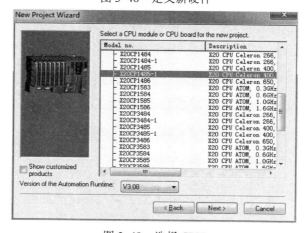

图 3-49　选择 CPU

2. 添加程序

在"Logical View"选项卡中，右键选择"Add Object"，添加程序，如图 3-50 和图 3-51 所示。

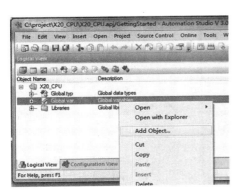

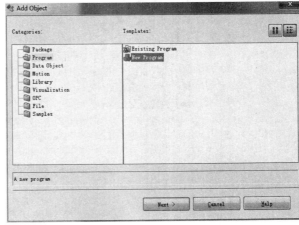

图 3-50 添加程序

图 3-51 添加程序

并按图 3-52～图 3-54 进行程序参数设置。

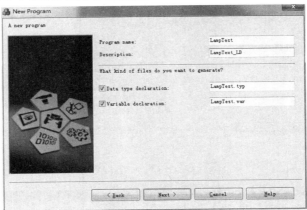

图 3-52 程序参数设置

图 3-53 程序参数设置

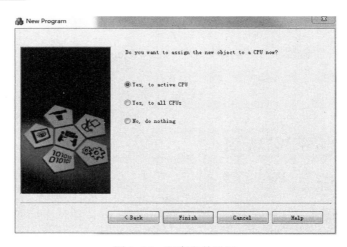

图 3-54　程序参数设置

3. 配置变量

在 Global.var 中可以添加全局变量，变量的类型可以定义成多种。在本例中，添加 Switch 和 Lamp 两个布尔型变量，如图 3-55 和图 3-56 所示。

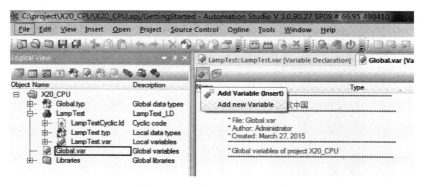

图 3-55　准备添加程序变量

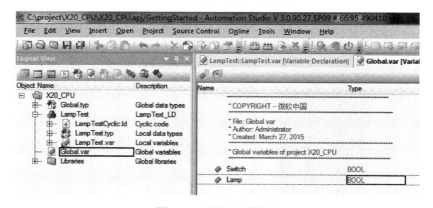

图 3-56　添加程序变量

添加了变量以后，需要将其与物理模块上的端口对应。在"Physical View"中，右键选择"Open X2X Link"，然后选择合适的拓展模块，如图 3-57 和图 3-58 所示。在本例中，添加 X20DI9371 数字量输入模块和 X20DO9322 数字量输出模块。

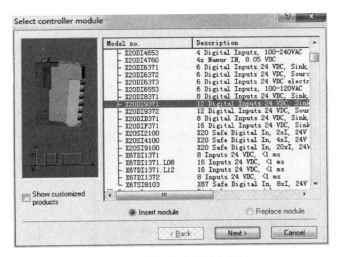

图 3-57　选择数字量输入模块

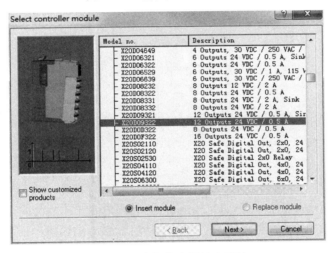

图 3-58　选择数字量输出模块

添加了拓展模块后，可在该模块的 I/O 映射界面中定义变量与模块 I/O 端口的映射关系，如图 3-59 所示。

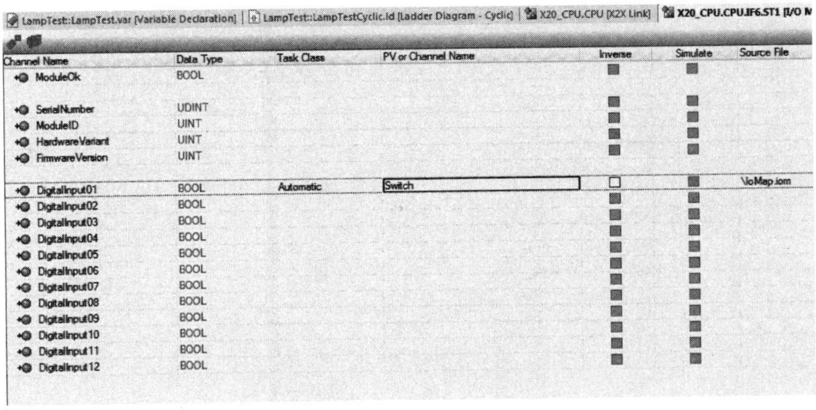

图 3-59　确定映射关系

4. 程序编写

Automation Studio 支持多种编程语言，包括：梯形图、指令表、结构文本、顺序功能图、Automation Basic、ANSI C。本例以梯形图作为编程语言，编写图 3-60 中的程序。常开开关由 Switch 变量的值控制，当 Switch 变量值为 True 时，常开开关闭合，线圈导通，Lamp 变量值变为 True。

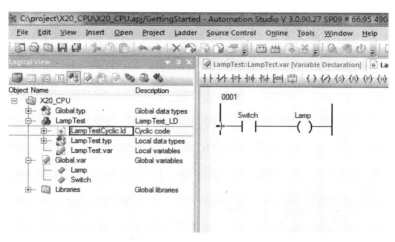

图 3-60　梯形图程序编写

Switch 变量的值由 X20DI9371 数字量输入模块相应端口的状态控制，Lamp 变量的值也会输出给 X20DO9322 数字量输出模块的相应端口。

5. 配置以太网

在 PC 与目标系统进行连接之前，必须先配置目标系统的以太网接口。在"Physical View"选项中，右键选择"Open IF2 Ethernet Configuration"。X20CPU 被分配了一个固定的 IP 地址 10.0.0.2 和子网掩码 255.255.255.0。按图 3-61 进行目标系统的以太网配置。

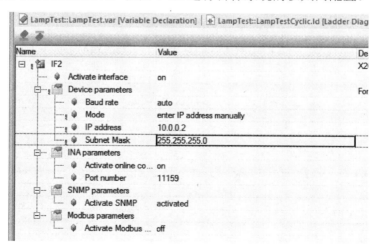

图 3-61　目标系统网络配置

在 PC 端也需进行以太网配置，配置参数如图 3-62 所示。

图 3-62　PC 以太网配置

6. 配置网络连接

网络连接在菜单栏的 Online/Settings 中进行配置，新建网络连接并按下图进行配置。单击工具栏中的连接按钮，可以激活所配置的连接，如图 3-63 所示。

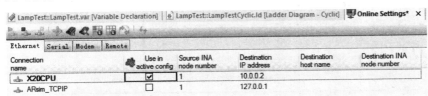

图 3-63　配置网络连接

7. 编译程序

单击工具栏中的"Build"图标，或者按 F7 编译程序。如果编译成功会出现图 3-64 所示界面。

图 3-64　编译成功界面

8. 程序写入

在程序编译成功后，会提示将程序转移到目标系统中。此时程序还不能直接转移，必须在目标系统的 CF 卡中创建一个配置。CF 卡在菜单栏的 Tools\Generate CompactFlash 中进行配置，先单击"Select disk"选择 CF 卡，然后单击"Generate disk"生成 CF 卡，如图 3-65

所示。

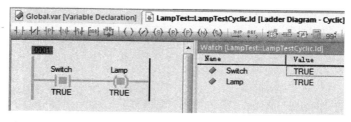

图 3-65　生成 CF 卡界面

CF 卡配置完成后，就可将其插入到 X20 CPU 中，即可写入程序。

9. 程序的运行与监控

当 PC 与 X20CPU 建立连接以后，可以通过连接监视变量的值，并进行修改和诊断，界面如图 3-66 所示。

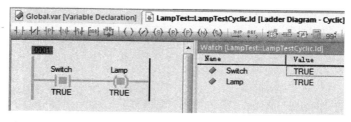

图 3-66　程序的运行与监控界面

可见，贝加莱 Automation Studio 的编程简单方便，易于实现。

3.7　PLC 系统网络与通信

PLC 有通信功能，可以很方便地实现 PLC 与 PLC 或 PLC 与 PC 之间的通信，完成数据采集、状态监视等功能。西门子公司的 PLC 网络可分为 4 个层次，分别为现场级、控制级、监控级和管理级，它们有不同的协议规范，遵循不同的国际标准，具有不同的通信速度和数据处理能力。

PROFIBUS 是目前国际上通用的现场总线标准之一，它以独特的技术特点、严格的认证规范、开放的标准、众多厂商的支持和不断发展的应用规范，已被纳入现场总线的国际标准 IEC 61158 和欧洲标准 EN 50170，并于 2001 年被认定为我国的国家标准。PROFIBUS 是不依赖生产厂家的、开放式的现场总线，各种各样的自动化设备均可以通过同样的接口交换信息。PROFIBUS 可用于分布式 I/O 设备、传动装置、PLC 和基于 PC 的自动化系统。

PROFIBUS 现场总线网络是西门子公司开发出来的，有 3 种兼容的形式，即 PROFIBUS-FMS（Fieldbus Message Specification），PROFIBUS-DP（Decentralized Periphery），PROFIBUS-PA（Process Automation），下面分别予以介绍。

3.7.1 PROFIBUS-FMS

PROFIBUS-FMS 定义了主站与主站之间的通信模型，它使用 OSI 模型的第 1 层、第 2 层和第 7 层。第 7 层（应用层）包括现场总线报文规范 FMS 和低层接口 LLI。

FMS 包含应用层协议，并向用户提供功能很强的通信服务。LLI 协调不同的通信关系，并提供不依赖于设备的第二层访问接口。第 2 层（总线数据链路层）提供总线存取控制和保证数据的可靠性。

FMS 主要用于不同供应商的自动化系统之间传输数据，处理单元级（PLC 和 PC）的多主站数据通信，为解决复杂的通信任务提供了很大的灵活性，属于车间级的现场总线。

3.7.2 PROFIBUS-DP

DP（Distributed Periphery）指的是分布式周边设备，通过 PROFIBUS-DP 将 DCS 现场的电压信号或 4～20mA 的电流信号转换为现场总线的数字信号。要求现场的设备和控制器都有 DP 接口。PROFIBUS-DP 使用了 OSI 的第 1、2 层。该总线使用屏蔽双绞线，采用 RS485 或光缆进行信息的传输。针对 A 类电缆，按照距离从 100m 增到 1200m，传输的波特率会从 12Mbit/s 降到 9.6Kbit/s。

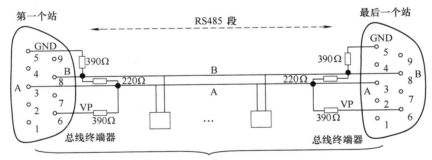

图 3-67　PROFIBUS-DP 总线终端器

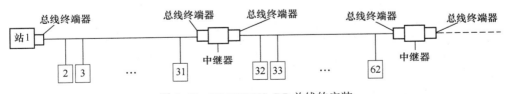

图 3-68　PROFIBUS-DP 总线的安装

DP 总线的安装需要考虑以下问题：

（1）每个总线段中最多可以接 32 个站（主站或从站），如图 3-67 和图 3-68 所示，如果超过 32 站则需要中继器来连接各个总线段。

（2）每段的头和尾各接 1 个有源总线终端器，要一直保持供电。

（3）DP 总线终端器如图 3-67 所示，左右两边分别是 9 针 D 形插座。

（4）传输介质为屏蔽双绞电缆或光缆。

（5）整个网络允许 127 个站。

（6）可以使用中继器来增加需要的电缆长度，但串联的中继器一般不超过 3 个，使用西门子的中继器可以最多串联 9 个。

（7）中继器没有站地址，但被计算在每段的站点数中。例如图 3-68 中，第一个总线段包含站 1～站 31 共 31 个站（有地址），中继器的位置是第 32 个站（没有地址）。

当西门子等公司的网络连接器作为网络端点时，需要将终端电阻开关拨到 ON 的位置，否则保持在 OFF 的位置。

3.7.3　PROFIBUS-PA

PROFIBUS-PA 用于过程自动化的现场传感器和执行器的低速数据传输，使用扩展的 PROFIBUS-DP 协议，描述了现场设备行为的 PA 行规。由于传输技术采用 IEC 61158-2 标准，确保了本质安全和通过现场总线对现场设备供电，可用于防爆区域的传感器和执行器与中央控制系统的通信。使用分段式耦合器可以方便地将 PROFIBUS-PA 设备集成到 PROFIBUS-DP 网络中。

PROFIBUS-PA 使用屏蔽双绞线电缆，由总线提供电源。在危险区域，每个 DP/PA 链路可以连接 15 个现场设备，在非危险区域每个 DP/PA 链路可以连接 31 个现场设备。此外基于 PROFIBUS，还有用于运动控制的总线驱动技术 PROFI-Drive 和故障安全通信技术 PROFI-Safe。

3.8　本章小结

本章主要介绍了 PLC 的结构和工作原理，介绍了 FX 系列和 S7-200 系列编程元件及基本编程语言，介绍了和利时 PLC 和贝加莱可编程计算机控制器 PCC，最后针对 PROFIBUS 介绍了 PLC 系统网络与通信技术。

参考文献

[1]　杨汝清. 机电控制技术[M]. 北京：科学出版社，2009.

[2]　耿文学. 可编程序控制器应用技术手册[M]. 北京：科学技术文献出版社，1996.

[3]　胡学林. 可编程序控制器教程[M]. 北京：电子工业出版社，2003.

[4]　宋伯生. 可编程序控制器配置·编程·联网[M]. 北京：中国劳动出版社，1998.

[5]　台方. 可编程序控制器应用教程[M]. 北京：中国水利水电出版社，2001.

[6]　陈立定，吴玉香，苏开才. 电气控制与可编程序控制器[M]. 广州：华南理工大学出版社，2001.

[7]　殷洪义. 可编程序控制器选择设计与维护[M]. 北京：机械工业出版社，2003.

[8] 吕景泉. 可编程序控制器技术教程[M]. 北京：高等教育出版社，2001.

[9] 郭宗仁，等. 可编程序控制器及其通信网络技术[M]. 北京：人民邮电出版社，1999.

[10] 宋德玉. 可编程序控制器原理及应用系统设计技术[M]. 北京：冶金工业出版社，2002.

[11] 王锦标. 和利时 PLC 技术[M]. 北京：机械工业出版社，2010.

[12] http://www.chinabaike.com/z/gyzd/738225.html.

[13] http://www.br-automation.cn/news/list.asp?id=677&classid=3.

习 题

3.1 PLC 所提供的逻辑部件主要有哪些?

3.2 构成 PLC 的主要部件有哪几个?各部分主要作用是什么?

3.3 试根据 PLC 的构成简述其特点和应用场合。

3.4 描述 PLC 的工作方式。输入状态寄存器、输出状态寄存器、输出锁存器在 PLC 中各起什么作用?

3.5 试从 PLC 硬件软件设计特点来分析 PLC 有高可靠性、抗干扰能力强的原因。

3.6 PLC 控制与继电器接触器控制的差异是什么?

3.7 PLC 中定时器使用需注意哪些问题?

3.8 说明特殊辅助继电器的功能，并列举使用例子。

3.9 设传送带上有三根皮带 A、B、C（分别接 PLC 输出端 Y30、Y31、Y32），另设有一工作开关（接 PLC 的 X0 端）。当工作开关接通，则皮带 A 先起动，10s 后皮带 B 起动，再过 10s 后 C 起动；工作开关断开，则皮带 C 先停止，10s 后 B 停止，再过 10s 后 A 停止。试画出控制梯形图。

3.10 设传送带上装有一产品控制器（接 PLC 的 X0 端），若传送带上 20s 内无产品通过则报警，接通 Y30。试画出梯形图并写出指令表。

3.11 用两个定时器设计一个定时电路。在 X405 接通 1000s 后，将 Y435 接通。画出梯形图。

3.12 用两个计数器设计一个定时电路。在 X402 接通 81000s 后，将 Y436 接通。画出梯形图。

3.13 试用 PLC 按行程原则实现对机械转子的夹紧、正转、放松、反转控制。画出梯形图。

3.14 电动葫芦升降机构的动负荷试验，控制要求如下：

　　1）可手动上升、下降；

　　2）自动运行时，上升 6s，停 9s，下降 6s，停 9s，反复运行 1h，然后发出声光信号，并停止运行。

　　试用 PLC 实现控制要求，并编出梯形图程序。

3.15 如何估算 PLC 的 I/O 点数?

3.16 估算 PLC 的内存考虑哪些因素?

3.17 PLC 在接线时应注意什么问题?

3.18 某十字路口交通灯实验平台上，提供有 2 个自锁按钮和 2 个自恢复按钮及 12 个信号灯（东、西、南、北各三个灯，分别为红色、绿色、黄色）。按交通信号灯原理用 S7-200 PLC 实现控制，要求如下：

　　1）按钮开关量输入启动；

　　2）开关量输出控制红绿灯亮灭；

　　3）定时时间控制交通灯亮灭；

　　4）按钮和交通灯联动，白天正常情况下，东西向和南北向交替亮灭；夜间 4 个方向黄灯闪。

　　请分别用自锁按钮和自恢复按钮控制交通灯工作模式，并设计 S7-200 的梯形图。

3.19 PCC 的优点是什么?

3.20 PCC 与 PLC 的区别是什么?

3.21 步进电动机驱动器的运行需要频率可调的脉冲信号，请用 S7-200 设计脉冲宽度和周期可调的脉冲发生器梯形图？

3.22 在零件加工流水线中，需要对废品进行统计和良品进行装箱。请用 S7-200 设计毛胚、废品、良品的计数程序，要求每 24 个良品装一箱。

3.23 8 盏彩灯依次接在 PLC 的输出端子 Q0.0～Q0.7 上，用移位寄存器编写这 8 盏灯的依次点亮控制程序。

3.24 PROFIBUS-DP 和 PROFIBUS-PA 有什么区别？

3.25 PROFIBUS-PA 在危险区域应用时，每段总线挂接的设备能否达到 32 台？

第4章

计算机数字系统

4.1 数字编码系统

微型计算机是由大规模集成电路组成的体积较小的电子计算机，不但有集成电路硬件系统，也有控制硬件的软件系统。在学习单片机、嵌入式系统之前，需要掌握计算机数字系统的一些基本知识，例如数字系统的数制和编码，布尔代数的知识，触发器，寄存器，存储器，接口电路等。

4.1.1 数制与编码

1. 十进制

十进制系统是以 0、1、2、3、4、5、6、7、8、9 十个符号或数字为基础的。当用十进制系统表示一个数的时候，每个数字在这个数中所在的位置表示了它的权，权从右到左依次乘以一个因子 10，表示如下：

…	10^3	10^2	10^1	10^0
	千	百	十	个

2. 二进制

二进制系统是以 0 和 1 两个符号或数字为基础的，它们叫作二进制数或二进制位，当一个数用二进制系统表示的时候，每个数字在这个数中所在的位置表示了它的权，权从右到左依次乘以一个因子 2，表示如下：

…	2^3	2^2	2^1	2^0
	第3位	第2位	第1位	第0位

例如，十进制数 15 用二进制表示就是 1111。在二进制中，第 0 位叫作最低有效位（LSB），最高位叫作最高有效位（MSB）。

3. 八进制

八进制是以 0、1、2、3、4、5、6、7 八个数字为基础的，当一个数用八进制系统表示的时候，每个数字在这个数中所在的位置表示了它的权，权从右到左依次乘以一个因子 8，表示如下：

…	8^3	8^2	8^1	8^0

例如，十进制数 15 用八进制表示为 17。

4. 十六进制

十六进制是以 0、1、2、3、4、5、6、7、8、9、A、B、C、D、E、F 十六个符号或数字

为基础的，当一个数用十六进制系统表示的时候，每个数字在这个数中所在的位置表示了它的权，权从右到左依次乘以一个因子 16，表示如下：

$$\cdots \qquad 16^3 \qquad 16^2 \qquad 16^1 \qquad 16^0$$

例如，十进制数 15 用十六进制表示为 F。十六进制在微处理器编程中被广泛应用，因为在输入数据时，这种表示方法非常紧凑。

5. BCD 码

二进制编码的十进制系统（BCD 系统）在计算机系统中应用广泛。每位十进制数字分别用 4 位二进制数字进行编码。例如，十进制数 15 用 BCD 表示为 00010101。对于输出必须是十进制显示的微处理器来说，这种编码对于其输出是非常有用的，要显示的每个十进制位由微处理器自身的二进制编码提供。

表 4-1 给出了数字在十进制、二进制、BCD 码、八进制和十六进制的例子。

表 4-1　数字在十进制、二进制、BCD 码、八进制、十六进制举例

十进制	二进制	BCD 码	八进制	十六进制
0	0000	0000 0000	0	0
1	0001	0000 0001	1	1
2	0010	0000 0010	2	2
3	0011	0000 0011	3	3
4	0100	0000 0100	4	4
5	0101	0000 0101	5	5
6	0110	0000 0110	6	6
7	0111	0000 0111	7	7
8	1000	0000 1000	10	8
9	1001	0000 1001	11	9
10	1010	0001 0000	12	A
11	1011	0001 0001	13	B
12	1100	0001 0010	14	C
13	1101	0001 0011	15	D
14	1110	0001 0100	16	E
15	1111	0001 0101	17	F

4.1.2　二进制运算

二进制加法原则如下：

0+0=0

0+1=1+0=1

1+1=10，即 0+进位 1

1+1+1=11，即 1+进位 1

十进制中 14+19=33，在二进制中变成了：

被加数　　　01110

加数　　　　10011

和　　　　　100001

第 0 位 0+1=1，第 1 位 1+1=10，向下一位进 1，此位为 0。第 3 位 1+0+进位 1=10，第 4 位 0+1+进位 1=10。继续进行所有的位，最后的和加上进位 1，最终结果 100001。二进制数 A 加上 B 得到 C，即 A+B=C，A 是被加数，B 是加数，C 是和。

二进制减法遵循下面的规则：

0-0=0

1-0=1

1-1=0

0-1=10-1+借 1=1+借 1

当计算 0-1 时，需要向左边包含 1 的下一列中借 1，如下面的例子，27-14=13：

被减数	11011
减数	01110
差	01101

第 0 位 1-0=1，第 1 位 1-1=0，第 2 位为 0-1，需要向下一位借 1，得到 10-1=1，第 3 位为 0-1，因为已借出 1，10-1=1，第 4 位 0-0=0，也因为已借出 1。二进制数 A 减去 B 得到 C，即 A-B=C，A 是被减数，B 是减数，C 是差。

当使用另外一种减法算法时，用电子电路二进制数减法会更加容易实现。上面的例子可以理解为一个正数与一个负数相加。下面我们就介绍怎么样规定负数以使减法转化为加法。这种方法能使我们处理任何情况下的负数。

目前所处理的数据都是无符号数，因为数据本身没有包含正负信息。对于有符号数，最高有效位是它的标志位，0 代表正数，1 代表负数。如果我们要用到正数就先将它写成一般形式，然后在最高位前补 0，同样的用到负数就补 1。所以二进制的正数 10010 要写成 010010，负数形式就是 110010。但是对于计算机处理数据方便性来说，这并不是表示负数的最好方法。

表示负数的一个更有效的方式是用二进制的补码方法。一个二进制数有两个补数，称为反码和补码。二进制反码就是将二进制数的非符号位的所有零全改为一，所有一全改为零。二进制补码由二进制反码加一得到。对于负数，先得到二进制补码，然后将其符号位置 1，对于正数，则将其符号位置 0。以十进制数-3 为例，将它写成有符号的二进制补码形式。首先将无符号数 3 写成二进制形式 0011，然后得到其反码 1100，将反码加 1 得到无符号补码 1101，最后将符号位置 1 表明它是负数，因此结果为 11101。下面是另外一个例子，得到-6 的有符号的八位二进制补码。

无符号二进制数	000 0110
反码	111 1001
加 1	1
无符号二进制补码	111 1010
有符号二进制补码	1111 1010

表 4-2 有符号数

十进制数	有符号数（符号位为 0 的二进制补码）	十进制数	有符号数（符号位为 1 的二进制补码）
+127	0111 1111	-1	1111 1111
⋮		-2	1111 1110
+6	0000 0110	-3	1111 1101
+5	0000 0101	-4	1111 1100
+4	0000 0100	-5	1111 1011

（续）

十进制数	有符号数（符号位为 0 的二进制补码）	十进制数	有符号数（符号位为 1 的二进制补码）
+3	0000 0011	−6	1111 1010
+2	0000 0010	…	
+1	0000 0001	−127	1000 0000
+0	0000 0000		

对于一个正数，我们将它写成普通二进制形式，并在最高位前加 0。因此，正二进制数 100 1001 将会写成 0100 1001。表 4-2 给出了二进制系统当中一些数的例子。

两个正数相减可以看成是，首先得到减数的有符号补码，然后将其加到有符号的被减数上。因此，十进制数 4 减去十进制 6 得到：

有符号被减数　　　　　　　0000 0100

减数，有符号补码　　　　　1111 1010

和　　　　　　　　　　　　1111 1110

上例中结果最高有效位为 1，所以结果是一个负数，这是-2 的有符号的补码。

考虑另一个例子，57-43。正数 57 的有符号数为 0011 1001，−43 的有符号补码通过下式得到：

43 的无符号二进制数　　　　010 1011

反码　　　　　　　　　　　101 0100

加 1　　　　　　　　　　　　　　　1

无符号补码　　　　　　　　101 0101

有符号补码　　　　　　　　1101 0101

因此，我们通过有符号的正数和有符号的补码相加得到结果

有符号的被减数　　　　　　0011 1001

减数　有符号的补码　　　　1101 0101

和　　　　　　　　　　　　0000 1110+进 1

所进的 1 忽略掉，因此结果为 0000 1110。由于最高有效位是 0，所以结果是正数，为十进制数 14。

如果要进行两个负数相加，那么需要得到它们的有符号补码，并相加。当一个数为负数时，我们需要用到它的有符号补码，如果一个数为正数，我们只需要用它的有符号二进制数。

4.1.3　浮点数

在十进制系统中，较大的数比如 120000 常常写成科学记数形式 1.2×10^5 或 120×10^3，较小的数比如 0.000120 则记作 1.2×10^{-4}，而不是将小数点的位置固定住。用这种记数方式的数经常写成 10 的几次幂的形式。同样的，我们也可以对二进制数用这种记数方式，但它们要写成 2 的几次幂的形式。例如，我们将 1010 写成 1.010×2^3 或者 10.10×2^2。因为可以通过选择 2 的幂的次数来移动二进制小数点的位置，这种记数法叫作浮点记数法。

浮点数的形式为 $a\times r^e$，其中 a 是尾数部分，r 是基数，e 是指数。二进制中，基数就是 2，也就是 $a\times2^e$。用浮点数的好处就是与定点数相比，用相同的位数可以表示更大范围的数。

由于对于浮点数可能用不同的形式来存储一个数，例如 0.1×10^2 和 0.01×10^3，对于计算系

统这些数字被规范化了，即它们都被写为 $0.1 \times r^e$ 的形式。因此对于二进制数则写成 0.1×2^e 的形式，0.00001001 记为 0.1001×2^{-4}。考虑到二进制数的符号，需要对正数添加符号位 0，对负数添加符号位 1。所以数 0.1001×2^{-4} 若为负则记为 1.1001×2^{-4}，若为正数则记为 0.1001×2^{-4}。

如果要进行 2.01×10^3 和 10.2×10^2 相加运算，必须使它们的幂（通常用术语指数）相同，所以写成 $2.01 \times 10^3 + 1.02 \times 10^3$。对它们进行按位相加，并将进位考虑进去得到 3.03×10^3。对于二进制浮点数采用相同的步骤，所以要进行 0.101100×2^4 和 0.111100×2^2 的相加运算，首先要统一它们的指数，如 0.101100×2^4 和 0.001111×2^4，然后对它们进行按位相加得到 0.111011×2^4。减法也类似，只有当两个浮点数的指数相等的时候才能对它们进行按位相减。因此 0.1101100×2^{-4} 减去 0.1010100×2^{-5} 可以写成 $0.1101100 \times 2^{-4} - 0.0101010 \times 2^{-4}$，结果是 0.1000010×2^{-4}。

4.1.4　格雷码

我们来看两个连续的二进制数 0001 和 0010（十进制的 1 和 2），在从 0001 到 0010 的变换中，有两位发生了改变，因此，对于绝对编码器来说，连续的位置对应着连续的二进制码，在这种情况下二进制码会有两位发生变化。这两位的变化必须同时进行，否则会出现问题。如果一位稍微超前于另一位的变化，那么这个二进制码会短时的变为另外一个不同的码。所以由 0001 到 0010 的变化时，会短时出现 0011 或 0000，因此可以用另外一种编码方式。

格雷码（Gray Code）是一种由一个二进制码到相邻码变化时，在编码组中只有一位发生变化的编码，它被广泛应用于像绝对编码器这样的输入/输出设备中。格雷码没有位权，因为在编码组中没有给位分配具体的权重。表 4-3 列出了十进制数和其在二进制和格雷码中的数值。

表 4-3　格雷码

十进制数	二进制码	格雷码	十进制数	二进制码	格雷码
0	0000	0000	8	1000	1100
1	0001	0001	9	1001	1101
2	0010	0011	10	1010	1111
3	0011	0010	11	1011	1110
4	0100	0110	12	1100	1010
5	0101	0111	13	1101	1011
6	0110	0101	14	1110	1001
7	0111	0100	15	1111	1000

4.2　布尔代数

布尔代数中用到了二进制数位 1 和 0，用到的基本运算有"与""或""非"和"异或"等（见表 4-4），具体描述为

（1）逻辑与　（AND）：$Y = A \cdot B$

（2）逻辑或（OR）：$Y = A + B$

（3）逻辑非（NOT）：$Y = \overline{A}$

（4）逻辑异或（XOR）：$Y = A \oplus B$

（5）逻辑与非：　　$Y = \overline{A \cdot B}$

（6）逻辑或非： $Y=\overline{A+B}$

表 4-4　布尔运算真值表

输入	输出					
$A\ B$	逻辑与	逻辑或	逻辑非	逻辑异或	逻辑与非	逻辑或非
0 0	0	0	1	0	1	1
0 1	0	1	1	1	1	0
1 0	0	1	0	1	1	0
1 1	1	1	0	0	0	0

常用的逻辑电路芯片有 74LS00（四输入与非门）、74LS86（异或门）、74LS54（与或非门）、74LS14（非门）等。

4.3　触发器

触发器是计算机具有"记忆"功能的基本逻辑单元，一个触发器能储存一位二进制数。触发器具有如下几个特点：

（1）两个稳定状态和两个互补的输出，用来表示二进制的 0 和 1。

（2）根据不同的触发信号，可置成 0 态或 1 态。

（3）当输入信号消失后，所置成的状态能够保持不变。

触发器按控制方式和逻辑功能分为 RS 触发器、D 触发器、JK 触发器、T 和 T'触发器等，下面对它们进行简单介绍。

4.3.1　RS 触发器

在数字电路中，凡根据输入信号 R、S 情况的不同，具有置 0、置 1 和保持功能的电路，都称为 RS 触发器。基本 RS 触发器符号如图 4-1 所示，其中 S 为置位信号输入端，R 为复位信号输入端。RS 触发器的真值表见表 4-5。

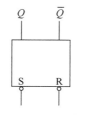

图 4-1　基本 RS 触发器

表 4-5　RS 触发器真值表

输入	输出
$S\ R$	$Q\ \overline{Q}$
0 0	不确定
0 1	1 0
1 0	0 1
1 1	保持不变

4.3.2　D 触发器

在数字电路中，凡在 CP 时钟脉冲控制下，根据输入信号 D 信号的不同，具有置 0、置 1 功能的电路都称为 D 触发器，D 代表数据输入。如图 4-2 所示为 D 触发器的其中一种电路结构与 D 触发器的逻辑符号。R、S 分别为置 0 端、置 1 端，触发器的状态是由时钟脉冲 CP 上升沿到来时 D 端的状态决定。当 $D=1$ 时，触发器为 1 状态；反之为 0 状态。其真值表见表 4-6。

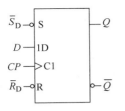

图 4-2　D 触发器逻辑图及逻辑符号

表 4-6　D 触发器真值表

时钟脉冲	输入	输出
	D	Q
↗	0	0
↗	1	1

4.3.3　JK 触发器

JK 触发器与 RS 触发器功能类似，只是 JK 触发器多了一个翻转的功能。JK 触发器的逻辑符号如图 4-3 所示，K 为同步置 0 输入端，J 为同步置 1 输入端。触发器的状态是由时钟脉冲 CP 下降沿到来时 J、K 端的状态决定的。其真值表见表 4-7。

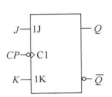

图 4-3　JK 触发器逻辑图及逻辑符号

表 4-7　JK 触发器真值表

时钟脉冲	输入		输出
	J	K	Q
↘	0	0	不变
↘	0	1	0
↘	1	0	1
↘	1	1	翻转

JK 触发器逻辑功能比较全面，因此在各种寄存器、计数器、逻辑控制等方面应用最为广泛。但在某些情况下，如二进制计数、移位、累加等，多用 D 触发器。由于 D 触发器线路简单，所以在移位寄存器等方面获得了大量应用。

4.3.4　T 触发器

在数字电路中，凡在 CP 时钟脉冲控制下，根据输入信号 T 取值的不同，具有保持和翻转功能的电路，即当 $T=0$ 时能保持状态不变，$T=1$ 时一定翻转的电路，都称为 T 触发器。图 4-4 为由 JK 触发器转化成的 T 触发器。其真值表见表 4-8。

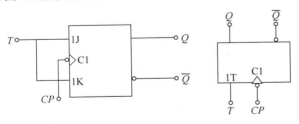

图 4-4　T 触发器逻辑图及逻辑符号

表 4-8　T 触发器真值表

时钟脉冲	输入	输出
	T	Q
↘	0	保持
↘	1	翻转

4.4　寄存器

在数字电路中，用来存放二进制数据或代码的电路称为寄存器。寄存器一般是由触发器组合起来构成的。一个触发器可以存储 1 位二进制代码，存放 n 位二进制代码的寄存器，需用 n 个触发器来构成。按照功能的不同，可将寄存器分为基本寄存器和移位寄存器两大类。基本寄存器只能并行送入数据，需要时也只能并行输出。移位寄存器中的数据可以在移位脉冲作用下依次逐位右移或左移，数据既可以并行输入、并行输出，也可以串行输入、串行输出，还可以并行输入、串行输出，串行输入、并行输出，十分灵活，用途也很广。

4.4.1 基本寄存器

图 4-5 为单拍工作方式的基本寄存器的电路原理图，它由 4 个 D 触发器构成。无论寄存器中原来的内容是什么，只要发送控制时钟脉冲 CP 上升沿到来，加在并行数据输入端的数据 $D_0 \sim D_3$，就立即被送进寄存器中。

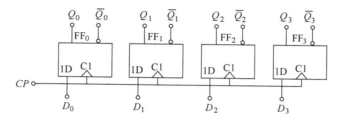

图 4-5　单拍工作方式的基本寄存器电路原理图

图 4-6 为双拍工作方式的基本寄存器。首先在清零端加清零脉冲，把各触发器置 0，即 Q 端为 0。然后将数据加到触发器的 D 输入端，在清零端置 1 后，在 CP 上升沿送数，Q 端数据变为与 D 一致并保持。

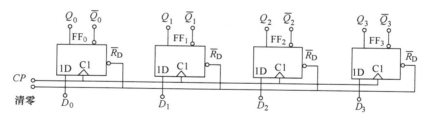

图 4-6　双拍工作方式的基本寄存器电路原理图

4.4.2 移位寄存器

移位寄存器能将所储存的数据逐位向左或向右移动，以达到计算机运行过程中所需的功能。图 4-7 为 4 位串行输入移位寄存器的电路原理图。

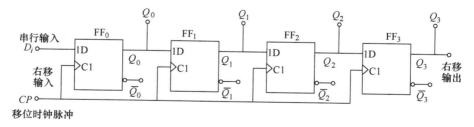

图 4-7　4 位串行输入移位寄存器电路原理图

第一个数据 D_0 加到触发器 1 的串行输入端，在第一个 CP 脉冲的上升沿 $Q_0=D_0$，$Q_1=Q_2=Q_3=0$。然后，第二个数据 D_1 加到串行输入端，在第二个 CP 脉冲到达时，$Q_0=D_1$，$Q_1=D_0$，$Q_2=Q_3=0$。以此类推，当第四个 CP 来到之后，各输出端分别是 $Q_0=D_3$，$Q_1=D_2$，$Q_2=D_1$，$Q_3=D_0$。输出数据可用串行的形式取出，也可用并行的形式取出。通过一定的逻辑组合，移位寄存器能够集成更多的功能。例如，74LS194 在 M_1、M_0 的控制下能够实现左移和右移，并行输入，保持，异步置零等功能。图 4-8 为 74LS194 引脚排列图和逻辑功能示意图。表 4-9 为 74LS194 的真值表。

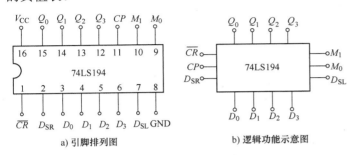

a) 引脚排列图 b) 逻辑功能示意图

图 4-8　74LS194 引脚排列图及逻辑功能示意图

表 4-9　74LS194 真值表

$\overline{CR}$	M_1	M_0	CP	工作状态
0	×	×	×	异步清零
1	0	0	×	保　持
1	0	1	↑	右　移
1	1	0	↑	左　移
1	1	1	×	并行输入

4.4.3　计数器

计数器也是由若干个触发器组成的寄存器，它能够把储存在其中的数字加 1 或减 1。计数器的种类很多，有行波计数器、同步计数器等， 此处仅以行波计数器为例加以介绍。

图 4-9 是由 JK 触发器组成的行波计数器的工作原理图。这种计数器的特点是：第一个时钟脉冲促使其最低有效位加 1，使其由 0 变 1；第二个时钟脉冲促使最低有效位由 1 变 0，同时推动第二位，使其由 0 变 1；同理，第二位由 1 变 0 时又去推动第三位，使其由 0 变 1。这样有如水波前进一样逐位进位下去。

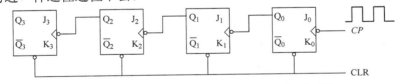

图 4-9　JK 触发器组成的行波计数器工作原理图

图中各位的 J、K 输入端都是悬空的。这相当于 J、K 输入端都是置 1 的状态，亦即各位都处于准备翻转的状态。只要时钟脉冲边沿一到，最右边的触发器就会翻转，即 Q 由 0 转为 1 或由 1 转为 0。图中的计数器是 4 位的，因此可以计 0～15 的数。如果要计更多的数，需要增加位数，如 8 位计数器可计 0～255 的数，16 位则可以计 0～65535 的数。

计数器可用于计数、分频、定时、产生节拍脉冲等。图 4-10 为计数器应用于测量脉冲频率。

图 4-10　计数器应用于测量脉冲频率

4.4.4 三态门（三态缓冲器）

大多数计算机中的信息传输线均采用总线的形式，即凡要传输的同类信息都走同一组传输线，且信息是分时传送的。在计算机中一般有 3 组总线，即数据总线、地址总线和控制总线。为防止信息相互干扰，要求凡挂到总线上的寄存器或存储器等，其输出端不仅能呈现 0、1 两个信息状态，而且还能呈现第三种状态——高阻抗状态，即它们的输出好像被开关断开，对总线状态不起作用，此时总线可由其他器件占用。三态门（又称"三态缓冲器"）可实现上述功能，它除具有输入/输出端之外，还有一个控制端 E，如图 4-11 所示即为一种三态门的电路结构及逻辑符号（符号"∇"即表示输出为三态）。

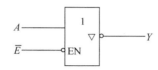

图 4-11 三态非门电路结构及国标符号

$\overline{E}=0$ 时，电路输出与输入的逻辑关系和一般反相器相同，即：$Y=\overline{A}$，$A=0$ 时 $Y=1$，为高电平；$A=1$ 时 $Y=0$，为低电平；$\overline{E}=1$ 时，处于高阻状态。

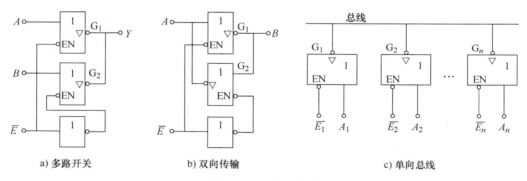

a) 多路开关　　　　　b) 双向传输　　　　　c) 单向总线

图 4-12 三态门应用

图 4-12 为三态门的几种应用。作多路开关：$\overline{E}=0$ 时，门 G_1 使能，G_2 禁止，$\overline{Y}=A$；$\overline{E}=1$ 时，门 G_2 使能，G_1 禁止，$Y=\overline{B}$。信号双向传输：$\overline{E}=0$ 时信号向右传送，$B=\overline{A}$；$\overline{E}=1$ 时信号向左传送，$A=\overline{B}$。构成数据总线：让各门的控制端轮流处于低电平，即任何时刻只让一个门处于工作状态，而其余门均处于高阻状态，这样总线就会轮流接收各三态门的输出。

4.5 常用数据锁存/缓冲/驱动器

下面介绍几种基于上述电路原理的实用电路芯片，这几种芯片是在单片机系统扩展中最常用的数据锁存器、缓冲器或驱动器。在把标准的系统总线与各种不同的 I/O 外部设备连接起来时，需要在系统总线与 I/O 外设之间增加一些具有锁存、缓冲、驱动等功能的器件，故这些芯片常被作为接口器件。

4.5.1　锁存器

　　锁存器是一种对脉冲电平敏感的存储单元，它们可以在特定输入脉冲电平作用下改变状态。锁存，就是把信号暂存以维持某种电平状态。锁存器的最主要作用是缓存，其次完成高速控制器与慢速外设的不同步问题，再次是解决驱动问题，最后是解决一个 I/O 口既能输出也能输入的问题。锁存器是利用电平控制数据的输入，它包括不带使能控制的锁存器和带使能控制的锁存器。下面以带三态缓冲输出的 8D 锁存器 74HC373（简称 "373"）进行介绍。

　　在地址/数据线复用的单片机中，需要用锁存器锁存先出现的地址信号。373 的 8D 锁存器是最常用的地址锁存器。其引脚图及逻辑图如图 4-13 及图 4-14 所示。其真值表见表 4-10。

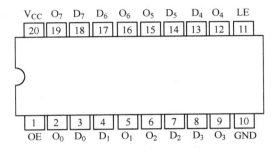

图 4-13　74HC373 引脚图

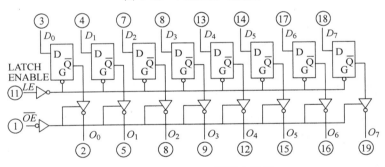

图 4-14　74HC373 逻辑电路图

表 4-10　74HC373 真值表

工作方式	D_n	LE	$\overline{OE}$	内部寄存器	O_n
使能并读寄存器	H	H	L	H	H
	L	H	L	H	L
锁存并读寄存器	X	L	L	L	L
	X	L	L	H	H
锁存寄存器并禁止输出	X	X	H	X	Z

注：H 表示高电平，L 表示低电平，X 表示高低电平均可，Z 表示高阻态

　　图 4-14 中，$\overline{OE}$ 为使能控制端。LE 为锁存控制信号。由图可知，373 有 3 种工作状态：

　　（1）当 $\overline{OE}$ 为低电平 LE 为高电平时，输出和输入端状态相同，即输出跟随输入。

　　（2）当 $\overline{OE}$ 为低电平，LE 由高电平变为低电平（下降沿）时，输入端数据锁入内部寄存器中，内部寄存器的数据与输出端相同；当 LE 保持为低电平时，即使输入端数据变化，也不会影响输出端状态，从而实现了锁存功能。

（3）当 $\overline{OE}$ 为高电平时，锁存器的三态门输出为高阻态。373 的输入端 $D_1 \sim D_8$ 与输出端 $O_1 \sim O_8$ 隔离，则不能输出。

当 373 用作单片机低 8 位地址/数据线地址锁存器时，将 $\overline{OE}$ 置为低电平，锁存允许信号 LE 受控于单片机信号。这样，当单片机发出信号使 LE 变为高电平时，373 内部寄存器便处于直通状态；当 LE 下降为低电平时，则立即将锁存器的输入 $D_1 \sim D_8$（即总线上的低 8 位地址）锁入内部寄存器中。

4.5.2 同相三态数据缓冲/驱动器

单片机在进行系统扩展时，为了正确地进行数据的 I/O 传送，必须解决总线的隔离和驱动问题。通常，总线上连接着多个数据源设备（向总线输入数据）和多个数据负载设备（向总线输出数据）。但在任何时刻，只能进行 1 个源和 1 个负载之间的数据传送，此时要求所有其他设备在电性能上与总线隔离。使外设在需要时与总线接通，不需要时又能与总线隔离，这就是总线隔离问题。此外，由于单片机功率有限，故每个 I/O 引脚的驱动能力亦有限。因此，为了驱动负载，往往采用缓冲/驱动器，型号为"244"的芯片就是一种常用的具有数据缓冲隔离和驱动作用的芯片，其输入阻抗较高，输出阻抗较低。244 芯片的最大吸收电流为 24mA，因此，采用它可加强数据总线的驱动能力。图 4-15 为 DM74LS244 的逻辑图，其工作方式见表 4-11。

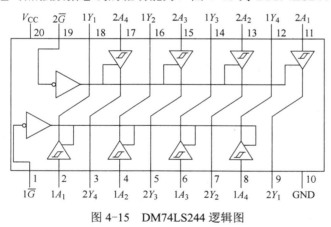

图 4-15 DM74LS244 逻辑图

表 4-11 244 工作方式

输 入			输出
$1\overline{G}$	$2\overline{G}$	A	Y
L	L	L	L
L	L	H	H
H	H	×	高阻

244 芯片使用时可分为两组，每组 4 条输入线（$A_1 \sim A_4$）、4 条输出线（$Y_1 \sim Y_4$）。$1\overline{G}$ 和 $2\overline{G}$ 分别为每组的三态门使能端，低电平有效。一般应用是将 244 作为 8 线并行输入/输出接口器件；因此，将 $1\overline{G}$ 和 $2\overline{G}$ 连在一起并接低电平，此时 244 芯片始终处于门通状态。

如果 244 芯片在系统中并不始终处于门通状态，而是在需要读或写数据时才打开缓冲门，则须采用地址编码线配合来进行读或写操作，其原理图如图 4-16 所示。图中 $\overline{AD}$ 为 244 芯片在系统中的地址译码线。

$\overline{AD}$ 寻址信号线低电平有效；$\overline{RD}$ 或 $\overline{WR}$ 为系统 CPU 读或写控制信号。只有 $\overline{AD}$ 和 $\overline{RD}$ 或 $\overline{AD}$ 和 $\overline{WR}$ 同时为低电平，系统选择该芯片并且处在读或写周期时，数据才能通过 244 输入和输出。一旦有 1 个控制信号为高电平，则缓冲门为高阻态，使输入或输出设备与系统数据总线隔离开来。与 244 电路功能类似的还有 8 反向缓冲器 240 等。芯片 240 引脚与 244 完全兼容，只是输出信号相反。

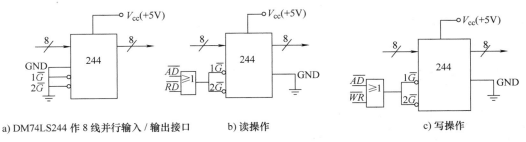

a) DM74LS244 作 8 线并行输入 / 输出接口　　　b) 读操作　　　　　　　c) 写操作

图 4-16　244 常用接法及读写操作原理图

4.5.3　8 总线接收/发送器

芯片 245 与 244 的不同之处是前者可以双向输入/输出，其工作方式见表 4-12。

由表可知，当 $\overline{G}$ 有效（低电平）时，芯片 245 的输入/输出方向由方向控制端 DIR 控制。若将 DIR 接固定 TTL 逻辑电平（高或低），则 245 变为单向缓冲器。但这种方式较少采用，一般都是使用其双向传输功能。为此，DIR 必须可控，使其根据需要变为高电平或低电平，并与 $\overline{G}$ 相配合控制数据传输方向。在单片机系统中，可采用读信号或写信号来实现控制，即将读信号或写信号输入 DIR。

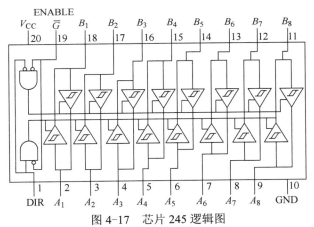

图 4-17　芯片 245 逻辑图

表 4-12　245 工作方式

控制信号		数据传输方向
$\overline{G}$	DIR	
L	L	B→A
L	H	A→B
H	X	高阻

单片机进行系统扩展时，数据缓冲器、锁存器的应用是很普遍的。在选择芯片时，要注意由于制造工艺不同，具有相同逻辑功能的集成芯片的速度、输入/输出电压、功耗等性能均不完全相同。为了便于区别，其型号有多种表达方式，如 74LSxx、74HCxx、74Sxx、74Fxx 等。一般情况下，具有相同逻辑功能的芯片是能互换的，但在一些有特殊要求的场合，需要注意速度、电压、功耗等的匹配，否则可能会使功能不正常。具体使用方法需查看器件手册。随着单片机在工艺上逐渐 CMOS 化，其外围芯片也最好相应地改为采用 CMOS 逻辑电路，即 74HCxx 系列。当在电路中同时采用 CMOS 逻辑电路与 TTL 逻辑电路时，需注意接口的电平转换问题；当用 74LSxx 系列驱动 74HCxx 系列芯片时，要加上拉电阻。

4.6　存储器概述

存储器是计算机的主要组成部分，其用途是存放程序和数据，使计算机具有记忆功能。

这些程序和数据在存储器中是以二进制代码表示的，根据计算机命令，按照指定地址，可以把代码取出来或是存入新代码。

4.6.1 存储器的分类

与计算机有关的存储器的分类方法比较多。例如，从其组成材料和单元电路类型来划分，可分为磁芯存储器（早期产品）、半导体存储器（从制造工艺方面又可分为 MOS 型存储器、双极型存储器等）、电荷耦合存储器等；从其与微处理器的关系来划分，又可分为内存和外存。通常把直接同微处理器进行信息交换的存储器称为"内存"，其特点是存取速度快，但容量有限，而把通过内存间接与 CPU 进行信息交换的存储器称为"外存"，如磁盘、光盘、磁带、U盘、CF 卡、SD 卡等，其特点是容量大，速度较慢，且独立于计算机之外，便于携带与存放。可根据需要，随时把外存的内容调入内存，或把内存的内容写入外存。因为在单片机中主要是采用半导体存储器，因而在此仅对半导体存储器进行介绍。

4.6.2 半导体存储器的分类

通常人们习惯于按存储信息的功能分类，下面将按照半导体存储器的不同功能特点进行分类。

1. 只读存储器 ROM

只读存储器 ROM（Read Only Memory）在使用时只能读出而不能写入，且断电后 ROM 中的信息不会丢失。因此，一般用来存放一些固定程序，如监控程序、子程序、字库及数据表等。ROM 按存储信息的方法又可分为 4 种，下面逐一进行介绍。

（1）掩膜 ROM

通常，由厂家编好的程序，可写入掩膜 ROM（称固化）供用户使用，用户不能更改它，其价格最低。

（2）可编程的一次性只读存储器 OTP

可编程的一次性只读存储器（One Time Programmable，OTP）的内容可由用户根据自己所编程序一次性写入，且一旦写入即只能读出，而不能再进行更改。这类存储器以前称为可编程只读存储器（Programmable Read Only Memory，PROM）。一般在工厂大批量生产时采用。

（3）可紫外线擦除的只读存储器 EPROM

这种芯片的内容可以通过紫外线照射而彻底擦除。擦除后，又可重新写入新的程序。如果使用得当，一般情况下，一块 EPROM（Erasable Programmable Read Only Memory）芯片可以改写几十次。紫外线擦除器一般需要用几分钟到二十几分钟的时间对 EPROM 芯片进行一次擦除。由于它擦写次数少，且速度慢，故现在已基本被快擦写存储器（见下文）取代了。

（4）可电擦除的只读存储器 E^2PROM

E^2PROM 也可写作 EEPROM（Electrically Erasable Programmable Read Only Memory）。它可用电的方法写入和清除其内容，其编程电压和清除电压均与计算机 CPU 的工作电压相同，无须另加电压。它有 RAM 读/写操作简便，且数据不会因为掉电而丢失的优点，因而使用上比 EPROM 更方便。另外，E^2PROM 保存的数据可达 10 年以上，每块芯片可擦写 1000 次以上。

2. 随机存储器 RAM

随机存储器（Random Access Memory，RAM）又叫读/写存储器。它不仅能读取存放在存储单元中的数据，还能随时写入新数据，且写入后，原数据即丢失。断电后，RAM 中的信息全部丢失，因此，RAM 常用于存放经常要改变的程序或中间计算结果等。

RAM 按照存储信息的方式，又可分为静态和动态两种。

（1）静态 SRAM（Static RAM）

其特点为只要有电加在存储器上，数据就能长期保留。

（2）动态 DRAM（Dynamic RAM）

写入的信息只能保持若干毫秒的时间，因此，每隔一定时间必须重新写入一次，以保持原来的信息不变（这种重写的操作又称"刷新"），故动态 RAM 控制电路较复杂，但动态 RAM 的价格比静态 RAM 低。

3. 新型的非易失存储器

多数 E^2PROM 的最大缺点是改写信息的速度较慢。随着半导体存储技术的发展，各种新的可现场改写信息的非易失存储器被推出，且发展速度很快，主要有快擦写存储器（Flash Memory）、新型非易失静态存储器（Non Volatile SRAM，NVSRAM）和铁电存储器 FRAM（Ferroelectric RAM）。这些存储器的共同特点是：从原理上看，它们属于 ROM 型存储器；但是从功能上看，它们可以随时改写信息，因而其作用又相当于 RAM。随着存储器技术的发展，过去传统意义上的易失性存储器、非易失性存储器的概念已经发生变化，因此，ROM 和 RAM 定义的划分已不是很严格。但由于这种存储器写的速度低于一般的 RAM，所以在单片机中主要用作程序存储器；只是当需要重新编程，或者某些数据修改后需要保存时，采用这种存储器才十分方便。下面以应用最广泛的快擦写存储器为例进行介绍。

快擦写存储器是目前流行的存储器。它是在 E^2PROM 的基础上改进的一种非易失存储器，实质上也是一种 E^2PROM，但它的读/写速度比一般 E^2PROM 快得多。有些半导体手册将其直译为"闪烁"或"闪速"存储器。这种直译方法不太准确，最好意译为"快速擦写存储器"，或直接叫为"Flash"存储器，也可简称为"闪存"。这种存储器集成度高，制造成本低于 DRAM；既具有 SRAM 读/写的灵活性和较高的访问速度，又具有 ROM 断电后不丢失信息的特点，故其发展迅速。其容量从 64KB 发展到现在，目前已有不少厂家可提供 16～64MB 的产品，其可重复编程次数一般为 10 万次，最高可达 100 万次，而读取时间已缩至几十 ns。有些厂家通过增加访问的页容量，生产了 512GB 甚至更大容量的闪存。随着 Flash 技术的发展，用这种存储器生产的移动 U 盘，在很多应用领域已经取代了传统的磁盘和磁带机。

Atmel 公司将非易失性存储器分为串行 E^2PROM、并行 E^2PROM 和 OTP （One-Time Programmable） EPROM 三种。现在的单片机产品多数程序存储器都已经配置了 Flash 存储器，如 89 系列单片机。而对批量生产的定型产品，多数还是采用 OTP 存储器。

4.6.3 存储单元和存储单元地址

存储器是由大量缓冲寄存器组成的，其中的每一个寄存器称为一个存储单元。例如 4 位缓冲寄存器就可以作为一个 4 位的存储单元，它可存放一个有独立意义的二进制代码。一个代码由若干位（bit）组成，代码的位数称为"位长"，习惯上也称为"字长"。基本字长一般是指参加一次运算的操作数的位数，可反映寄存器、运算部件和数据总线的位数。

一般情况下，计算机中每个存储单元存放二进制数的位数，与它的算术运算单元的位数是相同的。例如，计算机的算术运算单元是 8 位，则其字长就是 8 位。在计算机中，1 个 8 位的二进制代码称为 1 个字节（Byte，B），2 个字节称为 1 个字（Word），4 个字节称为双字（Double Word），以上均为代码位数常用单位。8 位二进制代码的最低位称为第 0 位（位 0），最高位称为第 7 位（位 7）。

在计算机的存储器中往往有成千上万个存储单元。为了使存入和取出不发生混淆。必须给每个存储单元一个唯一的固定编号，这个编号就称为存储单元的地址。因为存储单元数量很大，为了减少存储器向外引出的地址线，故存储器内部都带有译码器。根据二进制编码、译码的原理，除地线公用之外，n 根导线可译成 2^n 个地址。例如，当地址线为 3 根时，可译成 $2^3=8$ 个地址；当地址线为 8 根时，可以译成 $2^8=256$ 个地址。以此类推，在 80C51 单片机中，地址线为 16 根，则可译成 $2^{16}=65536$ 个地址，也称为 16 根地址线的最大寻址范围。

由此可见，存储单元地址与该存储单元的内容含义是不同的。存储单元如同一个旅馆中的每个房间，存储单元地址则相当于每个房间的房号，存储单元内容（二进制代码）就是这个房间中的房客。表 4-13 中所列为程序存储器和数据存储器中部分存储单元的地址和内容，均用十六进制数表示。

表 4-13　存储器地址和内容

程序存储器		数据存储器	
地址	内容	地址	内容
0000	02	0206	3A
0001	00	0207	44
0002	30	0208	C0

4.6.4　存储器的主要指标

衡量存储器性能的指标很多，如功耗、速度、可靠性等，但最主要的指标是存储器速度和存储器容量。

1. 存储器速度

存储器速度是指读或写一条信息所需的时间，它是影响计算机速度的主要因素之一。一般存取时间为几十到几百纳秒（ns）。

2. 存储器容量

存储器容量是指一片存储器最多能够存储多少个单位信息，二进制信息单位多用字节表示。在计算机中，通常把 1024B 称为 1KB，1024KB 称为 1MB，1024MB 称为 1GB。存储器容量的大小是由地址线的位数来决定的。例如，80C51 单片机的地址线为 16 位，则它的最大寻址范围是 65536 个存储单元，所以称其数据存储器的容量最大可扩展至 64KB。

由于现在存储器的位长有 4 位、8 位和 16 位等，所以在标注存储器容量时，经常同时标出存储单元的数目和位数。因此，存储芯片容量=单元数×数据线位数。

例如：Intel 6264 芯片容量=8K×8bit/片。

4.6.5　存储器的寻址原理

对于存储器工作原理的理解，很大程度上取决于对存储器寻址原理的理解。下面以只读存储器为例，介绍 CPU 在读出存储单元信息时的寻址原理。

存储器一般由地址译码器、存储矩阵和读/写控制电路等组成。只读存储器实质上是一种单向导通的开关矩阵，它可由二极管构成，也可由 MOS 管或双极型晶体管构成。如图 4-18 所示为由二极管构成的只读存储器。该图中共有 4 个存储单元，每个单元有 4 位。若把每一行线看作一个存储单元，用来存放一个二进制字，那么该存储器共有 4 个存储单元；若把每一列线看作一个二进制位，有 4 列，即表示每个字的字长为 4 位。两根地址线 A_1、A_0 与四选一译码器相连。该译码器由 2 个"非门"和 4 个"与门"构成。当 A_1、A_0 的地址线为 00 时，经译码器译码后使 R_0 线为高电平，表示选中该存储单元，此时其他 R 线为低电平。同理，当地址线分别为 01、10 或 11 时，则只相应地选中 R_1、R_2 或 R_3 存储单元。

只读存储器读取数据的过程如下：

设地址线上地址为 10，经译码器使 R_2 线为高电平，即选中该单元。由于在制造此 ROM 时，R_2 线与 b_2 间连接有二极管，故当 R_2 线为高电平时，使 b_2 位线也为高电平，其他位线没有二极管而为低电平，即在 R_2 存储单元可以读到的内容是 0100。CPU 发出读命令，打开三态输出寄存器控制门 E 后，R_2 存储单元中各位的信息便进入数据总线。4 根输出线输出的代码为 0100。其他存储单元 R_0、R_1、R_3 均为低电平，故对输出信息无影响。表 4-14 所示为图 4-18 中存储器各存储单元的内容。当控制线 E 为 1 时，存储器中的数据进入数据总线。对于读/写存储器的数据输入/输出控制，在此要采用双向三态门。

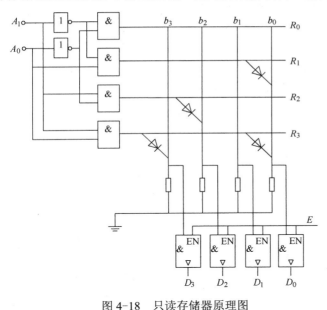

图 4-18　只读存储器原理图

表 4-14　存储单元内容

地址	存储器
00	0000
01	0001
10	0100
11	1001

4.7　隔离与驱动

数字电路与外设接口时，常常要考虑隔离与驱动问题。下面以数字隔离和继电器驱动控制为例进行这方面的介绍。

4.7.1　数字隔离

光耦合器（Optical Coupler）亦称光隔离器（Opto-Isolator），简称光耦。光耦合器以光信号为媒介传输电信号，它对输入、输出电信号有良好的隔离作用，所以在许多电路中得到应用，目前它已成为种类最多、用途最广的光电器件之一。光耦合器一般由光的发射、光的接收和信号放大三部分组成。输入的电信号驱动发光二极管（LED），使之发出一定波长的光，被光探测器接收而产生电流，再经过进一步放大后输出。这就完成了电—光—电的转换，从而起到输入、输出、隔离的作用。由于光耦合器输入输出之间互相隔离，电信号传输具有单向性等特点，因而具有良好的电绝缘能力和抗干扰能力。光耦合器的种类较多，常见的有光敏二极管型、光敏晶体管型、光敏电阻型和光控晶闸管型等。

图 4-19 是一个开关量的光耦合应用电路，开关量 V_{in} 输出驱动光耦的发光二极管（LED），流过 LED 的电流为（Vin-VLED）/R1，VLED 是发光二极管两端的压降，R_1 是限流电阻。V_{in} 的参考地是 GND。输出端 R_2 是 10kΩ 的上拉电阻，V_{out} 是输出端，参考地是 SGND，和 GND 不同。当输入 V_{in} 是高电平时，LED 导通发光，光敏晶体管导通，V_{out} 输出低电平；当输入 V_{in} 是低电平时，LED 不发光，光敏晶体管关断，V_{out} 通过 R_2 输出被拉高，从而输出高电平。因此我们可以通过 V_{in} 输入控制 V_{out} 输出，同时二者的参考地又不同，因此实现了输入输出的信号隔离。这个例子是开关量的隔离，可采用 TLP 521-1 等芯片。对于模拟信号的隔离，比较好的选择是使用线性光耦，目前市场上的线性光耦有几种可选择的芯片，如 Agilent 公司的 HCNR200/201，TI 子公司 TOAS 的 TIL300，CLARE 的 LOC111 等。

磁耦隔离是目前数字电路中比较新的一种数字信号隔离方式，由美国模拟器件公司最先设计开发。磁耦隔离是一种基于芯片尺寸的变压器，与光耦合隔离相比具有功耗低、体积小、速度快等优点，隔离的数字信号可以达到 150MHz。以 ADI 公司的芯片 ADUM7640 为例，其内部结构如图 4-20 所示。芯片的输入和输出兼容 TTL 数字电平。

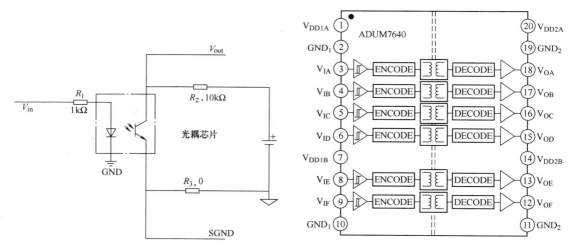

图 4-19　开关量光电耦合电路　　　　图 4-20　ADUM7640 内部原理

除了上述两种隔离方法外，常用的数字电路隔离还有电容隔离方式、变压器隔离方式。电容隔离技术功耗低，但共模信号影响大。传统变压器隔离体积较大，在空间受限的场合不适合采用。

4.7.2　继电器驱动控制

如图 4-21 所示，小功率继电器驱动控制的最简单方法是用晶体管，晶体管 8050 是非常常见的 NPN 型晶体管，在各种放大电路中应用广泛，主要用于高频放大和开关电路。当输入电压 V_{in} 升高时，基极电流 I_B 升高，集电极电流 I_C 升高并且 V_{CE} 减少，使得更多的电压加在了继电器线圈上。当 V_{CE} 达到了 $V_{CE(sat)}$ 时，即使基极电流继续升高，集电极电流也不再升高，这被称为饱和状态。当控制 V_{in} 使基极电流从 0 到使晶体管趋于饱和值之间切换时，继电器线圈的电流从断开到接通之间切换。因为继电器的线圈是感性元件，当供电电流被断开，或者当晶体管的输入信号由高电平变为低电平时，继电器的线圈产生一个反向电动势，使得电路有损坏危险发生。为了解决这个问题，继电器线圈两端需反并联一个二极管（如 IN4002），当产生反电动势时，二极管导通，从而给继电器线圈一个能量释放的回路，这样的二极管被称为续流二极管。

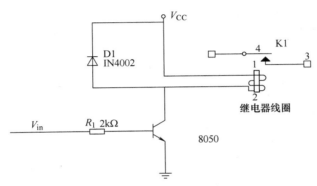

图 4-21　小功率继电器驱动控制例子

当继电器线圈通断时，继电器的触点开关动作，从而可以打开或关闭一个更大电流的负载，具体电压和电流不要超过继电器的额定值。对于需要更大电流的负载的驱动，可采用金属氧化物半导体场效应晶体管（Metal-Oxide Field-Effect Transistors，MOSFETs）。

4.8　本章小结

本章主要介绍了计算机数字系统、布尔代数、触发器、寄存器、数据锁存/缓冲/驱动器和存储器等基础知识，还介绍了电路与外设接口的隔离与驱动问题，为后续的单片机学习奠定基础。

参考文献

[1]　张迎新，等. 单片机初级教程——单片机基础[M]. 2 版. 北京：北京航空航天大学出版社，2006.

[2]　吴玉蓉，李海. 电子技术[M]. 北京：中国电力出版社，2012.

[3]　http://wenku.baidu.com/view/7d9996290066f5335a812142.html.

[4]　http://wenku.baidu.com/view/209cb22b0b4e767f5bcfce0a.html.

[5]　http://wenku.baidu.com/view/66160f14fad6195f312ba6ec.html.

[6]　http://wenku.baidu.com/view/2cad742e0722192e4536f6c1.html.

[7]　http://wenku.baidu.com/view/c6ee681ca300a6c30c229f82.html.

习 题

4.1 8 位的二进制数能表示的最大十进制数是多少？

4.2 将下列二进制数转换为十进制数：a）1011，b）1000010001

4.3 将下列十进制数转换为十六进制：a）423，b）529

4.4 转换下列 BCD 码到十进制：a）0111 1000 0001，b）0001 0101 0111

4.5 写出下列十进制数的补码：a）-90，b）-35

4.6 下列数的偶校验位是什么：a）1001000，b）1001111

4.7 用补码来计算下面十进制减法：a）21–13，b）15–3

4.8 基本 RS 触发器 R 和 S 的波形如图 4-22 所示，试画出 Q 初值分别是 0 和 1 时的波形。

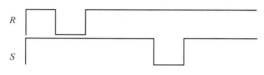

图 4-22 题 4.8 图

4.9 JK 触发器 CP、J、K 的波形如图 4-23 所示，试画出 Q 初值分别是 0 和 1 时的波形。

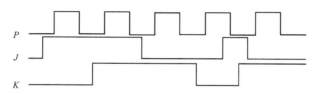

图 4-23 题 4.9 图

4.10 如图 4-24 所示电路，试分析输入 X、Y 与输出 Q 的逻辑关系，并说明它属于哪种触发器？

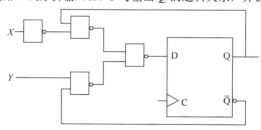

图 4-24 题 4.10 图

4.11 触发器、寄存器及存储器之间有什么关系？

4.12 存储器分几类？各有何特点和用处？

4.13 假定一个存储器，有 4096 个存储单元，其首地址为 0，则末地址为多少？

4.14 若某存储器的容量为 1M×4 位，则该存储器的地址线、数据线各有多少条？

4.15 简述光耦的作用。

4.16 简述续流二极管的作用。

4.17 简述 74LS373 有什么作用？

4.18 简述 74LS244 和 74LS245 的作用和区别？

4.19 有几种数字隔离的方法？请简要说明。

第 5 章

单片机原理及应用

5.1 认识单片机

5.1.1 什么是单片机

单片机（Microcontrollers）是一种集成电路芯片，是采用超大规模集成电路技术把具有数据处理能力的中央处理器（CPU）、随机存储器（RAM）、只读存储器（ROM）、多种 I/O 接口和中断系统、定时器/计数器等功能（可能还包括显示驱动电路、脉宽调制电路、模拟多路转换器、A–D 转换器等）集成到一块芯片上构成的一个微型计算机系统。从 20 世纪 80 年代起，已由当时的 4 位、8 位单片机，发展到现在的 32 位高速单片机，且应用日益广泛。单片机的基本结构如图 5-1 所示。

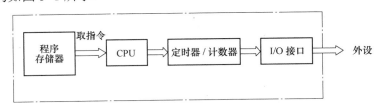

图 5-1　单片机结构框图

单片机的两种典型结构如图 5-2 所示：

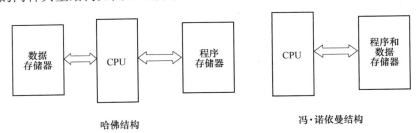

哈佛结构　　　　　　　　　冯·诺依曼结构

图 5-2　单片机的两种结构

1. 冯·诺依曼结构

冯·诺依曼结构又称作普林斯顿体系结构（Princetion Architecture）。1945 年，冯·诺依曼首先提出了"存储程序"的概念和二进制原理，后来人们把利用这种概念和原理设计的计算机系统称为"冯·诺依曼型结构"计算机。冯·诺依曼结构的处理器使用同一个存储器，指令和数据共享同一总线，使得信息流的传输影响了数据的处理速度。例如，对冯·诺依曼结构处理器的存储器进行读写操作，假设指令 1 至指令 3 均为存、取数指令，由于取指令和存取数据要通过同一个存储空间，且经由同一总线传输，因而只能完成一个后，再进行下一个。

2. 哈佛结构

哈佛结构是一种将程序指令存储和数据存储分开的存储器结构。中央处理器首先到程序指令存储器中读取程序指令内容，解码后得到数据地址，再到相应的数据存储器中读取数据，并进行下一步的操作。程序指令存储和数据存储分开，可以使指令和数据有不同的数据宽度，如 Microchip 公司的 PIC16 芯片的程序指令是 14 位宽度，而数据是 8 位宽度。

哈佛结构的微处理器通常具有较高的执行效率。其程序指令和数据指令分开组织和存储，执行时可以预先读取下一条指令。目前使用哈佛结构的中央处理器和微控制器有很多，除了 Microchip 公司的 PIC 系列芯片，还有 Intel 公司的 MCS-51 系列、摩托罗拉公司的 MC68 系列、Zilog 公司的 Z8 系列、Atmel 公司的 AVR 系列和 ARM 公司的 ARM9、ARM10 和 ARM11 等。

5.1.2　MCS-51 单片机的内部硬件结构及引脚

1. MCS-51 单片机内部的总体硬件结构

8051 单片机的内部基本结构，如图 5-3 所示。

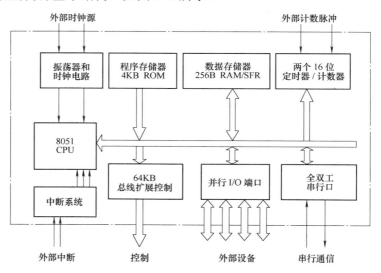

图 5-3　8051 单片机的内部基本结构

2. MCS-51 单片机的引脚

8051 单片机的双列直插封装（Dual Inline-Pin Package）的外形为 40 条引脚（DIP40），如图 5-4a 所示。此外，为了减小印制电路板（PCB）的尺寸，也可采用尺寸更小的方型扁平式封装（Quad Flat Package）QFP44，其采用方型布局，其中有四根引脚没有连接（NC）。如图 5-4b、c 所示，具体包括塑料方型扁平式封装（Plastic Quad Flat Package，PQFP）和薄方型扁平式封装（Thin Quad Flat Package，TQFP）。此外还有带引线的塑料芯片载体（Plastic Leaded Chip Carrier，PLCC）等，各种封装的具体尺寸、引脚间距等详细信息请查阅芯片的数据手册（Datasheet）。因为受芯片引脚数量的限制，有很多引脚具有双功能。

（1）主电源引脚

VCC：芯片工作电源端，接＋5V。GND：电源接地端。

（2）时钟振荡电路引脚

XTAL1：内部晶体振荡电路的反相器输入端。XTAL2：内部晶体振荡电路的反相器输出端。

（3）控制信号引脚

RST：RST 为复位信号输入端，外部接复位电路，接法如图 5-5 所示。

ALE：ALE 为地址锁存允许信号。在不访问外部存储器时，ALE 以时钟振荡频率的 1/6 的固定频率输出，用示波器观察 ALE 引脚上的脉冲信号是判断单片机芯片是否正常工作的一种简便方法。也可作为外围芯片的时钟源。

$\overline{\text{PSEN}}$：外部程序存储器 ROM 的读选通信号。到外部 ROM 取指令时，$\overline{\text{PSEN}}$ 自动向外发送低电平信号。

$\overline{\text{EA}}$：为访问片内还是片外 4KB 程序存储器的控制信号。

（4）并行 I/O 端口引脚

P0 口（P0.0 ～ P0.7）；P1 口（P1.0 ～ P1.7）；P2 口（P2.0 ～ P2.7）；P3 口（P3.0 ～ P3.7）。

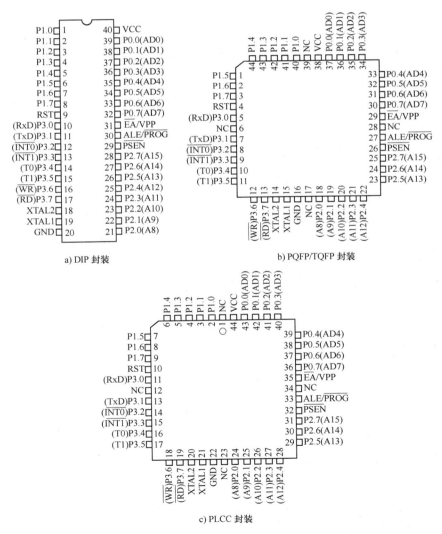

图 5-4　8051 单片机的封装

3. 复位电路与时钟电路

（1）复位电路

单片机的 RST 引脚是复位信号输入端，RST 引脚上保持两个机器周期（24 个时钟周期）以上的高电平时，可使单片机内部可靠复位。单片机常用的外部复位电路如图 5-5 所示。

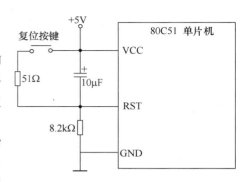

图 5-5　MCS-51 的复位电路

复位后，单片机内部的各寄存器的内容将被初始化，包括程序计数器 PC 和特殊功能寄存器，其中（PC）=0000H，特殊功能寄存器的状态见表 5-1。复位不影响片内 RAM 和片外 RAM 中的内容。

表 5-1　复位后特殊功能寄存器的初始状态

SFR 名称	初始状态	SFR 名称	初始状态
ACC	00H	TMOD	00H
B	00H	TCON	00H
PSW	00H	TH0	00H
SP	07H	TL0	00H
DPL	00H	TH1	00H
DPH	00H	TL1	00H
P0 ～ P3	FFH	SBUF	不确定
IP	XXX00000B	SCON	00H
IE	0XX00000B	PCON	0XXXXXXXB

（2）时钟电路

时钟电路用于产生时钟信号，时钟信号是单片机内部各种操作的时间基准，在此基础上，控制器按照指令的功能产生一系列在时间上有一定次序的信号，控制相关的逻辑电路工作，实现指令的功能。

C_1、C_2 电容容量范围为 30pF±10pF，MCS-51 系列单片机石英晶体频率的常用范围为 1.2～12MHz。

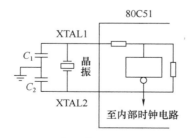

图 5-6　8051 的外接石英晶体的时钟电路

（3）时序单位

图 5-7 是 MCS-51 系列单片机的指令时序图。

时序是用定时单位来描述的，MCS-51 的时序单位有四个，分别是节拍、状态、机器周期和指令周期，接下来我们分别加以说明。

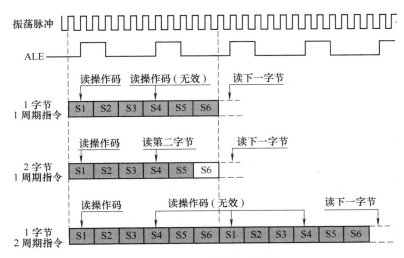

图 5-7　8051 的指令时序图

1）节拍与状态

我们把振荡脉冲的周期定义为节拍（为方便描述，用 P 表示），振荡脉冲经过二分频后即得到整个单片机工作系统的时钟信号，把时钟信号的周期定义为状态（用 S 表示），这样一个状态就有两个节拍，前半周期相应的节拍我们定义为 P1，后半周期对应的节拍定义为 P2。

2）机器周期

MCS-51 的一个机器周期有 6 个状态，分别表示为 S1～S6，而一个状态包含两个节拍，那么一个机器周期就有 12 个节拍，我们可以记为 S1P1、S1P2…S6P1、S6P2，一个机器周期共包含 12 个振荡脉冲周期，即 1 个机器周期是振荡脉冲周期的 12 分频，显然，如果使用 6MHz 的时钟频率，一个机器周期就是 2 μs，而如使用 12MHz 的时钟频率，一个机器周期就是 1μs。

3）指令周期

执行一条指令所需的时间称为指令周期，MCS-51 的指令有单字节、双字节和三字节的，所以它们的指令周期不尽相同，可能包括一到四个不等的机器周期。

MCS-51 指令系统中，按它们的长度可分为单字节指令、双字节指令和三字节指令。执行这些指令需要的时间是不同的，也就是它们所需的机器周期是不同的。

5.1.3　MCS-51 单片机的内部硬件的主要功能

1. 中央处理单元（CPU）

它由算术逻辑运算单元（ALU）和控制单元（CU）两部分组成。

（1）算术逻辑运算单元

算术逻辑运算单元是进行各种算术运算和逻辑运算的部件。与算术逻辑运算单元有关的寄存器包括累加器 ACC、寄存器 B、程序状态字寄存器 PSW。PSW 主要用于存放程序状态信息以及运算结果的标志，所以又称标志寄存器。其格式如下（D1 位没有定义）：

D7	D6	D5	D4	D3	D2	D1	D0
CY	AC	F0	RS1	RS0	OV	—	P

CY——进位标志位。

AC——辅助进位标志位。

F0——用户标志位。

RS1、RS0——工作寄存器区选择控制位。

OV——溢出标志位。

P——奇偶标志位。

（2）控制单元

控制单元是由程序计数器PC、指令寄存器、译码器、定时与控制电路等组成的。

2. 存储器

（1）分区

MCS-51系列单片机的存储器分为两大存储空间，如图5-8所示。

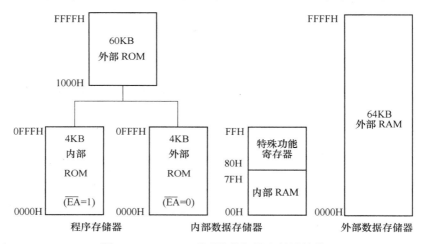

图 5-8　MCS-51 系列单片机的存储器结构

片内4KB的程序存储器，其地址为0000H～0FFFH。

片外64KB的程序存储器，其地址为0000H～FFFFH。

片内256B的数据存储器，00H～7FH为通用的数据存储区，80H～FFH为专用的特殊功能寄存器区。

片外64KB的数据存储器，其地址为0000H～FFFFH。

（2）程序存储器

程序存储器分为片内、片外两部分，总容量最大为64KB，地址为0000H～FFFFH。主要用于存放程序和表格常数。

（3）内部数据存储器

MCS-51系列单片机内部数据存储器主要用于存放各种数据。低128B的内部数据存储器，按其功能不同划分为三个区域，如图5-9所示。

1）工作寄存器区（00H～1FH）

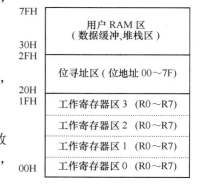

图 5-9　内部数据存储器的结构

该区均分为四个小区，任何时候，只有一个区的工作寄存器可以工作，称为当前工作寄存器区。当前区的选择可通过对寄存器PSW中的RS1、RS0两个位的设置来进行，见表5-2。

表 5-2 当前工作寄存器区的选择

RS1	RS0	当前工作寄存器区	RS1	RS0	当前工作寄存器区
0	0	0 区	1	0	2 区
0	1	1 区	1	1	3 区

2）位寻址区（20H～2FH）

位寻址区有 16 个单元组成，共 128 个位，每个位具有位地址，表 5-3 中是每个位的位地址。每个单元也可作一般的数据缓冲单元使用。

表 5-3 片内 RAM 的位寻址

	位地址映像							
2FH	7FH	7EH	7DH	7CH	7BH	7AH	79H	78H
2EH	77H	76H	75H	74H	73H	72H	71H	70H
2DH	6FH	6EH	6DH	6CH	6BH	6AH	69H	68H
2CH	67H	66H	65H	64H	63H	62H	61H	60H
2BH	5FH	5EH	5DH	5CH	5BH	5AH	59H	58H
2AH	57H	56H	55H	54H	53H	52H	51H	50H
29H	4FH	4EH	4DH	4CH	4BH	4AH	49H	48H
28H	47H	46H	45H	44H	43H	42H	41H	40H
27H	3FH	3EH	3DH	3CH	3BH	3AH	39H	38H
26H	37H	36H	35H	34H	33H	32H	31H	30H
25H	2FH	2EH	2DH	2CH	2BH	2AH	29H	28H
24H	27H	26H	25H	24H	23H	22H	21H	20H
23H	1FH	1EH	1DH	1CH	1BH	1AH	19H	18H
22H	17H	16H	15H	14H	13H	12H	11H	10H
21H	0FH	0EH	0DH	0CH	0BH	0AH	09H	08H
20H	07H	06H	05H	04H	03H	02H	01H	00H

3）用户 RAM 区（30H～7FH）

为一般数据缓冲区，堆栈区通常也设置在这个区内。

4）特殊功能寄存器区（SFR）

高 128 字节是特殊功能寄存器区。8051 内部有 21 个特殊功能寄存器（SFR），它们均为 8 位的寄存器，分布在 80H～FFH 区域，剩下 107 个单元是没有定义的，用户不能使用。见表 5-4。

表 5-4 特殊功能寄存器地址对照表

SFR 名称	符号	D7		位地址/位定义					D0	字节地址
B 寄存器	B	F7	F6	F5	F4	F3	F2	F1	F0	F0H
累加器 A	ACC	E7	E6	E5	E4	E3	E2	E1	E0	E0H
程序状态字	PSW	D7	D6	D5	D4	D3	D2	D1	D0	D0H
		CY	AC	F0	RS1	RS0	OV	F1	P	

（续）

SFR 名称	符号	D7			位地址/位定义				D0	字节地址
中断优先级控制	IP	BF	BE	BD	BC	BB	BA	B9	B8	B8H
		———	———	———	PS	PT1	PX1	PT0	PX0	
I/O 端口 3	P3	B7	B6	B5	B4	B3	B2	B1	B0	B0H
		P3.7	P3.6	P3.5	P3.4	P3.3	P3.2	P3.1	P3.0	
中断允许控制	IE	AF	AE	AD	AC	AB	AA	A9	A8	A8H
		EA	———	———	ES	ET1	EX1	ET0	EX0	
I/O 端口 2	P2	A7	A6	A5	A4	A3	A2	A1	A0	A0H
		P2.7	P2.6	P2.5	P2.4	P2.3	P2.2	P2.1	P2.0	
串行数据缓冲	SBUF									99H
串行控制	SCON	9F	9E	9D	9C	9B	9A	99	98	98H
		SM0	SM1	SM2	REN	TB8	RB8	TI	RI	
I/O 端口 1	P1	97	96	95	94	93	92	91	90	90H
		P1.7	P1.6	P1.5	P1.4	P1.3	P1.2	P1.1	P1.0	
定时器/计数器 1（高字节）	TH1									8DH
定时器/计数器 0（高字节）	TH0									8CH
定时器/计数器 1（低字节）	TL1									8BH
定时器/计数器 0（低字节）	TL0									8AH
定时器/计数器方式选择	TMOD	GATE	C/T	M1	M0	GATE	C/T	M1	M0	89H
定时器/计数器控制	TCON	8F	8E	8D	8C	8B	8A	89	88	88H
		TF1	TR1	TF0	TR0	IE1	IT1	IE0	IT0	
电源控制与波特率选择	PCON	SMOD	–	–	–	GF1	GF0	PD	IDL	87H
数据指针高字节	DPH									83H
数据指针低字节	DPL									82H
堆栈指针	SP									81H
I/O 端口 0	P0	87	86	85	84	83	82	81	80	80H
		P0.7	P0.6	P0.5	P0.4	P0.3	P0.2	P0.1	P0.0	

有 11 个 SFR 的字节地址可被 8 整除（地址以 0 和 8 结尾），可以位寻址（表中已给出它们的位地址）。

5.2 MCS-51 单片机指令系统及汇编语言程序设计

编写单片机程序有 3 种计算机语言可供选择，即机器语言、汇编语言和高级语言。机器语言是用二进制的机器码编写的程序，能被计算机直接识别和执行。汇编语言是用助记符来编写程序的，每一类计算机分别有自己的汇编语言，它占用的内存单元少，执行效率高，被广泛应用于工业测控等场合。高级语言是一种面向算法和过程并独立于机器的通用程序设计语言，如 Basic、C 语言等。汇编语言和高级语言通过编译可得到单片机能执行的二进制机器码。本节主要讲述汇编语言的指令系统和寻址方式以及汇编语言程序设计基础。

5.2.1 MCS-51 单片机指令格式

1. 单片机指令一般格式

MCS-51 指令系统包括 111 条指令，其中单字节指令 49 条，双字节指令 45 条，三字节指令 17 条。一般格式如下：

标号：	操作符	操作数	;注释
START:	MOV	A,30H	;A←(30H)

标号用来标明语句地址，它代表该语句指令机器码的第一个字节的存储单元地址。标号一般规定由 1～8 个英文字母或数字组成，但第一个符号必须是英文字母。

操作符是表明 CPU 如何操作，即执行什么功能。

操作数是表明 CPU 是对什么数据进行操作。操作数的个数视具体指令而定，各操作数间用 ',' 隔开。

注释只是对语句或程序段的含义进行解释说明，以方便程序的编写、阅读和交流，简化软件的维护，一般只在关键处加注释。

2. 指令中常用的符号注释

Rn：表示当前选定工作寄存器组的 R0～R7 中的一个。

#data：表示 16 位或 8 位立即数，其中 "#" 为立即数前缀符。

@Ri：以 Ri 作间接寻址寄存器，其中@为间接寻址标识符，i=0 或 1。

Direct：表示 8 位内部数据存储单元的直接地址。

dir16：16 位目的地址，在 LCALL 和 LJMP 指令中使用，可以产生一个指向 64KB 程序储存地址空间中的任何地址转移。

dir11：11 位目的地址，在 ACALL 和 AJMP 指令中使用，可以产生一个和下一条指令的第一个字节同在 2KB 字节范围内的程序储存地址空间内转移（详见指令）。

Rel：带符号的 8 位二进制码偏移量（常用二进制补码表示）。用于 SJMP 和所有的条件转移指令，其范围是以下一条指令的第一个字节地址为基值，偏移范围为-128～+127B。

3. 伪指令

伪指令（Pseudo Instruction）是用于指导汇编程序如何进行汇编的指令，不生成机器码。MCS-51 单片机主要有 8 条伪指令。

（1）定义起始地址伪指令 ORG

ORG 16 位地址或标号

功能:定义以下程序段的起始地址。

地址	指令代码	源程序	
		ORG 0000H	
0000H	022000	LJMP MAIN	;上电转向主程序
		ORG 0023H	;串行口中断入口地址

0023H	02XXXX	LJMP SERVE1	;转中断服务程序
		ORG 2000H	;主程序
2000H	758920	MAIN:MOV TMOD,#20H	;设 T1 作方式 2
2003H	758DF3	MOV TH1,#0F3H	;赋计数初值
2006H	758BF3	MOV TL1,#0F3H	
2009H	D28E	SETB TR1	;启动 T1

（2）汇编语言结束伪指令 END

END 伪指令放在源程序的末尾，用来指示源程序到此全部结束。

（3）赋值伪指令 EQU

EQU 用于给它左边的"字符名称"赋值，其格式为

> 字符   EQU   操作数

操作数可以是 8 位或 16 位二进制数，也可以是事先定义的标号或表达式。

```
ORG    0500H
AA     EQU   R1
A10    EQU   10H
MOV    R0,A10    ;R0←(10H)
MOV    A,AA      ;A←(R1)
```

（4）数据地址赋值伪指令 DATA

其格式为

> 字符名称   DATA   表达式

DATA 伪指令功能和 EQU 相类似，它把右边"表达式"的值赋给左边的"字符名称"。这里的表达式可以是一个数据或地址，也可以是一个包含所定义字符名称在内的表达式。

DATA 伪指令和 EQU 伪指令的主要区别是：EQU 定义的字符必须先定义后使用，而 DATA 伪指令没有这种限制，故 DATA 伪指令可用于源程序的开头或结尾。

（5）定义字节伪指令 DB

其格式为

> 标号：DB   项或项表

项或项表：可以是一个 8 位二进制数或一串 8 位二进制数（用逗号分开）。数据可以采用二、十、十六进制和 ASCll 码等多种表示形式。

标号：表格的起始地址（表头地址）。

指令的功能是把"项或项表"的数据依次定义到程序存储器的单元中，形成一张数据表。

（6）定义字伪指令 DW

其格式为

> 标号：DW   项或项表

DW 伪指令的功能和 DB 伪指令相似，其区别在于 DB 定义的是一个字节，而 DW 定义的是一个字（即两个字节），因此 DW 伪指令主要用来定义 16 位地址（高 8 位在前，低 8 位在后）。

（7）定义存储空间伪指令 DS

其格式为：

> 标号：DS   表达式

DS 伪指令指示汇编程序从它的标号地址开始预留一定数量的存储单元作为备用，预留数

量由 DS 语句中"表达式"的值决定。

（8）位地址赋值伪指令 BIT

其格式为：

字符名称　BIT　位地址

将位地址赋值给指定的字符，例如：

```
K1 BIT  P1. 0
A2 BIT  20H
```

5.2.2　MCS-51 单片机指令系统

MCS-51 的指令按功能分为五大类：数据传送、算术运算、逻辑运算、控制转移和位操作指令。

1. 数据传送类指令

（1）内部数据传送指令

指令	功能说明
MOV A,Rn	;A←(Rn)
MOV A, direct	;A←(direct)
MOV A,@Ri	;A ← ((Ri))
MOV A,#data	;A←#data
MOV Rn,A	;Rn←(A)
MOV Rn,direct	;Rn←(direct)
MOV Rn,# data	;Rn←# data
MOV direct , A	;direct ←(A)
MOV direct , Rn	;direct ←(Rn)
MOV direct , @Ri	;direct ←((Ri))
MOV direct1,direct2	;direct1←(direct2)
MOV direct, #data	;direct←#data
MOV @Ri, A	;(Ri) ←(A)
MOV @Ri, direct	;(Ri) ←(direct)
MOV @Ri, #data	;(Ri) ←#data
MOV DPTR, #data16	;DPTR←#data16

（2）外部数据传送指令

此类指令完成对片外 RAM 单元中数据的读/写操作。

读指令

MOVX A ,@DPTR	;A←((DPTR))
MOVX A , @Ri	;A←((Ri))

写指令

MOVX @DPTR , A	;(DPTR)←(A)
MOVX @Ri , A	;(Ri)←(A)

（3）访问程序存储器的传送指令（查表指令）

MOVC A,@A+PC	;PC←(PC)+1 , A←((A)+(PC))
MOVC A,@A+DPTR	;A←((A)+(DPTR))

其功能是到程序存储器中查表格数据送入累加器 A。程序存储器中除了存放程序之外，还会放一些表格数据，又称查表指令。指令中的操作数为表格数据。

前一条指令将 A 中的内容与 PC 加 1 后的内容相加得到 16 位表格地址；后一条指令是将 A 中的内容与 DPTR 中的内容相加得到 16 位表格地址。

（4）数据交换指令

```
XCH  A,Rn              ;(A)←→(Rn )
XCH  A,direct          ;(A)←→(direct )
XCH  A,@Ri             ;(A)←→((Ri))
XCHD A, @Ri            ;(A)3~0 ←→((Ri))3~0
```

（5）堆栈操作指令

在片内 RAM 的 00H～7FH 地址区域中，可设置一个堆栈区，主要用于保护和恢复 CPU 的工作现场。

```
进栈指令   PUSH  direct       ;SP←(SP)+1        ;(SP)←(direct);
出栈指令   POP   direct       ;direct←((SP))    ;SP ←(SP)-1;
```

2. 算术运算类指令

注意大部分指令的执行结果将影响程序状态字 PSW 的有关标志位。

（1）加法指令

```
ADD  A, Rn          ;A←(A)+(Rn )
ADD  A, direct      ;A←(A)+(direct)
ADD  A, @Ri         ;A←(A)+((Ri))
ADD  A, # data      ;A←(A)+ data
ADDC A, Rn          ;A←(A)+(Rn )+(CY)
ADDC A, direct      ;A←(A)+(direct)+(CY)
ADDC A, @Ri         ;A←(A)+((Ri))+ (CY)
ADDC A, # data      ;A←(A)+ data+(CY)
```

如果把参加运算的两个操作数看作是无符号数（0～255），加法运算对 CY 标志位的影响为：若结果的第 7 位向前有进位，CY=1；若结果的第 7 位向前无进位，CY=0。

举例如下：设有两个无符号数放在 A 和 R2 中，(A) = 0C6H（198），(R2) = 68H（104），执行指令：ADD A，R2， 试分析运算结果及对标志位的影响。写成竖式：

$$
\begin{array}{r}
(A)\quad 11000110 \quad| \quad 198 \\
(R2)\ +\ 01101000 \quad| +104 \\
\hline
(A)\quad 100101110 \quad| \quad 302
\end{array}
$$

结果是：(A) = 2EH，CY=1。

（2）加 1 指令

```
INC  A              ;A←(A)+1
INC  Rn             ;Rn←(Rn)+1
INC  direct         ;direct←(direct)+1
INC  @Ri            ;(Ri)←((Ri))+1
INC DPTR            ;DPTR←(DPTR)+1
```

这组指令的功能是使源操作数的值加 1。

（3）减法指令

带借位减法指令

```
SUBB  A,Rn          ;A←(A)-(Rn)-(CY)
SUBB  A,direct      ;A←(A)-(direct)-(CY)
SUBB  A,@Ri         ;A←(A)-((Ri))-(CY)
SUBB  A,#data       ;A←(A)- data -(CY)
```

该组指令的功能是从累加器 A 减去源操作数及标志位 CY，其结果再送累加器 A。CY 位在减法运算中是作借位标志。SUBB 指令对标志位的影响为：若第 7 位向前有借位，则 CY=1；若第 7 位向前无借位，则 CY=0。

（4）减 1 指令

```
DEC  A              ;A←(A)-1
DEC  Rn             ;Rn←(Rn)-1
DEC  direct         ;direct←(direct)-1
DEC  @Ri            ;(Ri)←((Ri))-1
```

（5）十进制调整指令

```
DA  A
```

指令专用于实现 BCD 码的加法运算，其功能是将累加器 A 中按二进制相加后的结果调整成 BCD 码相加的结果。ADD 或 ADDC 指令的结果是二进制数之和。DA 指令的结果是 BCD 码之和。例如：

```
MOV   A, #36H       ;A = #36H,  (BCD 码 0011 0110)
ADD   A, #27H       ;A = #36H+#27H=#5DH, (BCD 码 0011 0110+0010 0111)
DA    A             ;A = #63H
```

执行"DA A"指令调整后，如果低 4 位 >9，则 +06H，如果高 4 位>9，则 +60H，得到我们所要的 BCD 码。

（6）乘法指令

```
MUL AB              ;BA←(A)×(B)
```

指令的功能是把累加器 A 和寄存器 B 中两个 8 位无符号整数相乘，并把乘积的高 8 位存于寄存器 B 中，低 8 位存于累加器 A 中。乘法运算指令执行时会对标志位产生影响：CY 标志总是被清 0，即 CY=0；OV 标志则反映乘积的位数，若 OV=1，则表示乘积为 16 位数；若 OV=0，则表示乘积为 8 位数。

（7）除法指令

```
DIV  AB    ;     A商，B余←（A）÷（B）
```

指令的功能是把累加器 A 和寄存器 B 中的两个 8 位无符号整数相除，所得商的整数部分存于累加器 A 中，余数存于 B 中。除法指令执行过程对标志位的影响：CY 位总是被清 0，OV 标志位的状态反映寄存器 B 中的除数情况，若除数为 0，则 OV=1，表示本次运算无意义，否则，OV=0。

3. 逻辑运算类指令

在 MCS-51 指令系统中，逻辑运算类指令有 25 条，可实现与、或、异或等逻辑运算操作。这类指令有可能会影响 CY 和 P 标志位的状态。

（1）累加器 A 的逻辑操作指令

```
累加器 A 清 0：    CLR  A    ; A←00H
累加器 A 取反：    CPL  A    ; A←(Ā)
累加器 A 循环左移：RL   A
```

A.7←A.0

利用左移指令，可实现对 A 中的无符号数乘 2。

累加器 A 带进位循环左移：

    RLC A

累加器 A 循环右移：

    RR A

对累加器 A 进行的循环右移，可实现对 A 中无符号数的除 2 运算。

累加器 A 带进位循环右移：

    RRC A

累加器 A 半字节交换：

    SWAP   A

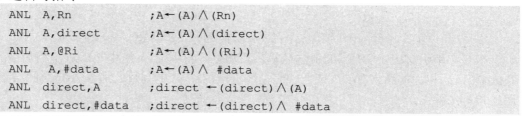

功能是将累加器 A 中内容的高 4 位与低 4 位互换。

（2）逻辑与指令

```
ANL  A,Rn              ;A←(A)∧(Rn)
ANL  A,direct          ;A←(A)∧(direct)
ANL  A,@Ri             ;A←(A)∧((Ri))
ANL  A,#data           ;A←(A)∧ #data
ANL  direct,A          ;direct ←(direct)∧(A)
ANL  direct,#data      ;direct ←(direct)∧ #data
```

功能是将目的操作数和源操作数按位进行逻辑与操作，结果送目的操作数。

在程序设计中，逻辑与指令主要用于对目的操作数中的某些位进行屏蔽（清 0）。方法是将需屏蔽的位与"0"相与，其余位与"1"相与即可。

（3）逻辑或指令

```
ORL  A,Rn              ;A←(A)∨(Rn)
ORL  A,direct          ;A←(A)∨(direct)
ORL  A,@Ri             ;A←(A)∨((Ri))
ORL  A,#data           ;A←(A)∨ #data
ORL  direct,A          ;direct ←(direct)∨(A)
ORL  direct,#data      ;direct ←(direct)∨ #data
```

功能是将目的操作数和源操作数按位进行逻辑或操作，结果送目的操作数。逻辑或指令可对目的操作数的某些位进行置位。方法是将需置位的位与"1"相或，其余位与"0"相或即可。

（4）逻辑异或指令

```
XRL  A,Rn              ;A←(A)⊕(Rn)
XRL  A,direct          ;A←(A)⊕(direct )
XRL  A,@Ri             ;A←(A)⊕((Ri))
XRL  A,#data           ;A←(A)⊕ #data
XRL  direct,A          ;direct ←(direct )⊕(A)
XRL  direct,#data      ;direct ←(direct )⊕ # data
```

功能是将目的操作数和源操作数按位进行逻辑异或操作，结果送目的操作数。

逻辑异或指令可用于对目的操作数的某些位取反，而其余位不变。方法是将要取反的这些位和"1"异或，其余位则和"0"异或即可。

4. 控制转移类指令

转移指令的功能是通过修改程序计数器 PC 的值，使程序执行的顺序发生变化。

（1）无条件转移指令

无条件转移指令是使程序无条件转移到指定的地址去执行。

1）长转移指令

```
    LJMP  addr16              ;PC←addr16
```

指令的功能是将指令提供的 16 位地址（addr16）送入 PC，然后程序无条件地转向目标地址（addr16）处执行。addr16 可表示的地址范围是（0000H～FFFFH）。

2）绝对转移指令

```
    AJMP  addr11              ;PC←(PC)+2 ;  PC₁₀~₀←addr11
```

指令的功能是先使程序计数器 PC 值加 2（完成取指并指向下一条指令地址），然后将指令提供的 addr11 作为转移目的地址的低 11 位，和 PC 当前值的高 5 位形成 16 位的目标地址，程序随即转移到该处执行。

3）相对转移指令

```
    SJMP  rel                 ; PC←(PC)+2 + rel
```

操作数为相对寻址方式。指令的功能是先使 PC+2（完成取指并指向下一条指令地址），然后把 PC 当前值与地址偏移量 rel 相加作为目标转移地址。

rel 是一个带符号的 8 位二进制数的补码（数值范围是 –128～+127），所以 SJMP 指令的转移范围是：以 PC 当前值为起点，可向前（"–"号表示）跳 128 个字节，或向后（"+"号表示）跳 127 字节。

4）间接转移指令

```
    JMP   @A+DPTR             ; PC←(A)+(DPTR)
```

指令的功能是将累加器 A 中 8 位无符号数与 DPTR 的 16 位内容相加，和作为目标地址送入 PC，实现无条件转移。

（2）条件转移指令

条件转移指令要求对某一特定条件进行判断，当满足给定的条件，程序就转移到目标地址去执行，条件不满足则顺序执行下一条指令。可用于实现分支结构的程序。这类指令中操作数都为相对寻址方式，目标地址的形成与 SJMP 指令相类似。当满足转移范围的条件下，均可用"addr16"代替"rel"。

1）累加器 A 的判零转移指令

```
    JZ  rel     ;若(A)=0 则 PC←(PC)+2 + rel ,若(A)≠0 则 PC←(PC)+2
    JNZ rel     ;若(A)≠0 则 PC←(PC)+2 + rel , 若(A)= 0 则 PC←(PC)+2
```

第一条指令的功能是如果累加器 A 的内容为零，则程序转向指定的目标地址，否则程序顺序执行。第二条指令的功能是如果累加器 A 的内容不为零，则程序转向指定的目标地址，否则程序顺序执行。

比较转移指令

```
    CJNE  A, #data, rel        ;若(A)≠data,则 PC←(PC)+3+ rel ,若(A)=data,则
                                  PC←(PC)+3
    CJNE  A, direct, rel       ;若(A)≠(direct),则 PC←(PC)+3+ rel,若(A)=
                                  (direct), 则 PC←(PC)+3
    CJNE  Rn, #data, rel       ;若(Rn)≠data,则PC←(PC)+3+ rel , 若(Rn)=data,
```

```
                                        则 PC←(PC)+3
        CJNE @Ri, #data, rel            ;若((Ri))≠data,则PC←(PC)+3+ rel ,若((Ri))=
                                        data,则PC←(PC)+3
```

该组指令的功能是将前两个操作数进行比较,若不相等则程序转移到指定的目标地址执行,相等则顺序执行。指令执行过程中,对两个操作数进行比较是采用相减运算的方法,因此比较结果会影响 CY 标志。如前数小于后数,则 CY=1,否则,CY=0。我们可以进一步根据对 CY 值的判断确定两个操作数的大小,实现多分支转移功能。

2）循环转移指令

```
        DJNZ Rn, rel                    ; 若(Rn)-1≠0,则PC←(PC)+2+ rel , 若(Rn)-1=0,
                                        则PC←(PC)+2
        DJNZ direct, rel                ; 若(direct)-1≠0,则 PC←(PC)+3+ rel ,若
                                        (direct)-1=0,则PC←(PC)+3
```

第一条是将 Rn 的内容减 1 后进行判断,若不为零则程序转移到目标地址处执行;若为零,则程序顺序执行。第二条是将 direct 单元的内容减 1 后进行判断,若不为零,则程序转移到目标地址;若为零,则程序顺序执行。

（3）子程序调用和返回指令

单片机的应用程序由主程序和子程序组成。主程序可通过调用指令去调用子程序,子程序执行完后再由"返回指令"返回到主程序, 因此调用指令应放在主程序中,返回指令应放在子程序中。同一个子程序可以被多次调用,子程序还可调用别的子程序,称为子程序嵌套。

1）长调用指令

```
        LCALL addr16;         addr16:子程序入口地址。
```

2）绝对调用指令

```
        ACALL addr11;         addr11:子程序入口地址的低 11 位(高 5 位由 PC 定)。
```

3）子程序返回指令

```
        RET;                  指令的功能:从子程序返回到主程序的断点地址。
```

4）中断返回指令

```
        RETI;                 指令的功能:从中断服务程序返回到主程序的断点地址。
```

（4）空操作指令

```
        NOP                   ;PC←(PC)+1
```

该指令执行时不进行任何有效的操作,但消耗一个机器周期的时间,所以在程序设计中可用于短暂的延时。

5. 位操作指令

在 MCS-51 存储器中有两个可位寻址的区域,可利用位操作指令对这些位进行单独的操作。标志位 CY 在位操作指令中称作位累加器,用符号 C 表示。

（1）位传送指令

```
        MOV C, bit            ; CY←(bit)
        MOV bit, C            ; bit ← (CY)
```

第一条指令的功能是将 bit 位的内容传送到 CY,第二条指令是将 CY 的内容传送到 bit 位。

（2）置位和清零指令

```
CLR      C            ;CY←0
CLR      bit          ;bit ←0
SETB     C            ;CY←1
SETB     bit          ;bit ←1
```

前两条指令的功能：位清零。后两条指令的功能：位置1。

（3）位逻辑运算指令

```
ANL  C,bit            ;CY←(CY)∧(bit)
ANL  C,/bit           ;CY←(CY)∧(bit)‾
ORL  C,bit            ;CY←(CY)∨(bit)
ORL  C,/bit           ;CY←(CY)∨(bit)‾
CPL  C                ;CY←(CY)‾
CPL  bit              ;bit←(bit)‾
```

（4）位条件转移指令

判断 CY 的条件转移指令

```
JC   rel
JNC  rel
```

第一条指令功能是对 CY 进行判断，若（CY）=1，则转移到目标地址去执行；若（CY）=0，则程序顺序执行。第二条指令也是对 CY 进行判断，若（CY）= 0，则转移；若（CY）=1，则顺序执行。

若发生转移，则：目标地址=PC+2+ rel

转移范围与 SJMP rel 指令相同，当满足转移范围的条件下，可用"addr16"代替"rel"。

判位变量的条件转移指令为

```
JB   bit ,rel
JNB  bit ,rel
JBC  bit ,rel
```

第一条指令的功能是若 bit 位内容为 1，转移到目标地址，目标地址=（PC）+3 +rel；若为 0，程序顺序执行。第二条指令的功能是若 bit 位内容为 0（不为 1），转移到目标地址，目标地址=（PC）+ 3+ rel；若为 1，程序顺序执行。

第三条指令的功能是若 bit 位内容为 1，则将 bit 位内容清 0，并转移到目标地址，目标地址=（PC）+ 3+ rel；若 bit 位内容为 0，程序顺序执行。

5.2.3 单片机寻址方式

寻址方式就是指处理器根据指令中给出的地址信息来寻找物理地址的方式。MCS-51 单片机共有 7 种寻址方式，即：立即寻址、直接寻址、寄存器寻址、寄存器间接寻址、变址寻址、相对寻址、位寻址。

1. 立即寻址

操作数包含在指令代码中，在操作码之后，称为立即数，前面加"＃"字符。如果第一个数为 A～F，则前面加 0。例如：

```
MOV P1,    #80H
MOV R7,    #0F5H
```

```
    MOV DPTR,        #1245H
```

2. 直接寻址

操作数项给出的是参加运算的操作数的地址，所以称这种方法为直接寻址。操作数在 SFR、内部 RAM、位地址空间，例如： MOV A，00H。

3. 寄存器寻址

对选定的工作寄存器 R0～R7、累加器 A、通用寄存器 B、地址寄存器 DPTR 和进位 CY 中的数进行操作。例如：MOV A，R0。

4. 寄存器间接寻址

把地址放在另外一个寄存器中，根据这个寄存器中的数值决定该到哪个单元中取数据。R0、R1 可作为 8 位地址，可访问片内 RAM 低 128 字节或片外 RAM 低 256 字节；DPTR 可作为 16 位地址，访问片外 RAM64KB 字节地址空间。例如：

```
    MOV   A, @R0              ;操作数在片内 RAM 中
    MOVX  A, @R0              ;操作数在片外 RAM 中
    MOVX  A, @DPTR            ;操作数在片外 RAM 中
```

5. 变址寻址（基址+变址）

以 DPTR 或 PC 为基址寄存器，累加器 A 为变址寄存器。把两者内容相加，结果作为操作数的地址。常用于查表操作。图 5-10 给出了 2 个例子：

（1）MOVC A，@A+DPTR   ；（(A)＋(DPTR)）→（A）；设 DPTR=1000H，A=F4H。

（2）MOVC A，@A+PC；（PC)＋1 →（PC），（(A)＋(PC)）→（A）；设 A=E0H。

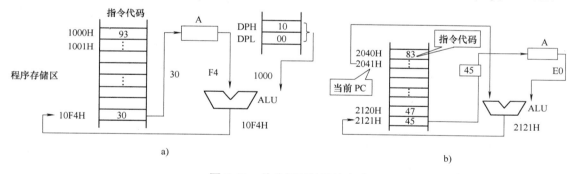

图 5-10 单片机变址寻址方式

6. 相对寻址

将 PC 中的当前内容与指令第二字节给出的数相加，结果作为跳转指令的转移地址（转移目的地址）。PC 中的当前内容称为基地址（本指令后的字节地址）。指令第二字节给出的数据称为偏移量，1 字节带符号数。常用于跳转指令。如： JC   23H。若 C=1，跳转；C=0，不跳转，如图 5-11 所示。

7. 位寻址

对片内 RAM 的位寻址区和某些可位寻址的特殊功能寄存器进行位操作时的寻址方式。

```
    例如： SETB 3DH          ;将 27H.5 位置 1
           CLR   C           ;Cy 位清 0
```

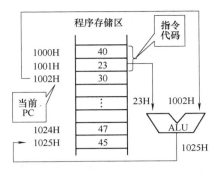

图 5-11 单片机相对寻址方式

5.2.4 汇编语言程序设计步骤

进行汇编语言程序设计时，一般可按以下步骤：

（1）明确编程目标，分析待解决问题。

（2）设计算法。

（3）设计流程图或结构图。

（4）分配存储器和工作单元（寄存器）。

（5）逐条编写程序。

（6）静态检查，上机调试。

下面结合一个实例进行说明。

例子：要求读取 BCD 拨码盘，并显示在对应的数码管上。

（1）明确编程目标，分析待解决问题

本例主要是说明读取、赋值、显示等主要过程。设四位 BCD 码拨码盘同时连在一片 74LS244 上。由于一位 BCD 码拨码盘有四位输入，且一片 74LS244 有八位输入接口，所以一次只能读入 2 位 BCD 码，设左边 2 位和右边 2 位拨码盘的选择由 P1.7 控制。要求对读入后的值进行取反。

（2）设计算法

最好利用现有算法和程序设计方法进行改进，如果没有，则需根据实践经验总结算法思想。例如本例，主程序比较简单，主要是在主程序中调用子程序，包括 BCD 拨码盘的读取，即 READ_BCD 子程序以及在数码管上的显示，即 DISPLAY 子程序。

（3）设计流程图或结构图

流程图有逻辑流程、算法流程、程序流程等，复杂问题需画模块结构。本例只画出程序流程图，如图 5-12 所示。

（4）分配存储器空间和工作单元（寄存器）

分配存储空间包括定义数据段、堆栈段、代码段等。工作单元一般用寄存器。本例的 4 位 BCD 码依次存放在片内 RAM 的 30H～33H 中，其存放形式为非压缩 BCD 码，每个单元放一位 BCD 码。

（5）逐条编写程序

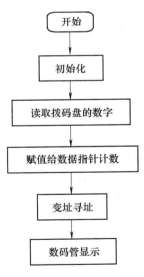

图 5-12 流程图

```
ORG 0000H
LJMP BEGIN
ORG 0060H
```

```
        BEGIN:
        MAIN:
            LCALL  READ_BCD
            LCALL  DISPLAY
            LJMP   MAIN
        READ_BCD:                          ;读取拨码盘的数字
            CLR  P1.7                       ;清零,读右边两位拨码盘值
            MOV  DPTR,#0BFFFH               ;赋初值给数据指针寄存器
            MOVX  A,@DPTR                   ;读数
            CPL A                           ;取反
            MOV R0,A
            ANL A,#0FH                      ;取低 4 位值
            MOV LED4,A                      ;第 4 位数码管赋初值
            MOV A,R0
            SWAP A                          ;高低半字节交换
            ANL A,#0FH                      ;取低 4 位值
            MOV LED3,A                      ;第 3 位数码管赋初值
            SETB P1.7                       ;置 1,读左边两位拨码盘值
            MOV DPTR,#0BFFFH                ;赋初值给数据指针寄存器
            MOVX  A,@DPTR                   ;读数
            CPL A                           ;取反
            MOV R0,A
            ANL A,#0FH                      ;取低 4 位值
            MOV LED2,A                      ;第 2 位数码管赋初值
            MOV A,R0
            SWAP A                          ;高低半字节交换
            ANL A,#0FH                      ;取低 4 位值
            MOV LED1,A                      ;第 1 位数码管赋初值
        RET

        DISPLAY:
            MOV A,LED1
            ANL A,#0FH                      ;取低四位
            MOV DPTR,#DSEG1                 ;定义初始值
            MOVC A,@A+DPTR                  ;变址寻址,数字 1 的字形码赋予 A
            MOV DPTR,#7FFBH                 ;指向第 1 位数码管
            MOVX @DPTR,A                     ;显示第 1 位
            MOV A,LED2
            ANL A,#0FH                      ;取低四位
            MOV DPTR,#DSEG1                 ;定义初始值
            MOVC A,@A+DPTR                  ;变址寻址,数字 2 的字形码赋予 A
            MOV DPTR,#7FFAH                 ;指向第 2 位数码管
            MOVX @DPTR,A                     ;显示第 2 位
            MOV A,LED3
```

```
                ANL  A,#0FH                      ;取低四位
                MOV  DPTR,#DSEG1                 ;定义初始值
                MOVC A,@A+DPTR                   ;变址寻址,数字 3 的字形码赋予 A
                MOV  DPTR,#7FF9H                 ;指向第 3 位数码管
                MOVX @DPTR,A                     ;显示第 3 位
                MOV  A,LED4
                ANL  A,#0FH                      ;取低四位
                MOV  DPTR,#DSEG1                 ;定义初始值
                MOVC A,@A+DPTR                   ;变址寻址,数字 4 的字形码赋予 A
                MOV  DPTR,#7FF8H                 ;指向第 4 位数码管
                MOVX @DPTR,A                     ;显示第 4 位
        RET

        DSEG1:                                   ;0~F 的显示段码
            DB 0C0H,0F9H,0A4H,0B0H
            DB 99H,92H,82H,0F8H
            DB 80H,90H,88H,83H
            DB 0C6H,0A1H,86H,8EH
        END
```

（6）静态检查，上机调试

选用指令尽量字节少，使其执行速度快。易错处应重点查，如比较次数、转移条件等。确信无错后方可上机调试。

5.3 单片机 C 语言程序设计

C 语言是一种高级程序设计语言，常常替代汇编语言编写微处理器程序。与汇编语言相比，C 语言更易于使用，且对不同的微处理器具有可移植性，应用范围广泛。C 语言目前已成为电子工程师进行单片机系统开发时的常用编程语言。用 C 语言来编写目标系统软件，会大大缩短开发周期，且明显地增加软件的可读性，便于改进和扩充。汇编语言的代码执行效率更高，编译成机器语言后占用的程序存储空间很少，因此许多高水平的工程师常常采用 C 语言和汇编语言进行混合编程。

5.3.1 C 语言与 MCS-51

C 语言可以像汇编语言一样对位、字节和地址进行操作，而这三者是计算机最基本的工作单元。C 语言具有各种各样的数据类型，并引入了指针概念。另外 C 语言也具有图形编程功能，而且计算功能、逻辑判断功能也比较强。

1. C51 与 C 语言的区别

单片机 C51 语言是由 C 语言继承而来的。C51 语言运行于单片机平台，而 C 语言则运行于普通的计算机平台。C51 语言具有 C 语言结构清晰的优点，便于学习，同时具有汇编语言的硬件操作能力。学习 C 语言的编程基础后，能轻松地掌握单片机 C51 的程序设计。C51 的

主要语法规定、程序结构及程序设计方法都与标准的 C 语言相同，只在某些方面有区别：

（1）定义的库函数不同。标准的 C 语言定义的库函数是按通用微型计算机来定义的，而 C51 的库函数是按单片机的具体类型来定义的。

（2）数据类型有区别。在 C51 中还增加了几种针对 MCS-51 单片机特有的数据类型。

（3）变量的存储模式不同。C51 中变量的存储模式是与 MCS-51 单片机的存储器紧密相关的。

（4）输入输出处理不同。C51 中的输入输出是通过 MCS-51 串行口来完成的，输入输出指令执行前必须要对串行口进行初始化。

（5）函数使用方面有一定的区别。C51 中有专门的中断函数。

用 C 语言编写 MCS-51 单片机的应用程序，虽然不像用汇编语言那样组织、分配存储器资源和处理端口数据，但在 C 语言编程中，对数据类型与变量的定义，必须要与单片机的存储结构相关联，否则编译器不能正确地映射定位。

2. C51 基本编写规则

C51 一行可以编写若干条语句，一条语句也可以写成几行，每条语句需以分号"；"结尾。C 语言是区分大小写的一种高级语言。使用标识符和关键词时需注意大小写。每个变量必须先说明，再引用。程序的注释用/*…*/或//…表示。函数语句块写在大括号{ }里，表达式写在小括号（ ）里。

（1）表达式语句

在表达式的后边加一个分号"；"就构成了表达式语句，如：

```
x=y*3;
a=1;b=2;
```

可以一行放一个表达式形成表达式语句，也可以一行放多个表达式形成表达式语句，这时每个表达式后面都必须带"；"号，另外，还可以仅由一个分号"；"占一行形成一个表达式语句，这种语句称为空语句。

（2）复合语句

复合语句是由若干条语句组合而成的一种语句，在 C51 中，用一个大括号"{ }"将若干条语句括在一起就形成了一个复合语句，复合语句最后不需要以分号"；"结束，但它内部的各条语句仍需以分号"；"隔开。复合语句的一般格式为

```
{
    局部变量定义；
    语句1；
    语句2；
    …… ……
    语句n；
}
```

（3）输入输出

在 C51 语言中，它本身不提供输入和输出语句，输入和输出操作是由函数来实现的。在 C51 的标准函数库中提供了一个名为"stdio.h"的一般 I/O 函数库，它当中定义了 C51 中的输入和输出函数。当对输入和输出函数使用时，需先用预处理命令"#include <stdio.h>"将该函数库包含到文件中。

5.3.2 C51 的数据类型

数据类型是按照规定形式定义变量的一种方式，不同的数据类型占用的空间不同。数据类型不仅确定了变量的取值范围、占内存空间大小，而且还确定了变量所能参加的各种运算方式。C 语言基本数据类型见表 5-5。

表 5-5 C 语言基本数据类型

类型	符号	关键字	所占位数	字节/B	数表示范围
整型	有	（signed）short	16	2	$-32768\sim32767$
		（signed）int	16	2	$-32768\sim32767$
		（signed）long	32	4	$-2147483648\sim2147483647$
	无	unsigned short int	16	2	$0\sim65535$
		unsigned int	16	2	$0\sim65535$
		unsigned long	32	4	$0\sim4294967295$
实型	有	float	32	4	$-3.4\times10^{38}\sim+3.4\times10^{38}$
	有	double	64	8	$-1.8\times10^{308}\sim+1.8\times10^{308}$
字符型	有	char	8	1	$-128\sim127$
	无	unsigned char	8	1	$0\sim255$

表 5-5 中，针对不同的 C 编译器，float 型与 double 型的值会略有差异。C51 的数据类型情况与标准 C 的数据类型基本相同，但其中 char 型与 short 型相同，float 型与 double 型相同。另外，C51 中还有专门针对 MCS-51 单片机的扩充数据类型，见表 5-6。

表 5-6 C51 扩充数据类型

类型	长度	值域	说明
bit	位	0 或 1	位变量声明
sbit	位	0 或 1	特殊功能位声明
sfr	8 位=1 字节	$0\sim255$	特殊功能寄存器声明
sfr16	16 位=2 字节	$0\sim65535$	sfr 的 16 位数据声明

C51 编译器除了能支持以上这些基本数据类型之外，还能支持一些复杂的组合型数据类型，如数组、指针、结构和联合类型等。C51 定义的指针长度为 1～3 字节，用来表示对象的地址。

5.3.3 C51 的运算符和表达式

1. 赋值运算符

= 赋值运算符

在 C51 中它的功能是给变量赋值，如 x=8。赋值表达式后面加 ";" 号就构成了一个赋值表达式语句。

2. 算术运算符

C51 中的算术运算符如下：

+ 加或取正值运算符

– 减或取负值运算符

* 乘运算符

/ 除运算符

% 模（取余）运算符，如 6%5=1，即 6 除以 5 的余数是 1。

3. 自增自减运算符

++ 自增

–– 自减

自增自减运算符可用在操作数之前，也可放在其后，例如"x=x+1"既可以写成"++x"，也可写成"x++"，其运算结果完全相同。但在表达式中这两种用法是有区别的。例如：

```
x=9；
y=++x；
```

则 y=10，x=10。如果程序改为

```
x=9；
y=x++；
```

则 y=9，x=10。在这两种情况下，x 都被置为 10。

通常，用自增和自减操作生成的程序代码比等价的赋值语句生成的代码要快。

4. 关系运算符

C51 中有 6 种关系运算符：

> 大于

< 小于

>= 大于等于

<= 小于等于

== 测试等于

!= 测试不等于

关系和逻辑运算符的优先级比算术运算符低，例如表达式"8>x+6"的计算，应看作是"8>（x+6）"。

5. 逻辑运算符

&& 逻辑与：条件式 1 && 条件式 2。

|| 逻辑或：条件式 1 || 条件式 2。

! 逻辑非：!条件式。

例如，当 a=7，b=6，c=0 时，则：

```
!a=0；
!c=1；
a&&b=1；
!a&&b=0；
b||c=1。
 (a>0)&&(b>3)=1；
 (a>8)&&(b>0)=0。
```

6. 位运算符

位运算符的作用是按位对变量进行运算，但并不改变参与运算的变量的值。位运算符不能用来对浮点型数据进行操作。位运算一般的表达形式如下：

变量 1 位运算符 变量 2

C51 中共有 6 种位运算符：

   &   按位"与"

   | 按位"或"

   ^   按位"异或"

   ～   按位取反

   <<   左移

   >>   右移

位运算符也有优先级，从高到低依次是：

   ～   按位取反

   <<   左移

   >>   右移

   &   按位"与"

   ^   按位"异或"

   | 按位"或"

如：已知 a=0x5A=0101 1010B，

       b=0x3B=0011 1011B，则：

       a&b=0001 1010；

       a|b=0111 1011；

       a^b=0110 0001；

       ～a=1010 0101；

       a<<2=0110 1000；

       b>>1=0001 1101。

7. 复合运算符

复合运算符就是在赋值运算符"="的前面加上其他运算符。以下是 C51 语言中的复合赋值运算符：

+= 加法并赋值	>>= 右移位并赋值
-= 减法并赋值	&= 按位"与"并赋值
*= 乘法并赋值	|= 按位"或"并赋值
/= 除法并赋值	^= 按位"异或"并赋值
%= 取模并赋值	～= 按位取"反"并赋值
<<= 左移位并赋值	

其含义就是变量与表达式先进行运算符所要求的运算，再把运算结果赋值给参与运算的变量。其实这是 C 语言中简化程序的一种方法，凡是二目运算都可以用复合赋值运算符去简化。

例如：a+=56 等价于 a=a+56， y/=x+9 等价于 y=y/（x+9）。

8. 指针运算符

& 取地址运算符

* 取内容运算符

&又能用于按位与，此时"&"的两边必须有操作对象。*还可作为指针变量的标志，但此时一定出现在指针定义中。

9. 条件运算符

? C51 条件运算符

条件运算符是 C51 语言中唯一的一个三目运算符，它要求有三个运算对象，用它可以将三个表达式连接在一起构成一个条件表达式，其一般格式为

逻辑表达式？表达式 1：表达式 2

其功能是先计算逻辑表达式的值，当逻辑表达式的值为真（非 0 值）时，将计算的表达式 1 的值作为整个条件表达式的值；当逻辑表达式的值为假（0 值）时，将计算的表达式 2 的值作为整个条件表达式的值。例如，条件表达式 max=（a>b）?a:b 的执行结果是将 a 和 b 中较大的数赋值给变量 max。

5.3.4 C51 的程序结构

C51 采用结构化程序设计方法，具体可分为顺序结构、选择结构和循环结构三种基本结构。

1. 顺序结构

顺序结构是指程序按语句的先后顺序逐句执行，是最基本、最简单的一种程序结构，如图 5-13 所示。

【例 1】 将电动势为 25V、内阻为 0.3Ω 的电池与 5Ω 的负载电阻通过电阻为 2.2Ω 的导线连接，则流过电池的电流及端电压为多少？

```
#include "stdio.h"
#define EMF 25
main()
{
float r,R1,R2, I,V;/*定义 4 个浮点型变量*/
    r=0.3;
    R1=5;
    R2=2.2;
    I=EMF/(r+R1+R2);/*流过电池的电流*/
    V= EMF-r*I; /*端电压*/
}
```

2. 选择结构

选择结构用于根据判断的结果判定某些条件，根据判断的结果来控制程序的流程，如图 5-14 所示。

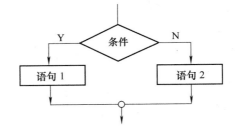

图 5-13　顺序结构程序流程图　　　　　图 5-14　选择结构程序流程图

在 C51 中，实现选择结构的语句有：if/else，if/else if，switch/case。if 语句通常有三种格式：

```
(1)    if（表达式）{语句;}
(2)    if （表达式）
       {语句1;}
   else
       {语句2;}
(3)    if （表达式1）
       {语句1;}
   else if （表达式2）
       {语句2;}
   else if （表达式3）
       {语句3;}
   ……
   else if （表达式n-1）
       {语句n-1;}
   else {语句n}
```

【例2】　电能传输有单相二线式、三相三线式等，传输的电能大小分别为 VI 和 $\sqrt{3}$ VI。假设线电压 V 和电流 I 相同，请从键盘输入 V、I，然后按从小到大的顺序输出电能值。

```
#include "stdio.h"
#include "math.h"
main( )
{
float  V,I,t,P1,P2;
scanf("%f,%f",&V,&I);
P1=V*I;
P2=sqrt(3)*V*I;
if(P1>P2)
    {t=P1;P1=P2;P2=t;}
printf("%5.2f,%5.2f", P1, P2);
}
```

【例3】　双分支

```
if (abs(ERROR)<=5)
        y=x;
else
```

```
                    y=0；/*当误差大于某个值时,PID 运算不进行积分*/
```

（4）switch/case 语句

switch 是 C51 中提供的专门处理多分支结构的多分支选择语句。它的格式如下：

```
switch （表达式）
{   case   常量表达式 1:{语句 1;}break;
    case   常量表达式 2:{语句 2;}break;
    ……
    case   常量表达式 n:{语句 n;}break;
    default:{语句 n+1;}
}
```

【例 4】 多分支结构

```
switch （e）
            {
            case -3: u='NB';break;
            case -2: u ='NM';break;
            case -1: u ='NS';break;
            case 0: u ='Z';break;
            case 1: u ='PS';break;
            case 2: u ='PM';break;
            case 3: u ='PB';break;
            default:
            }
```

在模糊控制中，上述语句定义了一种模糊控制规则。其中 NB、NM、NS、Z、PB、PM、PS 分别表示负大、负中、负小、零、正大、正中、正小。

3. 循环结构

循环结构可以充分发挥计算机运算速度快的优势，减少源程序重复书写的工作量，用来描述算法的重复执行问题，流程图如图 5-15 所示。

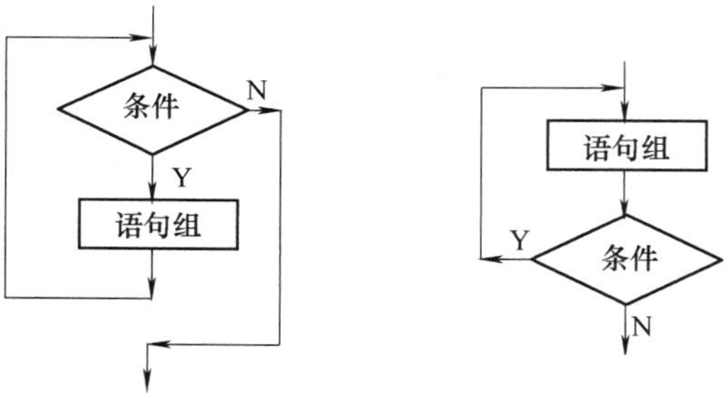

实现循环结构的语句主要有：while 语句、do while 语句和 for 语句

图 5-15 循环结构程序流程图

（1）while 语句

while 语句在 C51 中用于实现当型循环结构，它的格式如下：

```
while （表达式）
    {语句;}
```

【例 5】 用 while 语句编写单片机初始化程序框架。

```
char bdata stat_flag3;
sbit sys_inited=stat_flag3^0;
stat_flag3=0;
while (!sys_inited)
 {
 initializing（）;              /* 初始化处理函数 */
```

```
        if (finished) sys_inited=1;  /* 如果初始化完成，初始化结束标志置 1*/
    }
```

（2）do while 语句

do while 语句在 C51 中用于实现直到型循环结构，它的格式如下：

```
do
        {语句;}
while（表达式）;
```

【例 6】 用 do while 语句编写单片机开关控制加热器程序，假设开始温度低于目标温度 100℃。

```
signed int temp_e, mesure_temp;
do
{
    heat_switch_on () ;              /* 加热器打开函数 */
    delay () ;                       /* 延时函数 */
    mesure_temp=get_temp () ;        /* 温度采样滤波函数，返回测量温度值 mesure_temp */
    temp_e= 100- mesure_temp;
}
while (temp_e>=1.0) ;
heat_switch_off () ;                 /* 加热器关闭函数 */
```

（3）for 语句

for 语句可以方便地实现计数循环，格式如下：

```
for（表达式 1;表达式 2;表达式 3）
    {语句;}
```

【例 7】 增量式编码器输出的是脉冲信号，试用循环查询的方法计算 1000 个采样周期内编码器的旋转角度，假设编码器每圈旋转输出的脉冲个数为 1000。

```
signed int i, pulse=0, angle=0;
for (i=1; i<1000;i++)
    {
    delt=getangle () ;       /* 编码器脉冲采样函数，读脉冲计数缓冲区*/
    pulse= pulse +delt;
    angle=360*pulse/1000;
    delay () ;               /* 延时函数 */
    }
```

（4）break 和 continue 语句

break 语句可以跳出 switch 结构，使程序继续执行 switch 结构后面的一个语句。break 语句还可以从循环体中跳出循环，提前结束循环而接着执行循环结构下面的语句。

【例 8】 某直流电动机的端电压为 215V，电枢电流为 50A，电枢全电阻为 0.1Ω，当转速上升时，转矩会下降，当产生的转矩低于 70N·m 时，由 break 语句跳出循环。

```
V=215;
Ra=0.1;
Ia=50;
E=V-Ra*Ia;/*反电动势*/
```

```
for(n=1;n<=2000;n++)
{
    T=60*E*Ia/(2*3.14*n);  /*转矩计算*/
    if(T<70) break;
}
```

continue 语句用在循环结构中，用于结束本次循环，跳过循环体中 continue 下面尚未执行的语句，直接进行下一次是否执行循环的判定。

【例9】 输出半径为 10～100 之间的圆面积不能被 3 整除的半径。

```
for (i=10;i<=100;i++)
{   area=3.14*i*i;
    if（area%3==0) continue;
    printf（"%d";i);
}
```

5.3.5 函数

C 语言用函数来实现结构化程序的模块功能。通常，一些重复使用的功能模块也被编写成函数，以减少重复编写程序段的工作量，也可以将这些已编好的函数放在函数库中供调用。

1. 函数的定义

函数定义的一般格式如下：

```
函数类型  函数名（形式参数表）
{
  局部变量定义
  函数体（有返回值的要有 return 语句）
}
```

例如：

```
delay（int t)                   /*延时函数*/
{ int i,j;
  for（i=0; i<t; i++）
    for（j=0; j<10; j++）;      /*用双重空循环延时*/
}
```

格式说明：

（1）函数类型

函数类型说明了函数返回值的类型。

（2）函数名

函数名是用户为自定义函数取的名字，以便调用函数时使用。

（3）形式参数表

形式参数表用于列出在调用函数与被调用函数之间进行数据传递的形式参数。

（4）函数返回值

返回语句 return 用来回送一个数值给定义的函数，从函数中退出。返回值的类型如果与函数定义的类型不一致，那么返回值将被自动转换成函数定义的类型。如果函数无须返回值，则用 void 类型说明符指明函数无返回值。

例如：

```
#define max (i, j)  ( ( (i) > (j) ) ? (i) : (j) )
int  add (int c, int d, int e, int f)
{
    int  result;
    result=max (c, d) +max (e, f);      //调用 max
    return (result);
}
```

2. 函数的调用与声明

被调用的函数必须是已经存在的函数。按照函数调用在主调函数中出现的位置，函数调用方式有以下三种：

（1）函数作为语句。把函数调用作为一个语句，不使用函数返回值，只是完成函数所定义的操作。例如：get_temp（）；

（2）函数作为表达式。函数调用出现在一个表达式中，使用函数的返回值。

```
signed int mesure_temp;
mesure_temp=get_temp();
```

（3）函数作为一个参数。函数调用作为另一个函数的实参。

```
int k;
k=sum(sum(a,b),c);
```

与使用变量一样，在调用一个函数之前，必须对该函数进行声明。函数声明的一般格式为：

```
[extern]   函数类型 函数名(形式参数列表)
```

函数定义时，参数列表中的参数称为形式参数，简称形参。函数调用时所使用的替换参数，是实际参数，简称实参。定义的形参与函数调用的实参类型应该一致，书写顺序应该相同。如果声明的函数在文件内部，则声明时不用 extern，如果声明的函数不在文件内部，而在另一个文件中，声明时须带 extern，指明使用的函数在另一个文件中。

3. 函数的嵌套与递归

（1）函数的嵌套

在一个函数的调用过程中调用另一个函数。

（2）函数的递归

自身调用。因 MCS-51 单片机的 RAM 空间小，嵌套与递归的深度都较小。递归一般较少使用。

5.3.6 程序开发

通过程序开发，最终可生成一系列微处理器或微控制器能执行的机器语言指令，即可执行文件。具体步骤如下：

（1）创建源代码

根据要求的设计流程编写 C 语言代码。程序员通过编辑器按照程序的格式规范输入源代码，程序的编辑环境能够在格式错误的时候进行提示，只有当文件没有格式错误时，才能够通过编译。

（2）编译源代码

源代码写好后，程序员就可以使用编译器将其编译成机器语言。在编译开始前，会执行所有的预处理命令。编译器能够检测到错误，并生成出错信息。有时，一个简单的错误会导致一系列错误。如果出现错误，需要回到编辑状态，重新编辑源代码。编译成功后，编译器会将生成的机器语言存放到另一个文件中。

（3）连接生成可执行文件

然后，编译器会将所有生成代码连接起来，再与库函数连成整体，从而产生一个可执行文件。

支持 MCS-51 系列单片机的 C 语言编译器有很多种。如 American Automation、Avocet、BSO/TASKING、DUNFIELD SHAREWARE、Keil、Franklin 等。其中 Keil 有代码紧凑和使用方便等优点，目前用得较为普遍。

5.3.7　单片机 C51 与汇编语言混合编程

在单片机系统的软件设计过程中，通常采用 C51 来编写主程序，这样可充分利用高级语言可读性好的优点。而对于一些实时性要求比较高的控制或采样程序，往往要采用汇编语言来进行编写。这样，我们就需要进行 C51 和汇编程序的混合编程。

混合编程过程中，只要汇编语言的格式符合 C51 的标准汇编格式，就可以通过汇编器将 C51 转换为汇编语言，再无缝连接在一起进行编译。

1. 函数转换

汇编语言的标准格式为

1）每个功能函数都有自己的段名。

2）每个局部变量都必须指定数据段如 DATA，XDATA。

3）有参数传递的函数名前加 "_"，对于重入函数名前加 "_?"。

C51 与汇编之间函数名的转换规则见表 5-7。

表 5-7　函数名转换规则

C51	汇编	说明
void FUNC（void）	FUNC	无参（或参数不经寄存器传递）
void FUNC（char）	_FUNC	传递参数
void FUNC（char）　reentrant	_?FUNC	可重入函数

C51 的每个函数在编译后都将采用"?PR?函数名?模块名"的格式分配到独立的代码段中，相应地对于每个变量也采用类似的格式来建立数据段，这些代码段和数据段都是全局的，可供其他模块调用访问。函数和变量的具体段名命名规则见表 5-8。

表 5-8　段命名规则

段内容	段类型	段名
程序	CODE	?PR?函数名?模块名
	DATA	?PR?函数名?模块名（SMALL）

（续）

段内容	段类型	段名
变量	PDATA	?PD?函数名?模块名
	XDATA	?XD?函数名?模块名
BIT 变量	BIT	?BI?函数名?模块名

2. 参数传递

函数间的调用往往需要传递参数，这样也必须保证 C 语言和汇编程序传递参数的位置相兼容，参数传递一般采用当前工作寄存器，但是最多不超过 3 个参数，见表 5-9。

表 5-9 参数传递寄存器

参数号	Char	Int	Long，Float	指针
1	R7	R6，R7	R4～R7	R1～R3
2	R5	R4，R5	—	
3	R3	R2，R3	—	

关于函数的返回值，对于 C 语言来说不需要特别的操作，正常的调用即可得到返回值。而在汇编语言里函数的返回值储存在特定的寄存器中，需要设计者自己取回返回值。返回值所使用的寄存器见表 5-10。

表 5-10 返回值寄存器

返回值类型	工作寄存器	返回值类型	工作寄存器
bit	C（进位标志位）	long/unsigned long	R4～R7（高位 R4）
char/unsigned char	R7	float	R4～R7（高位 R4）
int/unsigned int	R6，R7（高位 R6）	通用指针	R1～R3（类型 R3，高位 R2）

3. 实现方法

与汇编的混合编程有两种实现方法。

其一是在 C51 中内嵌汇编程序。如下例所示

```
void setADC(void){
 asm{
     MOV A,#0AH
     MOV DPTR,#2001H
     MOVX @DPTR,A
 }
}
```

通过 asm 来指示汇编语句块的存在。

第二种方法则是分别在不同的文件中进行 C51 和汇编语言的编程，然后进行联合编译。通常是以字节或字节的倍数为传输单位。

5.3.8 PWM 与占空比

1. 为什么用 PWM

脉冲宽度调制（Pulse Width Modulation，PWM）是利用微处理器的数字输出来对模拟量

进行控制的一种非常有效的技术，广泛应用于测量、通信、功率控制与变换等许多领域。航模舵机的控制信号大多是 PWM 信号。发射机给接收机一串脉冲，如果基础脉宽是 100ms，则当发射机的脉宽变大为 150ms 时，接收机控制舵机正向旋转，当发射的脉宽减小为 50ms 时，接收机就控制舵机逆向旋转。

对于小功率直流电动机调速系统来说，通过 PWM 控制改变电动机定子电压接通和断开时间的比值（即占空比）来控制电动机的速度。如图 5-16 所示，只要按照一定的周期改变通、断时间，就可以使电动机速度达到一定的稳定值。

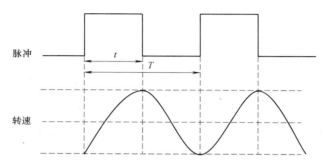

图 5-16　直流电动机 PWM 调速系统的速度变化

因此，通过高分辨率计数器的使用，脉冲宽度调制（PWM）方波的占空比可被调制用来对一个具体模拟信号的电平进行编码。通过改变脉冲序列的周期可以调整通断频率，通过改变脉冲的宽度或占空比可以调整电压。电压或电流源是以通（ON）或断（OFF）的重复脉冲序列被加到模拟负载上的。

2. 什么是占空比

占空比又称为 Duty Ratio 或 Duty Cycle，如图 5-16 所示，是指脉冲信号的通电时间 t 与通电周期 T 之比，即：$D=t/T$。假设电动机直接通电源时对应的最大转速为 V_{max}，则当 PWM 的占空比为 D 时，电动机的平均速度约为：$V_d \approx V_{max}D$。因此，直流电动机的稳态转速与占空比的关系不能说是完全的线性关系，但在一定的误差范围内可以近似为线性关系。因此，随着占空比的增加，电动机的转速也会增加，但是这两个变量之间的比值不是一个常数。

5.3.9　直流电动机控制例程

1. M 法和 T 法脉冲测速

电动机的速度测量是现代机电控制系统中最基本的反馈之一，最常用的方法是用光电开关、霍尔开关或编码器输出的数字脉冲测量电动机轴的转速，再根据减速比、直径、连杆长度换算成线速度。脉冲测速最典型的方法有测频率（M 法）和测周期（T 法）两种方法。

M 法是根据测量单位时间内的脉冲数换算成频率，因为首尾脉冲测量可能各存在一个脉冲周期的误差，所以最多可能会有 2 个脉冲的误差。当电动机速度较低时，因单位测量时间内的脉冲数量变少，误差所占的比例会变大，所以 M 法适宜测量高速。如果要降低测量的速度下限，则可通过提高编码器线数或加大测量的单位时间，使一次采集的脉冲数尽可能多。

T 法是把测量的两个脉冲之间的时间换算成周期，从而得到频率在一次测量结束时，最多存在一个时间单位的误差。速度较高时，测得的周期较小，误差所占的比例变大，所以 T

法适宜测量低速。如果要增加速度测量的上限，可减少编码器的脉冲数，或使用更小更精确的计时单位，或使一次测量的时间值尽可能大。

M 法、T 法各有优缺点，由于在实际的机电系统设计中编码器的线数不能无限增加，测量时间也不能太长，计时单位也不能无限小，所以往往单纯的 M 法、T 法都无法胜任全速度范围内的测量，于是产生了 M 法、T 法结合的 M/T 测速法：低速时测周期、高速时测频率。

2. 直流电动机的速度测量和控制实例

请进行一个直流电动机的速度测量和控制的实验，要求采用 T 法。

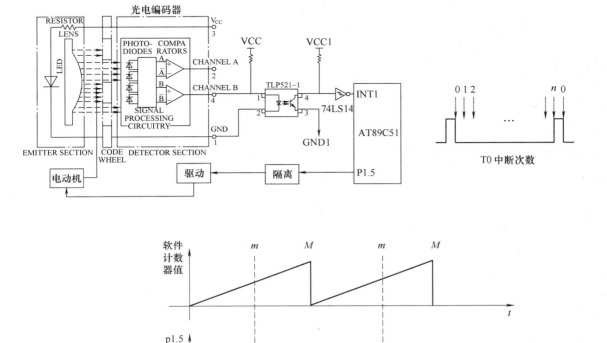

图 5-17　直流电动机闭环控制实验原理图

如图 5-17 所示，单片机实验平台包括 AT89C51 单片机（数码管显示、串口等省略）。光电编码器与电动机的旋转轴相连，编码器的输出脉冲经过隔离后输入到单片机的外部中断输入端 INT1。实际实验中采用光电开关代替光电编码器，电动机每旋转一圈输出一个脉冲。速度的计算通过计算两次外部中断之间定时器 0 的中断次数来计算速度，在每次外部中断到来时首先读取软件计数器的值，然后再对其清零。

要求每 0.5s 进行一次 PWM 占空比调整来调节电动机的速度，采用 T0 硬件中断方式定时，定时时间 0.4ms；编码器信号经过隔离后接到 AT89C51 单片机的 INT1 引脚，电动机每旋转一圈 INT1 触发中断一次；另定义两个软件计数器，分别用来记录 INT1 中断时定时器 0 的溢出次数和 PWM 的高电平定时器 0 的溢出次数；PWM 的载波周期（0.5s）内占空比的调节分辨率为 500/0.4=1250。

因此，如果两次 INT1 中断之间定时器中断的次数为 n，则速度计算如下：

$$\text{speed}（\text{r/s}）=1000/（n×0.4）$$

占空比的调节同样是通过软件计数器来实现，设载波周期为 M（1250）如图 5-17 所示，当软件计数器的值小于 m 时，P1.5 为高电平，当软件计数器的值大于 m 时，P1.5 为低电平；当软件计数器的值等于 M 时，对其清零，重新计数。程序代码如下：

```c
#include <reg51.h>
#include<absacc.h>
#include<stdio.h>
#define uchar unsigned char
#define LED1 XBYTE[0x7FF8]
#define LED2 XBYTE[0x7FF9]
#define LED3 XBYTE[0x7FFA]
#define LED4 XBYTE[0x7FFB]
#define ADC XBYTE[0xDFF8]
#define DAC XBYTE[0xEFFF]
sbit P15 = P1 ^ 5;
char table[16]= {0xC0,0xF9,0xA4,0xB0,0x99,0x92,0x82,0xF8,0x80,0x90,0x88,
                 0x83,0xC6,0xA1,0x86,0x8E };  //七段码
unsigned int count = 0, count_n = 0, sp_f=0;
unsigned char speed = 0, speed_in = 0;
unsigned int m = 0;

struct PID                         //PID 结构体
{
    unsigned char KP;
    unsigned char KI;
    unsigned char KD;
}PID1 = { 50, 1, 0, 0, 1250, 0 };

unsigned int PIDcal(unsigned char cmdspeed, unsigned char actspeed) //PID 子函数
{
    static char d_err, err;
    static int s_err = 0;
    d_err = err - (cmdspeed - actspeed);
    err = cmdspeed - actspeed;
    s_err += err;
    m = PID1.KP*err + PID1.KI*s_err + PID1.KD*d_err;
    if (m < 0)  m = 0;
    else if (m > 1250)  m = 1250;
    return m;
}
```

```
void Timer0(void) interrupt 1                    //定时中断 0
{
    if(speed_in!=0)
    {
    if(count == 1250 )
    {
        count = 0;
        m = PIDcal(speed_in, speed);
    }
    if (count_n == 1250)    sp_f=1;              //速度过小
    else      sp_f=0;
    count++;
    count_n++;
    }
    TH0 = (65536-369)/256;
    TL0 = (65536-369)%256;
}


void getspeed(unsigned int m)                    //速度计算子程序
{
    speed = 1000 / (m*0.4);
}


void delay(unsigned char ms)                     //延时函数,延迟 10ms
{
    unsigned int i, j;
    for(i = 0; i<ms; i++)
        for(j = 0; j<1827; j++);
}


void display()//显示函数
{
    LED1 = table[speed % 10];                    //实际速度
    LED2 = table[speed / 10];
    LED3 = table[speed_in % 10];                 //设定速度
    LED4 = table[speed_in / 10];
}


void Int0(void) interrupt 0//外部中断 0
{
    getspeed(count_n);
    if (count_n < 4)    sp_f=2;                   //速度过大
    count_n = 0;
```

```
        display();
    }

    void initial()                                   //初始化函数
    {
        TMOD = 0x21;                                  //定时器
        IT0 = 1;                                      //下降沿触发
        TH0 = (65536-369)/256;                        //定时时间
        TL0 = (65536-369)%256;
        TH1 = 0XFD;                                    //波特率 9600 或者 19200
        TL1 = 0XFD;
        TR1 = 1;                                      //计数器开
        TR0 = 1;                                      //定时器开
        IP = 0x02;                                    //中断优先级
        EX0 = 1;                                      //外部中断溢出允许
        ET0 = 1;                                      //定时器溢出允许
        SCON = 0X53;                                  //接收允许
        EA = 1;                                       //全局中断
        ES = 0;                                       //关闭串口中断
        TI = 1;                                       //串口标志位
        RI = 0;
    }


    void main()                                       //主程序
    {
        initial();
        printf("\n Please input the command speed!\n");
        scanf("%c", &speed_in);                       //用 16 进制发送!
        /*或者用以下串口输入程序通过 PC 上的串口调试助手输入速度命令
        while(RI=0);    speed_in=SBUF;*/
        speed_in = (speed_in / 16) * 10 + speed_in % 16;
        printf("\n The current command speed is ");
        printf(" %d!", (int)speed_in);
        while (1)
        {
            if (count < m) P15=1;
            else P15=0;
            switch (sp_f)
            {
            case 1:printf("speed<5");
            case 2:printf("speed>50");
            default:
                break;
            }
```

```
        }
    }
```

程序中，KP、KI、KD 分别为 PID 对应的比例、积分、微分系数。

5.4 数据通信

5.4.1 数据通信的概念

数据通信是指计算机与外部设备之间，以及计算机和计算机之间的数据交换方式，具体分为并行通信和串行通信。并行通信一次发送一个字节（Byte）或字节倍数的数据，数据的各位同时进行发送，适于外设与计算机之间进行近距离、大量和快速的信息交换。串行通信是指使用一条数据线一位一位地依次传输，每一位数据占据一个固定的时间长度。与并行通信相比，串行通信的优点是传输线少、成本低、适合距离远且易于扩展。本节主要以 MCS-51 单片机异步串行通信为例进行数据通信的介绍。

a) 并行通信　　　　　　　　　　　b) 串行通信

图 5-18　基本通信方式

5.4.2 串行通信

1. 基本概念

在并行通信中，一个并行数据有多少位，就要用多少根传输线，这种方式有通信速度快、传输线多、价格较贵、适合近距离传输的特点；而串行通信仅需 1～2 根数据传输线，故在长距离通信时比较经济。

（1）异步通信和同步通信

在异步通信中，数据或字符是逐帧（Frame）传送的。帧定义为 1 个字符完整的通信格式，通常也称为"帧格式"，这个字符通常是用二进制数表示。完整的 1 帧从起始位开始到停止位结束。一般先用"0"表示字符的起始位，然后是 5～8 位数据，规定低位在前，高位在后，其后是奇偶校验位，最后是停止位，用以表示字符的结束。图 5-19 是一种常见的 11 位帧格式。

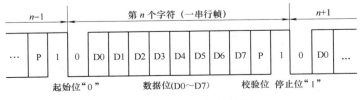

图 5-19　11 位帧格式数据传送

图中各位的作用如下：

起始位——通信线上没有数据传送时，为高电平（逻辑 1）；当要发送数据时，首先发 1 个低电平信号（逻辑 0），此信号称为"起始位"，表示开始传输 1 帧数据。

数据位——起始位之后的位即数据位。数据位可以是 5、6、7 或 8 位（不同计算机的规定不同），上图的数据位为 8 位，一般从最低位开始传送。

奇偶校验位——所谓奇偶校验是根据被传输的一组二进制代码的数位中"1"的个数是奇数或偶数来进行校验。采用奇数的称为奇校验，反之称为偶校验。数据位之后的位为奇偶校验位（可选）。此位通过对被传输数据奇偶性的检查，可用于判别字符传送的正确性，其有 3 种可能的选择，即奇、偶、无校验，用户可根据需要选择。通信双方需事先约定是采用奇校验，还是偶校验。在 80C51 单片机中，此位还可以用来确定该帧字符信息的性质（多机通信中地址或数据）。

停止位——校验位后为停止位，用于表示一帧结束，用高电平（逻辑 1）表示。停止位可以是 1、1.5 或 2 位，不同计算机的规定有所不同。1.5 是指停止位的电平保持 1.5 个单位时间长度。

在同步通信中，数据或字符开始处是用一个同步字符来指示的（常约定 1～2 个），以实现发送端和接收端同步。一旦检测到约定同步字符，下面就连续、顺序地发送和接收数据。同步传送格式如图 5-20 所示。

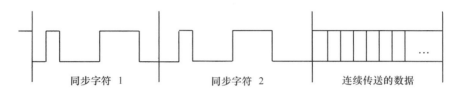

同步字符　1　　　　　同步字符　2　　　　连续传送的数据

图 5-20　同步数据传送格式

（2）串行通信的数据传送速率

在串行通信中，数据传送速率的单位用 b/s 或 bps（比特/秒）表示，其意义是每秒钟传送二进制数的位数，称为"比特率"。而"波特率"可以理解为一个设备在 1s 内发送（或接收）了多少码元的数据。在每个码元符号代表一个比特信息的情况下，比特率与波特率数值相等，因而在单片机的串行通信中由于习惯的原因，常称串口通信时的速率为"波特率"，但要注意在其他的通信调制状态下，二者却不能等同处理。假设每秒要传送 120 个字符，每个字符由 1 个起始位、8 个数据位和 1 个停止位组成，则其波特率为：（1+8+1）×120b/s=1200b/s。每一位的传送时间即为波特率的倒数：$T_d = 1/1200s = 0.833ms$。

异步通信的数据传送速率一般为 50bit/s～100Kbit/s，常用于计算机到 CRT 终端，以及双机或多机之间的通信等。

（3）串行通信的方式

在串行通信中，数据是在两机之间传送的。按照数据的传送方向，串行通信可分为单工（Simplex）、半双工（Half Duplex）和全双工（Full Duplex）3 种制式，示意图分别如图 5-21a、b 和 c 所示。

在单工制式下，数据在甲机和乙机之间只允许单方向传送。例如，只能甲机发送，乙机接收，因而两机之间只需 1 条数据线。

a) 单工制式   b) 半双工制式   c) 全双工制式

图 5-21 串行通信方式示意图

在半双工制式下，数据在甲机和乙机之间允许双方向传送，但它们之间只有一个通信回路，接收和发送不能同时进行，只能分时发送和接收（即甲机发送，乙机接收，或者乙机发送，甲机接收），因而两机之间只需 1 条数据线。

在全双工制式下，甲、乙两机之间数据的发送和接收可以同时进行，称为"全双工传送"。全双工形式的串行通信必须使用 2 条数据线。

不管哪种形式的串行通信，在两机之间均应有公共地线。

2. 通信协议

通信协议是指计算机之间进行数据传输时所必须遵循的规则和约定。包括通信方式、波特率、双机之间握手信号的约定等。为保证计算机之间能够准确、可靠地通信，相互之间必须先设置并遵循统一的通信协议。

（1）80C51 单片机串行口简介

80C51 单片机属于 MCS-51 系列，其芯片内部有 UART（Universal Asynchronous Receiver/Transmitter）通用异步接收器和发送器，它是一个可编程的全双工异步串行通信接口，也可作为同步移位寄存器，还可实现多机通信。其帧格式有 8 位、10 位和 11 位，并能设置各种波特率，使用灵活、方便。

（2）串行口结构与工作原理

80C51 单片机串行口原理结构框图如图 5-22 所示，它主要由接收与发送缓冲寄存器 SBUF、输入移位寄存器以及串行控制寄存器 SCON 等组成。波特率发生器可以利用定时器 T1 或 T2 控制发送和接收的速率。特殊功能寄存器 SCON 用于存放串行口的控制和状态信息；发送数据缓冲寄存器 SBUF 用于存放准备发送出去的数据；接收数据缓冲寄存器 SBUF 用于接收由外部输入到输入移位寄存器中的数据。80C51 串行口是通过对上述专用寄存器的设置、检测与读取来管理串行通信的。

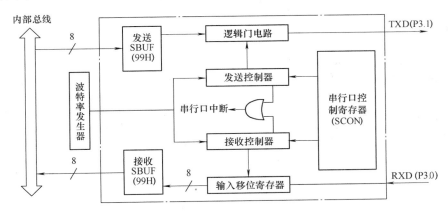

图 5-22 串行口结构框图

在进行串行通信时，外界数据通过引脚 RXD（P3.0，串行数据接收端）输入。输入数据首先逐位进入输入移位寄存器，由串行数据转换为并行数据，然后再送入接收寄存器。在接收寄存器中采用了双缓冲结构，以避免在接收到第 2 帧数据前，CPU 未及时响应前一帧的中断请求，没把前一帧数据读走，从而造成两帧数据重叠的错误。在发送时，串行数据通过引脚 TXD（P3.1，串行数据发送端）输出。由于 CPU 是主动的，因此不会产生写重叠问题，一般不需要双缓冲器结构。要发送的数据通过发送控制器控制逻辑门电路逐位输出。

与串行口工作有关的寄存器共有 6 个，分别是串行口控制寄存器 SCON、接收与发送缓冲寄存器 SBUF、电源控制寄存器 PCON、中断允许控制寄存器 IE、中断优先级寄存器 IP，分别介绍如下：

串行口控制寄存器 SCON 用于串行通信的方式选择、接收和发送控制，并可反映串行口的工作状态。

SCON	9FH	9EH	9DH	9CH	9BH	9AH	99H	98H
(98H)	SM0	SM1	SM2	REN	TB8	RB8	TI	RI

SCON.7 和 SCON.6 位 SM0 和 SM1——串行方式选择位。

这两位用于选择串行口的 4 种工作方式，见表 5-11。由表中的功能项可以看出，这几种方式的帧格式不完全相同。

表 5-11　串行口工作方式选择

SM0	SM1	工作方式	功能	波特率
0	0	方式 0	8 位同步移位寄存器	$f_{osc}/12$
0	1	方式 1	10 位 UART	可变
1	0	方式 2	11 位 UART	$f_{osc}/64$ 和 $f_{osc}/32$
1	1	方式 3	11 位 UART	可变

SCON.5 位 SM2——多机通信控制位。

在方式 2 和方式 3 中，SM2 主要用于进行多机通信控制。当串行口以方式 2 或方式 3 接收时，如果 SM2=1，允许多机通信，且接收到第 9 位 RB8 为 0 时，则 RI 不置 1，不接收主机发来的数据；如果 SM2=1，且 RB8 为 1，则 RI 置 1，产生中断请求，将接收到的 8 位数据送入 SBUF。当 SM2=0 时，不论 RB8 为 0 还是 1，都将收到的 8 位数据送入 SBUF，并产生中断。

在方式 1 中，当处于接收状态时，若 SM2=1，则只有接收到有效的停止位时，RI 才置 1。在方式 0 中，SM2 应置 0。

SCON.4 位 REN——允许串行接收位。

REN=1 时，允许接收；REN=0 时，禁止接收。由软件置位或清除。

SCON.3 位 TB8——发送数据的第 9 位（D8）。

在方式 2 或方式 3 中，根据需要由软件置位或复位。双机通信时，它可约定作奇偶校验位；在多机通信中，可作为区别地址帧或数据帧的标识位。一般由指令设定地址帧时，设 TB8 为 1；而设定数据帧时，设 TB8 为 0。方式 0 和方式 1 中没用该位。

SCON.2 位 RB8——接收数据的第 9 位（D8）。

在方式 2 或方式 3 中，RB8 的状态与 TB8 相呼应（例如，可以是约定的奇偶校验位，也可以是约定的地址/数据标识位）。例如，当 SM2=1 时，如果 RB8 为 0，则说明收到的是数据帧。

SCON.1 位 TI——发送中断标志位。

在方式 0 中，发送完 8 位数据后，由硬件置位；在其他方式中，在发送停止位之初由硬件置位。TI=1 时，可申请中断，也可供软件查询用。在任何方式中，都必须由软件来清除 TI。

SCON.0 位 RI——接收中断标志位。

在方式 0 中，接收完 8 位数据后，由硬件置位；在其他方式中，在接收停止位的中间，由硬件置位。RI=1 时，可申请中断，也可供软件查询用。在任何方式中，都必须由软件清除 RI。

SCON 的低 2 位与中断有关。SCON 的地址为 98H，可以位寻址。复位时，SCON 的所有位均清 0。

数据缓冲寄存器 SBUF 实际上是 2 个寄存器：发送数据缓冲寄存器和接收数据缓冲寄存器。接收与发送缓冲寄存器 SBUF 采用同一个地址 99H，其寄存器名亦同样为 SBUF。CPU 通过不同的操作命令，区别这 2 个寄存器，所以不会因为地址相同而产生错误。当 CPU 发出写 SBUF 命令时，即向发送缓冲寄存器中装载新的信息，同时启动串行发送；当 CPU 发出读 SBUF 命令时，即读接收缓冲寄存器的内容。

电源控制寄存器 PCON 主要用于电源控制，PCON 的最高位 SMOD 是串行口的波特率倍增位；当 SMOD 为 1 时，波特率加倍；当 SMOD 为 0 时，波特率不变。

中断允许控制寄存器 IE 用于控制与管理单片机的中断系统。IE 的 ES 位用于控制串行口的中断：当 ES=0 时，禁止串行口中断；当 ES=1 时，允许串行口中断。

中断优先级寄存器 IP 用于管理单片机中各中断源中断优先级，IP 的 PS 位用于设置串行口中断的优先级；当 PS=0 时，串行口中断为低优先级；当 PS=1 时，串行口中断为高优先级。

80C51 串行口通过编程可设置 4 种工作方式，3 种帧格式。

方式 0 以 8 位数据为 1 帧，不设起始位和停止位，先发送或接收最低位。其帧格式如下：

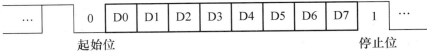

方式 1 以 10 位数据为 1 帧传输，设有 1 个起始位"0"、8 个数据位和 1 个停止位"1"。其帧格式为

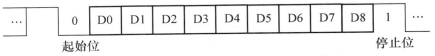

方式 2 和 3 以 11 位数据为 1 帧传输，设有 1 个起始位"0"、8 个数据位、1 个可编程位（第 9 数据位）D8 和 1 个停止位"1"。其帧格式如下：

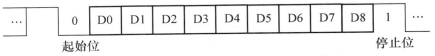

可编程位 D8 由软件置 1 或清 0。该位可作检验位，也可作他用。

3. 串行通信工作方式和波特率的设置

通过软件编程可选择 4 种串行通信工作方式，下面分别予以介绍。

（1）方式 0

在方式 0 下，串行口用作同步移位寄存器，以 8 位数据为 1 帧，先发送或接收最低位，每个机器周期发送或接收 1 位，故波特率为 $f_{osc}/12$。串行数据由 RXD（P3.0）端输入或输出，同步移位脉冲由 TXD（P3.1）端送出。这种方式常用于 I/O 口扩展，可采用不同的指令实现输入或输出。其发送与接收情况如下：

当执行"MOV　SBUF，A"指令时，CPU 将 1 字节的数据写入发送缓冲寄存器 SBUF（99H），串行口即把 8 位数据以 $f_{osc}/12$ 的波特率从 RXD 端送出（低位在前）。发送完成后，置中断标志位 TI 为 1，如要继续发送应将 TI 清 0。

在准备接收时，首先要用软件置串行口允许接收控制位 REN 为 1，使其允许接收；然后，执行"MOV　A，SBUF"指令，CPU 即开始从 RXD 端以 $f_{osc}/12$ 波特率输入数据（低位在前），当接收到 8 位数据时，置中断标志 RI 为 1。读取数据后，一定要将 RI 清 0。

串行控制寄存器中，TB8 和 RB8 位在方式 0 中未用。每当发送或接收完 8 位数据时，由硬件将发送中断 TI 或接收中断 RI 标志置位。不管是中断方式还是查询方式，都必须用软件对 TI 或 RI 标志清 0。在方式 0 中，SM2 位必须为 0。

（2）方式 1

在方式 1 下，串行口为 10 位通用异步接口。发送或接收的 1 帧信息，包括 1 位起始位"0"、8 位数据位和 1 位停止位"1"，传送波特率可调。具体发送与接收情况如下：

当执行"MOV　SBUF，A"指令时，CPU 将 1 字节的数据写入发送缓冲寄存器 SBUF（99H），就启动发送器发送，数据引脚 TXD（P3.1）端输出。当发送完 1 帧数据后，TI 标志置 1，在中断方式下将申请中断，通知 CPU 可以发送下一个数据。如要继续发送，必须将 TI 清 0。

接收时，先使 REN 置 1，使串行口处于允许接收状态，RI 标志为 0，串行口采样引脚 RXD（P3.0）。当采样到 1 至 0 的跳变时，确认是起始位"0"，就开始接收 1 帧数据。当停止位到来时，RB8 位置 1，同时，中断标志位 RI 也置 1，在中断方式下将申请中断，通知 CPU 从SBUF 取走接收到的数据。

不管是中断方式，还是查询方式，都不会清除 TI 或 RI 标志，必须用软件清 0。

（3）方式 2 和方式 3

方式 2 和方式 3 是 11 位异步通信方式，主要区别是波特率的设置方法不同。这两种方式发送或接收 1 帧的信息包括 1 位起始位"0"、8 位数据位、1 位可编程位和 1 位停止位"1"。波特率与 SMOD 有关。

发送前，首先根据通信协议由软件设置 TB8（如作奇偶校验位或地址/数据标识位），然后，将要发送的数据写入 SBUF 即可启动发送器。写 SBUF 指令，把 8 位数据装入 SBUF，同时，串行口还自动把 TB8 装到发送移位寄存器的第 9 位数据位置上，并通知发送控制器要求进行一次发送，然后即从 TXD（P3.1）端输出 1 帧数据。

在接收时，先置位 REN 为 1，使串行口处于允许接收状态，同时还要将 RI 清 0。在满足这个条件的前提下，再根据 SM2 的状态（SM2 是方式 2 和方式 3 的多机通信控制位）和所接收到的 RB8 的状态，决定此串行口在信息到来后是否会使 RI 置 1。如果 RI 置 1，在中断方式下将申请中断，接收数据。

当 SM2=0 时，不管 RB8 为 0 还是为 1，RI 都置 1，此串行口将接收发来的信息。

当 SM2=1，且 RB8 为 1 时，表示在多机通信情况下，接收的信息为地址帧，此时 RI 置 1。串行口将接收发来的地址。

当 SM2=1，且 RB8 为 0 时，表示接收的信息为数据帧，但不是发给本从机的，此时 RI 不置 1，因而 SBUF 中所接收的数据帧将丢失。

在方式 2 和方式 3 下，同样不管是中断方式，还是查询方式，都不会清除 TI 或 RI 标志。在发送和接收之后，也都必须用软件清零 TI 和 RI 位。

在串行通信前，首先要设置收/发双方对发送或接收的数据具有相同的传送速率，即波特率。通过软件对 80C51 串行口编程可设定 4 种工作方式。这 4 种方式波特率的计算方法不同：方式 0 和方式 2 的波特率是固定的，而方式 1 和方式 3 的波特率是可变的，由定时器 T1 或 T2（AT89S52）的溢出率控制。

在方式 0 时，每个机器周期发送或接收 1 位数据，因此，波特率固定为时钟频率的 1/12。

方式 2 的波特率取决于 PCON 中最高位 SMOD 之值，它是串行口波特率倍增位。当 SMOD=1 时，波特率加倍，复位时，SMOD=0。当 SMOD=0 时，波特率为 f_{osc} 的 1/64；若 SMOD=1 时，则波特率为 f_{osc} 的 1/32，即方式 2 的波特率为 $\left(2^{SMOD}/64\right)\times f_{osc}$。

方式 1 和方式 3 的波特率是由定时器 T1 溢出率与 SMOD 值来决定，即方式 1 和方式 3 的波特率为 $\left(2^{SMOD}/32\right)\times T1$ 溢出率。

其中，T1 溢出率取决于计数速率和定时器的预置值。计数速率与 TMOD 寄存器中 C/$\overline{T}$ 的状态有关。当 C/$\overline{T}$=0 时，计数速率=f_{osc}/12；当 C/$\overline{T}$=1 时，计数速率取决于外部输入时钟频率。

当定时器 T1 作波特率发生器使用时，通常是选用自动重装载方式，即方式 2。在方式 2 中，TL1 作计数用，而自动重装载的值放在 TH1 内，设计数初值为 X，那么每过（256-X）个机器周期，定时器 T1 就会产生一次溢出。为了避免因溢出而产生不必要的中断，此时应禁止 T1 中断。溢出周期 T 为

$$T = (12/f_{osc})\times(256-X)$$

溢出率为溢出周期的倒数，故 $$\text{波特率}=\frac{2^{SMOD}}{32}\times\frac{f_{osc}}{12\times(256-X)}$$

则定时器 T1 方式 2 的初始值 X 为 $$X=256-\frac{f_{osc}\times(SMOD+1)}{384\times\text{波特率}}$$

4. 串行口应用举例

【例 10】 用并行输入 8 位移位寄存器 74HC165 可扩展 16 位并行输入口，通过 P3.0 实现并转串的输入。如图 5-23 所示，CK 为时钟脉冲输入端，D0～D7 为并行输入端，S_{IN}、Q_H 分别为数据的输入、输出端。前级的数据输出端 Q_H 与后级的信号输入端 S_{IN} 相连。S/$\overline{L}$=0 时，允许并行置入数据；S/$\overline{L}$=1 时，允许串行移位。

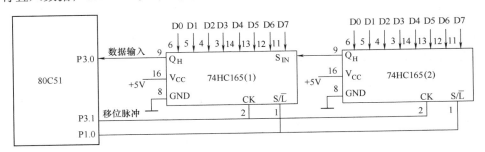

图 5-23 利用串行口扩展入口

【例 11】 如图 5-24 所示，利用两片 74HC164 扩展的 16 位发光二极管接口电路，由于

74HC164 在低电平输出时，电流可达 8mA，故无须加驱动电路。

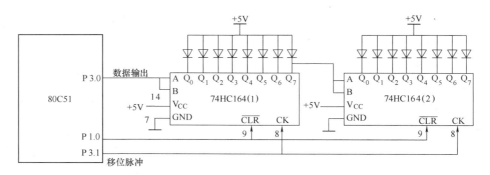

图 5-24　利用串行口扩展输出接口

74HC164 是串行输入、并行输出移位寄存器，A、B 为串行输入端，$Q_0 \sim Q_7$ 为并行输出端；$\overline{CLR}$ 为清除端，低电平时，使 74HC164 输出清 0；CK 为时钟脉冲输入端，在 CK 脉冲的上升沿作用下实现移位。在 CK=0，$\overline{CLR}$ =1 时，74HC164 保持原来的数据状态。由于 74HC164 无并行输出控制端，在串行输入过程中，为了防止输出端的状态不断变化，74HC164 与输出装置之间还应加上输出可控的缓冲级（如 74HC244），以便串行输入过程结束后再输出。

5.4.3　并行通信

MCS-51 系列单片机芯片内部集成有四个并行 I/O 口（P0～P3），共 32 条 I/O 线，每一个 I/O 线都能独立地用作输入或输出。8 位同时使用，可实现 8 位数据同时传送。

1.　并行 I/O 口的功能

（1）P0～P3 口的第一功能：

作通用输入 / 输出口，用于连接外部设备。

（2）P0、P2、P3 口的第二功能：

P0、P2 口用于扩展外部总线。

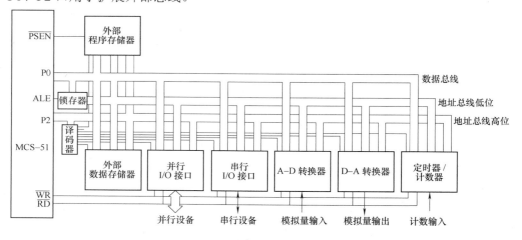

图 5-25　MCS-51 单片机片外三总线的扩展方法

P3 口的第二功能见表 5-12。

表 5-12　P3 口各位的第二功能

P3 口引脚	第二功能	P3 口引脚	第二功能
P3.0	RXD（串行口输入端）	P3.4	T0（定时器 0 外部输入）
P3.1	TXD（串行口输出端）	P3.5	T1（定时器 1 外部输入）
P3.2	$\overline{INT0}$（外部中断 0 输入）	P3.6	$\overline{WR}$（外部数据存储器写脉冲输出）
P3.3	$\overline{INT1}$（外部中断 1 输入）	P3.7	$\overline{RD}$（外部数据存储器读脉冲输出）

2. 端口的位结构原理

（1）每个口中由 8 位锁存器构成一个 8 位的特殊功能寄存器，即 P0～P3 寄存器。

（2）P0 口要外接上拉电阻，以满足输出高电平的需要。

（3）P0～P3 口作输入口时，要向口内的锁存器写 1。

3. I/O 口的负载能力

每条 I/O 线的最大电流为 1mA。

4. 输入/输出操作

有三种操作方式：输出数据方式、读引脚方式和读端口数据方式。

（1）输出数据方式

通过一条数据操作指令即可把输出数据写入 P0～P3 端口锁存器，然后通过输出驱动器送到端口引脚线输出。例如：

```
MOV  Px,A        或 MOV  Px,#data
```

（2）读引脚方式

它可从端口引脚线上读入数据。读引脚时，首先应使欲读引脚对应的端口锁存器置位，以便使驱动器中 V2 管截止（见图 5-26）；然后打开输入三态门，使相应引脚上的信号输入内部总线。因此读引脚时必须连续使用两条指令：

```
MOV  Px,#0FFH    ;将 Px 口各位置 1
MOV  A,Px        ;读入 Px 口引脚线信号
```

（3）读端口数据方式

它仅仅对端口锁存器中数据进行读入操作，读入的数据并非是端口引脚线上的数据。这些指令都是属于读端口锁存器的"读—修改—写"指令。例如下面的一些指令：

```
ANL  Px, #data
ORL  Px, #data
XRL  Px, #data
```

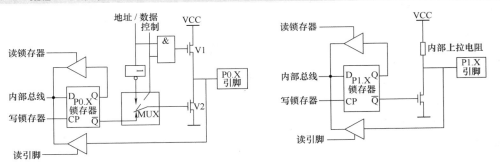

a) P0 口某位的结构　　　　　　b) P1 口某位的结构

图 5-26　并行 I／O 口内部结构图

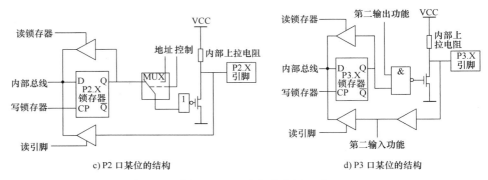

c) P2 口某位的结构   d) P3 口某位的结构

图 5-26 并行 I／O 口内部结构图（续）

5.4.4 并行 I/O 口的应用举例

请用按键 K1 和 K2 控制发光二极管 L1 和 L2，当 K1 按下时，L1 亮，当 K2 按下时，L2 亮。其中上面的两个 10kΩ 电阻是上拉电阻，U2 是非门 74LS14（见图 5-27）。

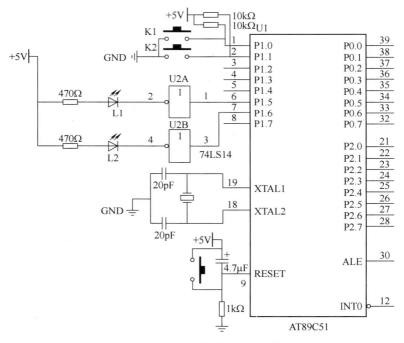

图 5-27 按键控制发光二极管

用汇编语言编写的程序如下：

```
        ORG 0000H
        LJMP START
        ORG 1000H
START:
        MOV P1, #0FFH
LOOP: MOV C, P1.0
        JNC K1
```

```
        CLR    P1.5
        SJMP   K2
K1:     SETB   P1.5
K2:     MOV    C, P1.1
        JNC    K3
        CLR    P1.6
        SJMP   LOOP
K3:     SETB   P1.6
        SJMP   LOOP
        END
```

上面的程序中，没有进行按键的延时消抖处理，因此如果因为按键抖动引起的 P1.0、P1.1 的按键电平变化，会产生小灯控制的错误判断。第 5.8 节人机交互接口的章节，将介绍消抖的具体方法。

5.5 中断系统

中断硬件和中断处理软件称为中断系统。单片机在执行程序的过程中，由于单片机内部或者外部的请求，停止执行当前程序而去执行相应的处理程序，执行完再返回执行原程序，这种情况称之为中断。中断过程由中断系统自动完成。在中断系统中，把引起中断的设备或事件称为中断源。

MCS-51 中断系统包括几个与中断有关的特殊功能寄存器、中断入口、顺序查询逻辑电路等。中断系统的结构如图 5-28 所示。

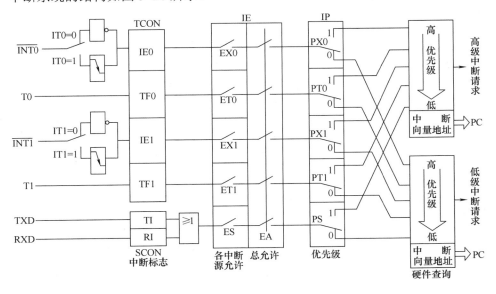

图 5-28 中断系统结构

1. 中断源

（1）内部中断源 3 个

T0：定时器/计数器 0 中断，由 T0 加 1 计数溢出置 TCON 寄存器的 TF0 位为 1，从而向 CPU 申请中断。

T1：定时器/计数器 1 中断，由 T1 加 1 计数溢出置 TCON 的寄存器的 TF1 位为 1，从而向 CPU 申请中断。

TI/RI：串行口发送（TXD）及接收（RXD）中断，串行口完成一帧字符发送/接收后置 SCON 的 TI/RI 位为 1，从而向 CPU 申请中断。

（2）外部中断源 2 个

外部中断 0（$\overline{INT0}$）：由 P3.2 端口接入，低电平或下降沿触发。

外部中断 1（$\overline{INT1}$）：由 P3.3 端口接入，低电平或下降沿触发。

2. 中断入口地址

CPU 响应某个中断事件时，将会自动转入程序存储器中固定的地址执行中断服务程序，各个中断源的中断入口地址见表 5-13。

表 5-13　各中断源的入口地址

中　断　源		中断入口地址
外部中断 0	$\overline{INT0}$	0003H
定时/计数器 0 溢出中断	T0	000BH
外部中断 1	$\overline{INT1}$	0013H
定时/计数器 1 溢出中断	T1	001BH
串行口中断	TI/RI	0023H

3. 中断标志与中断控制寄存器

（1）中断控制寄存器 TCON

字节地址为 88H，可进行位寻址。TCON 格式如下：

	D7	D6	D5	D4	D3	D2	D1	D0
（88H）	TF1	TR1	TF0	TR0	IE1	IT1	IE0	IT0

TR1、TR0 是 T1、T0 的启动控制位，置 1 启动，清 0 停止。

TF1、TF0 是 T1、T0 的溢出标志位。

IT0、IT1 为外部中断 0、1 的触发方式控制位，当设置为 0 时，电平触发方式（低电平有效）；当设置为 1 时，下降沿触发方式。

IE0、IE1 为外部中断 0、1 请求标志位。

（2）中断允许控制寄存器 IE

字节地址为 A8H，可进行位寻址。其格式如下：

	D7	D6	D5	D4	D3	D2	D1	D0
（A8H）	EA	—	—	ES	ET1	EX1	ET0	EX0

EA：中断允许总控位。EA＝0，所有中断源的中断请求均被关闭（禁止）；EA＝1 则所有中断源的中断请求均被打开（允许）。

ES：串行口中断允许控制位。ES＝1 允许串行口中断；ES＝0 禁止串行口中断。

ET1：定时／计数器 T1 溢出中断允许控制位。ET1＝1 允许 T1 中断；ET1＝0 禁止 T1 中断。

EX1：外部中断 1 允许控制位。EX1＝1 允许 $\overline{\text{INT1}}$ 中断；EX1＝0 禁止 $\overline{\text{INT1}}$ 中断。

ET0：定时／计数器 T0 溢出中断允许控制位。ET0＝1 允许 T0 中断；ET0＝0 禁止 T0 中断。

EX0：外部中断 0 允许控制位。EX0＝1 允许 $\overline{\text{INT0}}$ 中断；EX0＝0 禁止 $\overline{\text{INT0}}$ 中断。

（3）串行口控制寄存器 SCON

SCON 是串行口控制寄存器，其低 2 位 TI 和 RI 锁存串行口的接收中断和发送中断标志。SCON 中与中断有关的各位如下：

	D7	D6	D5	D4	D3	D2	D1	D0
(98H)	－	－	－	－	－	－	TI	RI

（4）中断优先级寄存器 IP

MCS-51 单片机有两个中断优先级，由软件设置专用寄存器 IP 设定每个中断源为高优先级还是低优先级。高优先级中断源可中断正在执行的低优先级中断服务的程序，除非在执行低优先级中断服务程序时设置了 CPU 关中断或禁止某些高优先级中断源的中断。同级或低优先级的中断源不能中断正在执行的中断服务程序。IP 为中断优先级寄存器，用于选择各中断源优先级，用户用软件设定，格式如下：

	D7	D6	D5	D4	D3	D2	D1	D0
(B8H)	－	－	－	PS	PT1	PX1	PT0	PX0

PS：串行口中断优先级选择位。

当 PS=1 时，设置串行口为高优先级中断；当 PS=0 时，设置串行口为低优先级中断。

PT1：T1 中断优先级选择位。

当 PT1=1 时，设置定时器 T1 为高优先级中断；当 PT1=0 时，设置定时器 T1 为低优先级中断。

PX1：外部中断 1 中断优先级选择位。

当 PX1=1 时，设置外部中断 1 为高优先级中断；当 PX1=0 时，设置外部中断 1 为低优先级中断。

PT0：T0 中断优先级选择位。

当 PT0=1 时，设置定时器 T0 为高优先级中断；当 PT0=0 时，设置定时器 T0 为低优先级中断。

PX0：外部中断 0 中断优先级选择位。

当 PX0=1 时，设置外部中断 0 为高优先级中断；当 PX0=0 时，设置外部中断 0 为低优先级中断。

当系统复位后，IP 全部清 0，将所有中断源设置为低优先级中断。

4. 中断响应

中断响应是在满足 CPU 的中断响应条件后，CPU 对中断源中断请求的回答。在这一阶段，CPU 要完成执行中断服务以前的所有准备工作，包括保护断点和把程序转向中断服务程序入口地址。计算机在运行时，并不是任何时刻都会去响应中断请求，而是在中断响应条件满足之后才会响应。

（1）CPU 中断响应条件

有中断源发出中断请求；中断总允许 EA=1，即 CPU 允许所有中断源申请中断。申请中断的中断源的中断允许控制位为 1，即此中断源可以向 CPU 申请中断。

（2）中断响应过程

如果中断响应条件满足，且不存在中断阻断的情况，则 CPU 将响应中断。在 8051 单片机的中断系统中有 2 个优先级状态触发器，即高优先级状态触发器和低优先级状态触发器。这 2 个触发器是由硬件自动管理的，用户不能对其进行编程。当 CPU 响应中断时，它首先使优先级状态触发器置位，这样可以阻断同级或低级的中断；然后，中断系统自动把断点地址压入堆栈保护，再由硬件执行一条长调用指令将对应的中断入口地址装入程序计数器 PC，使程序转向该中断入口地址，并执行中断服务程序。

（3）中断处理

中断处理程序从入口地址开始执行，直到返回指令 RETI 为止，这个过程称为中断处理。此过程主要用于处理中断源的请求，但由于中断处理程序是由随机中断事件引起的实时响应，从而使得它与一般的子程序存在一定差别。

（4）中断返回

中断返回是指中断服务完成后，计算机返回到断点，继续执行原来的程序。中断返回由专门的中断返回指令 RETI 实现。该指令的功能是将断点地址取出，送回到程序计数器 PC 中。另外，它还通知中断系统已完成中断处理，清除优先级状态触发器，并使部分中断源标志清 0。

5.6 定时器/计数器

5.6.1 定时器/计数器的基本结构

8051 单片机内有 2 个 16 位定时器/计数器，分别为 T0 和 T1。T0 和 T1 有两种功能：定时和计数。T1 还可以作为串行接口的波特率发生器。

计数功能启动后，对外部输入脉冲（负跳变）进行加 1 计数。计数器加满溢出时，将中断标志位 TF0/TF1 置 1，向 CPU 申请中断。计数脉冲个数=溢出值−计数初值。

定时功能启动后，开始定时，定时时间到，中断标志位 TF0/TF1 自动置 1，向 CPU 申请中断。

定时功能也是以计数方式来工作的，此时是对单片机内部的机器周期进行加 1 计数。

定时时间=（溢出值−计数初值）×机器周期

定时器/计数器由高 8 位和低 8 位两个寄存器组成（T0 包括 TH0 和 TL0 组成，T1 包括 TH1 和 TL1）。相关的还有用于定义计数器工作方式及控制功能的 TMOD 方式寄存器、TCON 控制寄存器。定时器/计数器 T1 的结构与 T0 相同。

1. 加法计数器 TLx、THx

16 位加 1 计数器由两个 8 位特殊功能寄存器（TLx、THx）组成。提供给加 1 计数器的信号有两个来源：作为定时器时，加法器对内部机器周期脉冲计数；作为计数器时，加法器对引脚 P3.4/P3.5 输入的下降沿信号计数。加法计数器的初始值可由程序设定，设置不同值，则定时器/计数器范围不同，并且加法计数器的内容可通过程序读到 CPU 中。

2. 方式寄存器 TMOD（89H）

TMOD 是一个 8 位的特殊功能寄存器，对应的地址是 89H，不能进行位寻址。

B7	B6	B5	B4	B3	B2	B1	B0
GATE	C/$\overline{\text{T}}$	M1	M0	GATE	C/$\overline{\text{T}}$	M1	M0

TMOD 寄存器内容分两部分，B7～B4 高 4 位控制定时器/计数器 1，B3～B0 低 4 位控制定时器/计数器 0。门控位 GATE 为 1 时，由外部中断引脚 INT0、INT1 和控制寄存器的 TR0、TR1 来启动定时器。GATE=0 时，仅由 TR0、TR1 置位分别启动定时器 T0、T1。C/$\overline{\text{T}}$ 定时/计数工作方式选择位。置 1 时选择计数功能，清零时选择定时功能。M1M0 工作方式选择位。有 4 种工作方式和 M1、M0 对应，见表 5-14。

表 5-14 工作方式选择

M1	M0	工作方式	功能说明
0	0	方式 0	13 位定时器/计数器
0	1	方式 1	16 位定时器/计数器
1	0	方式 2	自动装入 8 位定时器/计数器
1	1	方式 3	T0/C0 分成两个 8 位定时器/计数器

3. 控制寄存器 TCON（88H）

TCON 是一个 8 位的特殊功能寄存器，对应的地址为 88H，可位寻址。

控制字的格式和含义如下所示：

B7	B6	B5	B4	B3	B2	B1	B0
TF1	TR1	TF0	TR0	IE1	IT1	IE0	IT0

TF0（TF1）——计数溢出标志位，当计数器计数溢出时，该位由硬件置 1。当转向中断服务程序时，由硬件自动清 0。软件查询时，用软件清 0。

TR0（TR1）——定时器运行控制位。当 TR0（TR1）＝0 停止定时器/计数器。当 TR0（TR1）＝1 启动定时器/计数器。

IE0（IE1）——外部中断请求标志位。当 CPU 采样到 P3.2（P3.3）出现有效中断请求时，此位由硬件置 1。在中断响应完成后转向中断服务时，再由硬件自动清 0。

IT0（IT1）——外部中断请求信号方式控制位。当 IT0（IT1）＝1 时为脉冲信号方式（后沿负跳有效）。当 IT0（IT1）＝0 时为电平信号方式（低电平有效），此位由软件置 1 或清 0。

5.6.2 定时器/计数器的工作方式

通过编程对特殊寄存器 TMOD 中的 M1、M0 设置，可对定时器/计数器 0、1 的四种工作方式进行选择，其中 T0 有四种工作方式，T1 有三种工作方式。在同一种工作方式中，定时器/计数器 0 或 1 的功能结构完全相同。下面以 T0/C0 为例介绍四种工作方式的特点。

1. 工作方式 0——13 位计数器方式

当 M1M0 被设置为 00 时，定时器/计数器被设置为工作方式 0。以 T1 为例，定时器/计数器的结构如图 5-29 所示。在方式 0 工作方式下，为 13 位计数器，由 TLx 的低 5 位和 THx 的高 8 位构成。TLx 低 5 位溢出则向 THx 进位，THx 计数溢出则把 TCON 中的溢出标志位 TFx 置 1，溢出值为 $2^{13}=8192$。

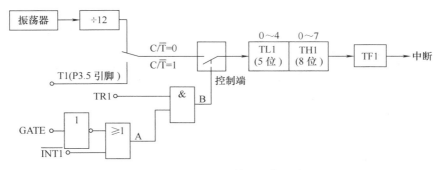

图 5-29　定时器/计数器工作方式 0

2. 工作方式 1——16 位计数器方式

当 M1M0 被设置为 01 时，定时器/计数器被设置为工作方式 1。以 T1 为例，定时器/计数器的结构如图 5-30 所示，为 16 位计数器，溢出值为 $2^{16}=65536$。

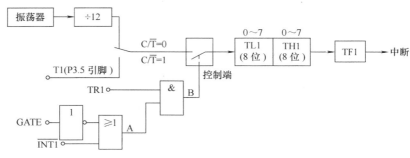

图 5-30　定时器/计数器工作方式 1

3. 工作方式 2——8 位自动重装初值方式

当 M1/M0 被设置为 10 时，定时器/计数器被设置为工作方式 2。工作方式 2 是将 16 位寄存器的高低 8 位分成两部分。16 位计数器只用了 8 位来计数，用的是 TL0（或 TL1）的 8 位来进行计数，而 TH0（或 TH1）用于保存初值。当 TL0（或 TL1）计满时则溢出，一方面使 TF0（或 TF1）置位，另一方面溢出信号又会触发三态门，使三态门导通，TH0（或 TH1）的值就自动装入 TL0（或 TL1），溢出值是：$2^8=256$。以 T1 为例，图 5-31 进行了说明。

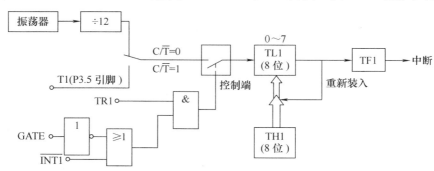

图 5-31　定时器/计数器工作方式 2

4. 工作方式 3——T0 分成两个独立的 8 位计数器方式

当 M1M0 被设置为 11 时，定时/计数器被设置为工作方式 3。方式 3 只有定时器/计数器

T0 才有，定时器/计数器 T0 被分为两个部分 TL0 和 TH0，其中，TL0 可作为定时器/计数器使用，占用 T0 的全部控制位：GATE、C0/T0、TR0 和 TF0；而 TH0 固定只能作定时器使用，对机器周期进行计数，这时它占用定时器/计数器 T1 的 TR1 位、TF1 位和 T1 的中断资源。

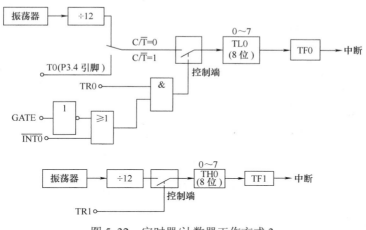

图 5-32　定时器/计数器工作方式 3

5.6.3　定时器/计数器的应用举例

如图 5-33 所示，请用 AT89S51 单片机控制 8 盏 LED 小灯 L0，L1，…，L7，其中 P1.0 口～P1.7 口分别通过非门 74LS14 接这 8 盏 LED 小灯，470Ω 是限流电阻阻值，要求每隔 0.1s 轮流点亮一盏发光二极管。晶振频率 $f_{osc}=6MHz$。程序分析：

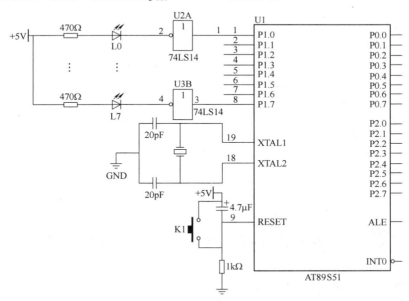

图 5-33　单片机流水灯电路

1. 定时器/计数器的初始化编程

（1）选择工作方式（TMOD）

以最长定时时间为依据，工作方式选择方式 1，功能为定时功能。即：

$$（TMOD）= 0000\ 0001B$$

（2）计算计数初值

机器周期 $T=12/f_{osc}= 12/（6×10^6Hz）=2\mu s$

$$初值=溢出值-定时时间/机器周期$$
$$=2^{16}-0.1s/2\mu s$$
$$=15536$$
$$=3CB0H$$

（3）（IE）设置，开中断：EA=1；定时中断 1 允许：ET1=1

（4）启动（TCON）：TR1=1

2．定时控制程序（中断服务程序）

T1 工作于重复定时状态，需要在溢出时重装初值。

程序清单：

```
        ORG  0000H
        LJMP  MAIN
        ORG  001BH
        LJMP  T0INT
        ORG  0100H
MAIN:MOV TMOD,#01H              ;方式控制字
        MOV TH1,#3CH
        MOV TL1,#0B0H           ;装计数初值
        SETB EA                ;开放 T1 中断
        SETB ET1
        SETB TR1               ;启动 T1
        MOV A,#0FEH
        MOV P1,A
        SJMP $                 ;等待中断
        ORG 0200H
T0INT:MOV TH1 ,#3CH            ;重装初值
        MOV TL1,#0B0H
        RL A
        MOV P1,A
        RETI
```

5.7 A–D 转换电路和 D–A 转换电路

在工业控制和智能化仪器仪表中，需要测量或控制温度、压力、流量、速度等模拟量，这些模拟量要先经过传感器转换为模拟电信号，再由计算机将模拟电信号转换成数字量才能进一步处理，这一转换过程被称为模–数（A–D）转换。计算机运算处理的结果（数字量）有时也需要被转换成模拟量，以便控制被控对象，这一过程被称为数–模（D–A）转换。实现数模转换的电路被称为 D–A 转换器或 DAC。实现模数转换的电路被称为 A–D 转换器或 ADC。ADC 或 DAC 器件都有如下几个重要的参数：

1. 分辨率

DAC 的分辨率表示对微小输入量变化的敏感程度，一般用数字量的位数来表示，位数越多，分辨率越高。如 8 位的 D-A，若输出满刻度值为 10V，则一个最低有效二进制数对应的模拟信号为 39.2mV，占满度值的 0.392%。又如 10 位的 D-A，若输出满刻度值仍为 10V，则一个最低有效二进制数对应的模拟信号为 9.78mV，仅占满度值的 0.0978%。ADC 和 DAC 的分辨率概念类似，位数越多，AD 采样的分辨率越高。

2. 精度

D-A 转换器的精度是指实际输出值与理论输出值之差。A-D 转换器的精度是指实际输出的数字量和理论的输出数字量之差。分辨率高并不等于精度高。

3. 建立时间或转换时间

DAC 转换器的建立时间是指数字变化量为满刻度时，输出模拟量达到稳定值所需的时间。输出是电流型的 D-A 建立时间较短，输出是电压型的 D-A 建立时间较长。ADC 转换器的转换时间是指从转换控制信号到来开始，到输出端得到稳定的数字信号所经过的时间。建立时间越短，转换速度越快。

此外，和 ADC 或 DAC 器件相关的参数还有信噪比、功耗、温度漂移、工作温度、非线性、模拟量输入输出范围等物理参数。

5.7.1 ADC0809 转换芯片

1. ADC0809 的主要特性

ADC0809 为 8 路模拟量输入芯片，转换电压为-5V~+5V，分辨率为 8 位，转换时间为 100μs（当时钟为 640kHz 时），转换绝对误差为±1LSB，单一+5V 供电，28 脚 DIP 结构封装，功耗 15mW。

2. ADC0809 的内部结构及引脚功能

ADC0809 是采用逐次逼近法的 8 位 A-D 转换芯片，其引脚和结构逻辑如图 5-34 所示，它内部除 A-D 转换部分外，还带有锁存功能的八通道多路模拟开关和 8 位三态输出锁存器。

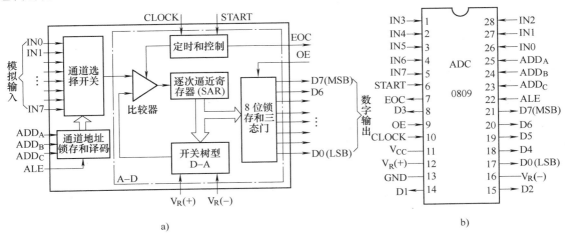

图 5-34 ADC0809 实物及引脚功能图

28 个引脚的功能如下：

IN0～IN7：八个模拟量输入端，允许 8 路模拟量分时输入，共用一个 A–D 转换器。A、B、C：通道端口选择线，C 为高位，地址编码关系如下：

地址编码			被选中的通道
C	B	A	
0	0	0	IN0
0	0	1	IN1
0	1	0	IN2
0	1	1	IN3
1	0	0	IN4
1	0	1	IN5
1	1	0	IN6
1	1	1	IN7

ALE：地址锁存允许，当 ALE 为上升沿时，将地址选择信号 C、B、A 锁入地址寄存器内。

START：启动 A–D 转换，当 START 信号为上升沿时，开始 A–D 转换。

EOC：转换结束信号，当 A–D 转换完毕之后，该端信号由低电平跳转为高电平。

OE：输出允许信号，高电平有效。此信号用以打开三态输出锁存器，将 A–D 转换后的 8 位数字量输出至单片机的数据总线上。

CLOCK：定时时钟输入端，最高允许频率为 640kHz，转换一次最短时间为 100μs。

D7～D0：数字量输出端。

V_R（+）和 V_R（-）：参考电压端，一般 V_R（+）= 5V，V_R（-）=0V。

V_{CC}、GND：+5V 电源及地。图 5-35 为 ADC0809 的工作时序图。

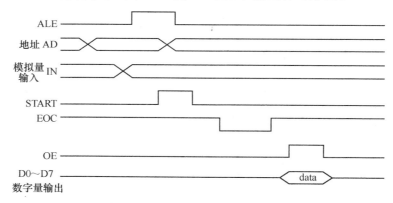

图 5-35 ADC0809 的工作时序图

ADC0809 转换结果可依据公式 $D=255V_i/V_{R(+)}-V_{R(-)}$ 计算。

式中，V_i 为模拟输入量，D 为十进制数字量输出，V_R 是外部参考电源输入端，一定要用精密的参考电源作为输入。ADC0809 与 MCS-51 单片机的电路连接主要涉及两个问题：一个是 8 路模拟信号通道的选择，二是 A–D 转换完成后转换数字量的传送。

（1）8 路模拟通道选择

如图 5-36 所示模拟通道选择信号 A、B、C 分别接最低三位地址 A0、A1、A2（即 P0.0、

P0.1、P0.2），而地址锁存允许信号 ALE 由 P2.5 控制（A13），则 8 路模拟通道的地址为 DFF8H～DFFFH。从图中可以看到，把 ALE 信号与 START 信号接在一起了，这样连接使得在信号的前沿写入（锁存）通道地址，紧接着在其后沿就启动转换。图 5-37 是有关信号的时序图。启动 A–D 转换只需要一条 MOVX 指令。在此之前，要将 P2.5 清零并将最低三位与所选择的通道对应的口地址送入数据指针 DPTR 中。例如要选择 IN0 通道时，可采用如下两条指令，即可启动 A–D 转换：

```
MOV DPTR , #0DFF8H ;送入 0809 的口地址
MOVX @DPTR , A     ;启动 A–D 转换（IN0）
```

注意：此 A 的内容与 A–D 转换无关，可为任意值。

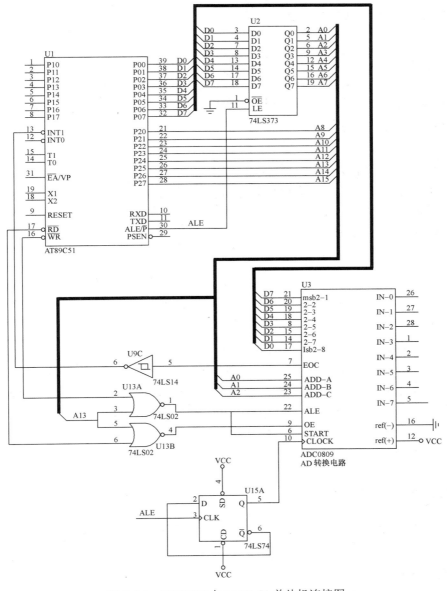

图 5-36　ADC0809 与 MCS-51 单片机连接图

（2）转换数据的传送

A–D 转换后得到的数据应及时传送给单片机进行处理。数据传送的关键是如何确认 A–D 转换已经完成，因为只有确认完成后才能进行传送。为此可采用下述三种方式：

1）定时传送方式

对于一种 A–D 转换器来说，转换时间作为一项技术参数是已知且固定的。例如，当 ADC0809 的转换时间为 128μs 时（时钟为 500kHz 左右），相当于 6MHz 振荡周期的 MCS-51 单片机的 64 个机器周期。因此 A–D 转换启动后可调用一个延时子程序，延迟时间一到，转换肯定已经完成了，接着就可进行数据传送。

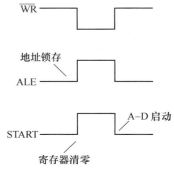

图 5-37　ADC0809 信号的时序图

2）查询方式

A–D 转换芯片有表明转换完成的状态信号，例如 ADC0809 的 EOC 端。因此可以查询测试 EOC 的电平状态来确定转换是否完成，如果转换完成，则进行数据传送。

3）中断方式

把表明转换完成的状态信号（EOC）作为中断请求信号，以中断方式进行数据传送。中断方式的实时性高，常常用在实时控制场合。

不管用哪种方式，只要一旦确定转换完成，即可通过指令进行数据传送。首先送出口地址并且在信号有效时，OE 信号（图 5-36 中 U3 引脚 9）有效，把转换数据送上数据总线，供单片机接收。所用的指令为 MOVX 读指令：

```
MOV DPTR,#0DFF8H
MOVX A,@DPTR
```

该指令在送出有效口地址的同时，A13 为低电平，同时 $\overline{RD}$ 为低电平，经两输入或非门 74LS02（U13B）后为高电平，使 0809 的输出允许 OE 有效，使转换后的数据通过数据总线送入累加器 A 中。

需要说明的是，ADC0809 的三个地址端 A、B、C 既可如前所述与地址线相连，也可与数据线相连，例如与 D0、D1、D2 相连。这时启动 A–D 转换的指令与上述类似，只不过 A 的内容不能为任意数，而必须和所选输入通道号 IN0～IN7 相一致。例如当 A、B、C 分别与 D0、D1、D2 相连时，启动 IN7 的 A–D 转换指令如下：

```
MOV DPTR,#0DFFFH      ;送入 0809 的口地址
MOV A,#07H            ;D2D1D0=111 选择 IN7 通道
MOVX @DPTR,A          ;启动 A–D 转换
```

5.7.2　ADC0809 应用举例

对 8 路模拟信号轮流采样一次，并将转换结果分别存入内部 RAM 以 DATA 为起始地址的 8 个连续单元中，采用三种方式的具体程序如下：

1. 延时等待方式：

```
MAIN:MOV  R1, #DATA          ;置数据区首地址
     MOV  DPTR,#0DFF8H        ;P2.5=0,且指向 IN0 通道
```

```
        MOV  R7,#8H              ;总查询通道数
READ:MOVX @DPTR,A               ;启动 A-D 转换
     LCALL DELAY                ;调延时 100μs 子程序
     MOVX  A,@DPTR             ;转换结束,读入转换结果
     MOV  @R1,A                ;存入内部 RAM 存储区
     INC  DPTR                 ;指向下一个通道
     INC  R1                   ;修改存储指针
     DJNZ R7,READ              ;8 个通道是否转换完成
     LOOP:JMP  LOOP             ;全部通道转换完毕
DELAY:
LOOP:   MOV  R6 , #0AH
        NOP                     ;延时一个机器周期,2μs
        NOP
        NOP
        NOP
        NOP
        DJNZ  R6,LOOP            ;循环 10 次
        RET
```

2. 查询方式:

```
MAIN:MOV  R1, #DATA            ;置数据区首地址
     MOV  DPTR,#0DFF8H         ;P2.5=0,且指向 IN0 通道
     MOV  R7,#8H               ;总查询通道数
READ:MOVX @DPTR,A               ;启动 A-D 转换
WAIT:JB  P3.3,WAIT             ;查询 A-D 转换结束否
     MOVX A,@DPTR             ;转换结束,读入转换结果
     MOV @R1,A                ;存入内部 RAM 存储区
     INC  DPTR                 ;指向下一个通道
     INC  R1                   ;修改存储指针
     DJNZ R7,READ              ;8 个通道是否转换完成
     LOOP:JMP  LOOP             ;全部通道转换完毕
```

3. 中断方式:

```
        ORG   0000H
        AJMP  MAIN
        ORG   0013H
        AJMP  PINT1
        ORG   0100H
MAIN:   MOV   R0,#DATA           ;主程序
        MOV   R2, #08H
        SETB  IT1                ;边沿触发
        SETB  EA                 ;开中断
        SETB  EX1                ;外部中断 1 允许
        MOV   DPTR, #0DFF8H
        MOVX  @DPTR, A
```

```
                SJMP     $                    ;原地等待中断

                ORG      0200H                ;中断处理程序
    PINT1:      PUSH     PSW                  ;寄存器入栈保护
                PUSH     ACC
                MOVX     A, @DPTR
                MOV      @R0, A
                INC      R0
                INC      DPTR
                DJNZ     R2, NEXT
                CLR      EX1
                SJMP     DONE
    NEXT:       MOVX     @DPTR, A             ;再次启动
                POP      ACC
                POP      PSW                  ;寄存器出栈
    DONE:       RETI
                END
```

5.7.3 DAC0832 转换芯片

DAC0832 是 8 位分辨率的 D–A 转换芯片，有接口简单、转换控制容易等优点，在单片机应用系统中应用广泛。

1. DAC0832 结构特点

DAC0832 内部由 1 个 8 位输入寄存器、1 个 8 位 DAC 寄存器和一个 8 位 D–A 转换器组成。每次输入数字为 8 位二进制数，转换时间为 1μs；数据输入有直通、单缓冲、双缓冲三种方式；单一电源供电 +5V～+15V；输出电流线性度可在满量程下调节；功耗为 20mW。

各引脚含义如下：

ILE：数据锁存允许信号，高电平有效。

$\overline{CS}$：输入寄存器选择信号，低电平有效。

$\overline{WR1}$：输入寄存器的写选通信号，低电平有效，由控制逻辑可以看出，当 $\overline{CS}$ 为低电平，ILE 为高电平，$\overline{WR1}$ 有效时，输入数据 D0～D7 被锁存到输入寄存器。

$\overline{XFER}$：数据传送信号输入端，低电平有效。

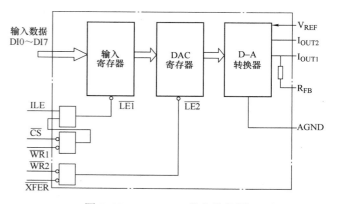

图 5-38　DAC0832 芯片结构图

$\overline{WR2}$：DAC 寄存器的写选通信号，负脉冲有效（脉冲宽度大于 500ns），当 $\overline{XFER}$ 为 "0" 且 $\overline{WR2}$ 有效时，输入寄存器的状态被传送到 DAC 寄存器中。

D0～D7：数字量输入线。

V_{REF}：基准电压输入端，可在-10～+10V 范围内调节。

R_{FB}：反馈电阻端，芯片内此端与 I_{OUT1} 之间已有反馈电阻 15kΩ。

I_{OUT1} 和 I_{OUT2}：电流输出端，I_{OUT1} 与 I_{OUT2} 的和为常数，I_{OUT1} 随 DAC 寄存器的内容线性变化，当输入全为"1"时，电流最大。在单极性输出时，I_{OUT2} 通常接地，在双极性输出时接运放，在 8031 应用时需外接运算放大器使之成为电压型输出。

V_{CC}：工作电源，一般为+5～+15V。

DGND：数字信号参考地，为工作电源和数字逻辑地。

AGND：模拟信号参考地。

2. 工作方式

根据 DAC0832 的输入寄存器和 DAC 寄存器的不同控制方法，DAC0832 有如下 3 种工作方式：

（1）单缓冲方式

单缓冲方式是控制输入寄存器和 DAC 寄存器同时接收数据或者只用输入寄存器而把 DAC 寄存器接成直通方式。此方式适用于只有一路模拟量输出或几路模拟量异步输出的场合。

（2）双缓冲方式

双缓冲方式是先使输入寄存器接收数据，再控制输入寄存器的输出数据到 DAC 寄存器，即分两次锁存输入数据。此方式适用于多个 D–A 转换同步输出的场合。

（3）直通方式

直通方式是数据不经两级锁存器锁存，即 $\overline{CS}$、$\overline{XFER}$、$\overline{WR1}$、$\overline{WR2}$ 均接地，ILE 接高电平。此方式适用于连续反馈的控制线路，但在使用时必须通过另加 I/O 接口与 CPU 连接，以匹配 CPU 与 D–A 转换。

5.7.4 DAC0832 应用举例

【例 1】 要求用 80C51 单片机和 DAC0832 在单缓冲工作方式下设计一个三角波信号发生器。

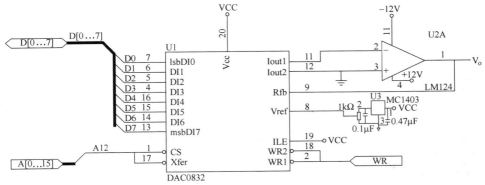

图 5-39 DAC0832 单缓冲方式原理图

图 5-39 中，ILE 接 VCC（+5V），片选信号 $\overline{CS}$ 和数据传送信号 $\overline{XFER}$ 都连接到 P2.4（高位地址线 A12）上，因此地址总线 A15A14A13A12 A11A10A9A8 A7A6A5A4 A3A2A1A0 对应的二进制地址为 1110 1111 1111 1111，因此 DAC0832 的地址为 EFFFH。写选通信号 $\overline{WR1}$

和 $\overline{WR2}$ 都和单片机的写信号 $\overline{WR}$ 连接，则单片机对地址 EFFFH 每执行一次写操作，就把一个 8 位数据直接写入 DAC 寄存器，0832 的模拟信号输出相应跟着变化。

DAC0832 的基准电压输入端接 MC1403 的分压输入。MC1403 是一种电压参考器件，输入电压 4.5～15V，输出电压 2.475～2.525V（2.5V±1%），最大输出电流 10mA，具有温度系数小、噪声小、输出电压值准确度较高的特点。如果用电位器进行分压输出，需要采用精密的电位器。如果需要更精密的基准电源，则可采用相应的电压参考器件的直接电压输出。程序段为

```
        ORG  1000H
START:  MOV  DPTR, #0EFFFH
        MOV  A, # Value1          ;最小值
UP:     MOVX @DPTR, A
        INC  A
        CJNE A,# Value2 , UP      ;最大值
DOWN:   DEC  A
        MOVX @DPTR, A
        CJNE A, # Value1, DOWN
        SJMP UP
```

【例2】 请用双缓冲工作方式实现 2 片 DAC0832 的同步 D-A 输出。

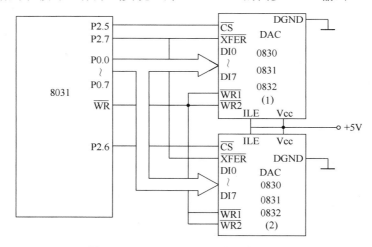

图 5-40 DAC0832 双缓冲方式原理图

当 P2.5 为低电平时，第 1 片的输入锁存器的地址为 0DFFFH；当 P2.6 为低电平时，第 2 片的输入锁存器的地址为 0BFFFH；当 P2.7 为低电平时，两片的 DAC 寄存器的地址都为 7FFFH。两片 DAC0832 同步输出的相应控制软件分为以下三步：

（1）将待转换的第一个数据 NNH 送第 1 片 DAC0832 的输入锁存器。

```
MOV  DPTR, #0DFFFH
MOV  A, #0NNH
MOVX @DPTR, A
```

（2）将待转换的第二个数据 MMH 送入第 2 片 DAC0832 的输入锁存器。

```
MOV  DPTR, #0BFFFH
MOV  A, #MMH
MOVX @DPTR, A
```

（3）将分别锁存在两个输入寄存器中的数据 NN 和 MM 同时送入各自的 DAC 寄存器进行转换。

```
MOV  DPTR, #7FFFH
MOVX @DPTR, A                    ;    A 的内容无关紧要
```

5.8　人机交互接口

人机交互接口是指人与计算机之间建立联系、交换信息的输入/输出设备的接口，这些设备包括键盘、显示器、打印机、鼠标等。键盘是单片机系统中完成控制参数输入及修改的基本输入设备，是人工干预系统的重要手段。键盘的分类按键值编码方式分为编码键盘与非编码键盘。按键组连接方式分为独立式连接键盘与矩阵式连接键盘。针对编码键盘，键闭合的识别由专用的硬件译码器实现（含消抖），并可产生键值。其特点是增加了硬件开销，编码因选用器件而异，编码固定，但编程简单，适用于规模大的键盘。针对非编码键盘，键闭合的识别以及产生键值均由软件完成。单片机系统多采用非编码键盘，采用软件编/译码的方式，通过扫描，对每个被按下的键进行判别，输出相应的键码或键值。其特点是不增加硬件开销，编码灵活，适用于小规模的键盘，特别是单片机系统，但编程较复杂，占 CPU 时间，还需软件"消抖"。

5.8.1　键盘接口

1. 独立式键盘和矩阵式键盘

如图 5-41a 所示，所谓独立连接键盘，即一根输入线对应一个按键。每个键相互独立，各自与一条 I/O 线相连，CPU 可直接读取该 I/O 线的高/低电平状态。其特点是占用 I/O 口线多，但按键的判断速度快，多用于设置键、控制键或功能键等，适用于键数少的场合。

如图 5-41b 所示，所谓矩阵连接键盘，即按键按矩阵式排列，各键处于矩阵行/列的节点处，CPU 通过对连在行（列）的 I/O 线送出已知的电平号，然后读取列（行）线的状态信息。通过逐线扫描，得出键码。其特点是键多时占用 I/O 口线少，但按键判断速度较慢，多用于设置数字键，适用于键数多的场合。

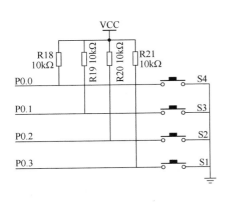

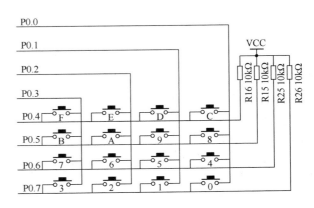

a) 独立式键盘　　　　　　　　　　　　　　b) 矩阵式键盘

图 5-41　独立式键盘及矩阵式键盘接口电路

图 5-41b 中，每一水平线（行线）与每一垂直线（列线）的交叉处不相通，而当某一键按下，则该键对应的行线和列线被短接，即行线电平状态由与此行线相连的列线电平确定。利用 N 个行线和 M 个列线即可组成 $N×M$ 个键的键盘。图 5-41b 中组成了 4×4 键盘。

2. 独立连接键盘的按键处理

针对图 5-41a 所示的独立连接键盘，键盘处理程序如下：

```
KEYIN:  MOV DPTR, #7FFFH       ;假设键盘地址为 7FFFH
        MOVX A, @DPTR          ;读键盘
        ANL A,#0FH             ;屏蔽高四位
        MOV R4,A
        LCALL DELAY20ms        ;延时 20ms
        MOVX A, @DPTR          ;重读键盘
        ANL A,#0FH
        CJNE A,R4,PASS         ;不等则为抖动
        JNB ACC.0,KEY1         ;按键处理,KEY1～KEY4 为按键 1～4 的处理程序
        JNB ACC.1,KEY2
        JNB ACC.2,KEY3
        JNB ACC.3,KEY4
```

3. 按键的防抖处理

机械开关有抖动问题，上例中采用了软件延时消抖的方法进行了处理。当一个机械开关被切换到闭合状态时，一个触点被移动到另一个触点，由于与触点相连的接触元件是弹性的，所以它碰到另一个触点的同时会发生抖动。在大约 20ms 后达到稳定的闭合状态前，它可能会跳动许多下（不同的开关的抖动时间不同，具体的稳定时间与开关的机械特性有关）。在跳动过程中的每一次接触都可以认为是一次独立的接触，因此，对于微处理器来说，可能会误认为发生了两次或者更多次的开关动作。类似的，当机械开关打开时，也会发生跳动。为了解决这个问题可以采用软件和硬件的防抖方法。

图 5-42　按键抖动波形图

用软件处理时，对于由常开到闭合的开关，单片机可以通过编程等待 20ms 后再检测开关是否闭合。当检查到跳动已经停止，且处于相同的闭合位置后，接下来的按键处理程序就可以开始执行了。当延时结束后按键处于常开的位置，则不进行任何按键处理。

硬件的解决方法是使用触发器。图 5-43a 是一个使用 RS 触发器给单刀双掷开关消抖的电路。图中，我们把 $\bar{S}$ 设为 0，$\bar{R}$ 为 1，输出 Q 为 0，当开关被移到下面的位置，这样 $\bar{S}$ 变为 1，$\bar{R}$ 变为 0，输出为 1。抖动使开关离开 A 还没到 B 的瞬间，$\bar{S}$ 和 $\bar{R}$ 均为 1，触发器保持，输出 Q 不变。因此，$\bar{S}$ 从 1 到 0 到 1 再到 0，输出没有变化。这样的一个触发器能够由两个 NOR 门（或非门）或者两个 NAND 门（与非门）组成。一个单刀双掷开关也可以使用 D 触发器消抖。图 5-43b 给出了电路。这样的触发器的输出只有当时钟信号变化时发生改变。因此可以选择一个比跳动时间还长的时钟周期，例如 20ms，跳动就可以消除了。

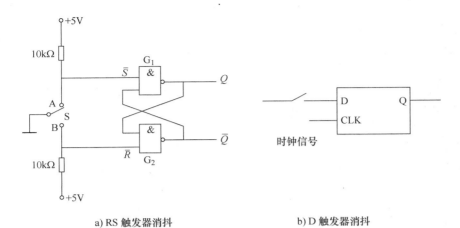

a) RS 触发器消抖   b) D 触发器消抖

图 5-43   开关消抖的方法

还有一种选择消抖的方法是使用施密特触发器（Schmitt Trigger）。这个器件存在的磁滞特性如图 5-44a 所示。当输入电压超过上切换阈值 U_{T+}，且给出低电平输出时，在输出电压转到高电平之前，输入电压需要降到更低的阈值 U_{T-} 以下。相反，当输入电压处于低的切换阈值以下，且给出高电平输出时，在输出变为低之前，输入需要升到高阈值之上。这样的器件能够使缓慢变化的信号锐化：当信号通过切换阈值时，它会变为两个逻辑电平之间定义的一个直角边沿。图 5-44b 所示的电路能够用于消抖，当开关 S 打开时，电容充电，最高充到+5V，输出 v_0 变为低电平。当开关 S 闭合时，电容通过开关 S 到地迅速放电到 0V，输出 v_0 变为高电平。因时间常数 RC 足够大，开关的抖动使得电容没有时间再充电到需要的阈值电压以上，使得输出 v_0 保持为高电平。这样的抖动就不会触发施密特触发器，从而消除抖动，只要开关闭合一次，只会得到一个输出脉冲。

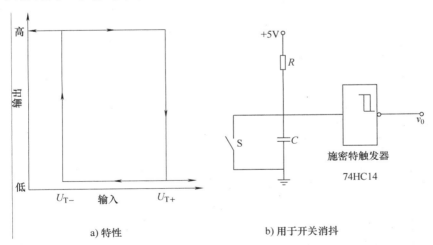

a) 特性   b) 用于开关消抖

图 5-44   施密特触发器

4. 矩阵式键盘的按键处理

（1）键盘扫描子程序完成的功能如下：

1）判断键盘上有无键按下。

2）去除键的机械抖动影响。

3）求按下键的键号。

4）键闭合一次仅进行一次键功能操作。

（2）如何确定是否有键按下

把全部列线置为低电平，然后将行线的电平状态读入寄存器 A 中，如有键按下，则至少有一根行线为低电平，从而使行输入不全为 1。

（3）如何确定是哪个键按下

下面介绍扫描法：

逐列置低电平后，检查行输入状态，所按下的键必是与 0 电平行线相交的那个键。

图 5-41b 中，当采用扫描法时，P0.0、P0.1、P0.2、P0.3（A0A1A2A3）作为列扫描输出信号，P0.4、P0.5、P0.6、P0.7（A4A5A6A7）作为行输入信号。

①判断有无键按下

P0.0～P0.3 口输出 0000B，P0.4～P0.7 口输入行状态信号，若行状态不等于 1111B，则有键按下。

②去抖动

延时 10～20ms 后再判断有无键按下。

③再确认哪个键被按下及其键号。

输出下列扫描字：

A7	A6	A5	A4	A3	A2	A1	A0		
X	X	X	X	1	1	1	0	→	XEH
X	X	X	X	1	1	0	1	→	XDH
X	X	X	X	1	0	1	1	→	XBH
X	X	X	X	0	1	1	1	→	X7H

输入行状态，可能为下列之一：

A7	A6	A5	A4	A3	A2	A1	A0		
1	1	1	0	X	X	X	X	→	EXH
1	1	0	1	X	X	X	X	→	DXH
1	0	1	1	X	X	X	X	→	BXH
0	1	1	1	X	X	X	X	→	7XH

则每个键的键值（列-行组合）：

XEEXH	XDEXH	XBEXH	X7EXH
XEDXH	XDDXH	XBDXH	X7DXH
XEBXH	XDBXH	XBBXH	X7BXH
XE7XH	XD7XH	XB7XH	X77XH

确定每个键的键号，图 5-41b 中为 0、1、2、3、4、…、E、F。

（4）判断按键是否释放（以防止重复进行键处理）

CPU 对键的一次闭合仅做一次处理，采用的方法是等待键释放后，再将键值送入累加器 A 中。

另外除了上面介绍的扫描法，下面介绍一下反转法，只要经过两个步骤就可获得键值。

①将行线作为输入线，列线作为输出线，并使输出线全为 0，则由高电平变为低电平的列即为按键所在的列。

②将列线作为输入线，行线作为输出线，并使输出线全为 0，则由高电平变为低电平的

行即为按键所在的行。

③第一步读的列线值与第二步读的行线值相加（指拼接），从而得到代表此键的唯一的特征值。

5. 键盘处理的控制方式

CPU 必须每隔一定的时间对键盘进行一次处理（扫描）。实现的方法主要有三种：

（1）程控扫描法

在程序中每隔一定的时间安排一次调用键盘处理子程序。

（2）定时扫描法

由定时器产生定时中断，CPU 响应中断后在定时中断服务程序中执行键盘处理程序。

（3）中断扫描法

当键盘上有键闭合时产生中断请求，CPU 在响应中断并执行中断服务程序时，进行键盘的处理。

5.8.2　显示

单片机在测控应用领域中，需要对现场信息及控制参数进行显示。最常用的显示器有发光二极管显示器（LED）和液晶显示器（LCD）。下面主要介绍 LED 数码显示器及其接口电路。

1. LED 显示器原理

LED 数码管由 8 个发光二极管组成，其中 7 个按"8"字型排列，另一个发光二极管为圆点形状，位于右下角，常用于显示小数点。当发光二极管导通时，相应的一段笔划或点就发亮，从而形成不同的发光字符。加在每段上的电压可以用数字量表示，此 8 位数字量称为字形代码，又称段选码。

数字量的位与段符号的对应关系如下：

```
D7 D6 D5 D4 D3 D2 D1 D0
dp  g  f  e  d  c  b  a
```

段选码与显示字符的对应关系见表 5-15。同一个字符的共阴极接法和共阳极接法（见图 5-45）的段选码具有按位取反的关系。

表 5-15　常用字形码表

字符	段选码（共阳）	段选码（共阴）	字符	段选码（共阳）	段选码（共阴）
0	C0H	3FH	A	88H	77H
1	F9H	06H	B	83H	7CH
2	A4H	5BH	C	C6H	39H
3	B0H	4FH	D	A1H	5EH
4	99H	66H	E	86H	79H
5	92H	6DH	F	8EH	71H
6	82H	7DH	P	8CH	73H
7	F8H	07H	y	91H	6EH
8	80H	7FH	–	BFH	40H
9	90H	6FH	暗	FFH	00H

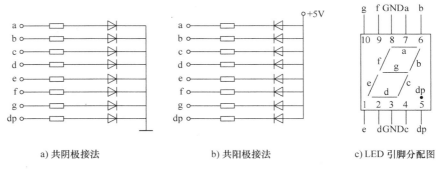

a) 共阴极接法　　　　　　　b) 共阳极接法　　　　　　c) LED引脚分配图

图 5-45　LED 显示器笔画排列

2. LED 显示器的显示方式

多位 LED 显示器同时工作时，显示方式分为静态显示和动态显示。

（1）静态显示

静态显示时，多位 LED 同时点亮。每段 LED 流过恒定的电流，段驱动电流约为 6～10mA。每位 LED 数码显示器都需一个数据锁存器，数据更新时，只需传送一次。主要优点是编程简单，主要缺点是成本较高，适用于显示位数较少的场合。

（2）动态显示

显示器逐个循环点亮。适当选择扫描速度，利用人眼的"视觉暂留"原理，使所有的数码管看上去是同时点亮的，没有闪烁现象（一般导通时间取 1ms 左右）。多个 LED 数码显示器段选择线并联，共用一个数据锁存器；其位选择线共用另一个数据锁存器，每一瞬间只使某一位字符显示（分时选通），顺序循环执行。主要优点是成本低，主要缺点是编程较复杂，适用于显示位数较多的场合。

3. 动态显示接口电路实例

用 8155 的 PB 口作为段选码的输出，PA 口作为位选码输出，实现单片机的六位 LED 动态显示，LED 显示器 DG0，…，DG5 采用共阴极接法。为了增加驱动能力，同向驱动采用 7407，反向驱动采用 7406。

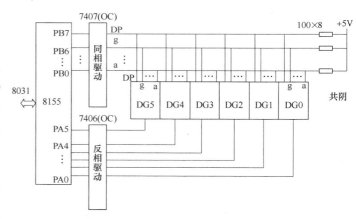

图 5-46　LED 显示器动态显示原理图

设 PA 口、PB 口地址为 7F01H、7F02H，显示缓冲区为片内 RAM 79H～7EH。下列动态显示子程序从最右位到最左位仅显示一遍。要连续显示，则每 10～20ms 调用一次。显示缓冲区中，存有 DG0～DG5 要显示的字符编号，程序段如下：

```
DISPLAY:    MOV   R0,#7EH              ;显示缓冲区末地址送R0
            MOV   R2,#01H              ;指向最右显示位
            MOV   A,R2
LP0:        MOV   DPTR,#7F01H          ;8155A口地址送DPTR
            MOVX  @DPTR,A
```

```
                    INC     DPTR              ;指向 8155B 口地址
                    MOV     A,@R0             ;取显示字符编号
                    ADD     A,#12H            ;加上偏移量(12H=18)
                                              ;18 为下列 11 句所用字节数
                    MOVC  A,@A+PC             ;取出显示字符代码
                    JNB  PSW.5,DIR1           ;不点亮,则转移(3 字节数)
                    SETB  ACC.7              ;DP 亮(ACC.7 为 DP)(2 字节数)
        DIR1:       MOVX  @DPTR,A             ;送出显示代码(PB 口)(1 字节数)
                    ACALL  D1ms              ;延时 1ms(2 字节数)
                    DEC  R0                  ;显示缓冲区地址减(1 字节数)
                    MOV  A,R2                ;(1 字节数)
                    JB  ACC.5,LP1            ;扫描到第六个显示器吗?(3 字节数)
                    RL  A                    ;没有到,则左移一位(1 字节数)
                    MOV  R2,A                ;(1 字节数)
                    AJMP  LP0                ;再显示下一位(2 字节数)
        LP1:        RET                      ;(1 字节数)
                    DB  3FH,06H,5BH,4FH,66H,6DH,7DH,07H,7FH,
                    DB  6FH,77H,7CH,39H,5EH,79H,71H,40H,00H
```

A=字符编码 + 12H ，12H 为地址偏移量，从下一条指令首地址（当前 PC 值）加上 18 个字节，指向 "0" 的显示代码。

5.9 设计与开发工具

5.9.1 单片机应用系统的设计方法和步骤

由于单片机产品多种多样，且任务需求各有不同，因此不同单片机应用的设计方法和步骤会有很大差别。单片机系统开发的基本思路是类似的，一般需要经过方案选择、软硬件设计、仿真调试和产品定型等几个阶段。设计流程如图 5-47 所示。

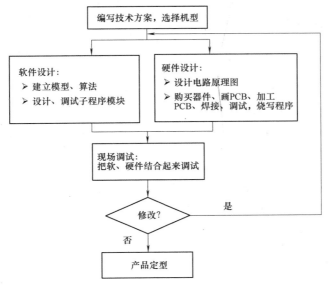

图 5-47 单片机应用系统设计流程

5.9.2　Keil C51 开发工具软件

Keil C51 是目前较为流行的 51 单片机模拟开发工具软件，许多仿真器厂商都支持 Keil C51。对于使用 C 语言进行单片机开发的用户，Keil C51 已成为必备的开发工具。Keil C51 集成开发环境包括：C51 编译器、宏汇编、链接器、库管理和一个功能强大的仿真调试器。在开发应用软件过程中，编辑、编译、汇编、链接、调试等各阶段都集成在一个环境中。

应用 Keil C51 进行单片机应用系统开发，一般要经历以下几个过程：

1）启动 Keil C51 进入集成开发环境。

2）进行应用系统硬件设计或者直接使用现成的电路板。

3）在 Keil C51 集成开发环境下进行程序编辑。

4）把编辑好的程序进行汇编（编译），生成目标代码。

5）通过并口或者串口将计算机和编程器连接在一起，把要编程的 51 芯片置入编程器相应的插槽内。有的开发板集成了编程器的功能，可以直接通过并口或者串口与计算机相连。

6）打开 51 芯片相应的服务程序，经过相关设置将代码下载到芯片中。

7）进行结果观察，反复调试直到达到预期结果。

5.10　本章小结

本章主要介绍了 MCS-51 单片机的内部硬件结构、主要功能、指令系统及汇编语言程序设计。介绍了单片机 C 语言程序设计和数据通信的相关技术，介绍了中断系统、A–D、D–A 转换电路、人机交互接口以及设计与开发工具等内容。

参考文献

[1] 张迎新，等. 单片机初级教程——单片机基础[M]. 2 版. 北京：北京航空航天大学出版社，2006.

[2] 高春甫，王冬云，马继杰，贺新升. 单片机原理及接口技术实用教程[M]. 北京：机械工业出版社，2014.

[3] 马忠梅. 单片机的 C 语言应用程序设计[M]. 5 版. 北京：北京航空航天大学出版社，2013.

[4] 胡汉才. 单片机原理及系统设计[M]. 北京：清华大学出版社，2002.

[5] 彭伟. 单片机 C 语言程序设计实训 100 例——基于 PIC+ Proteus 仿真[M]. 北京：电子工业出版社，2011.

[6] 李朝青. PC 机及单片机数据通信技术[M]. 北京：北京航空航天大学出版社，2000.

[7] 何立民. 单片机高级教程：应用与设计[M]. 北京：北京航空航天大学出版社，2000.

[8] 石东海. 单片机数据通信技术从入门到精通[M]. 西安：西安电子科技大学出版社，2002.

[9] 张毅刚. 单片机原理及应用[M]. 北京：高等教育出版社，2010.

[10] 吴金戌，沈庆阳，郭庭吉. 8051 单片机实践与应用[M]. 北京：清华大学出版社，2002.

[11] 张亚峰. Keil C51 软件使用方法[J]. 电子制作，2011，01：61-65.

[12] 威廉波尔顿. 机械电子学：机械和电气工程中的电子控制系统[M]. 付庄，等译. 北京：机械工业出版社，2014.

[13] 王兰英，居锦武. 单片机 C51 与汇编语言混合调用的实现[J]. 四川理工学院学报，2008，03：57-59.

[14] 张晓华，陈红军，付庄，王卓军.C51 编译器在单片机系统开发中的若干问题[J]. 电子技术应用，1997，05:15-17.

[15] 张毅刚，彭喜元，单片机原理与应用设计[M]. 北京：电子工业出版社，2008.

习 题

5.1　单片机指令系统的一般格式是什么？

5.2　请解释下列语句的含义：

MOVX　A　,　@DPTR

MOV　@Ri，　#data

ADD　A，　@Ri

char data * xdata str

sbit sys_inited=stat_flag3^0

5.3　单片机寻址方式有哪些？

5.4　什么是单片机？请简述单片机的概念。

5.5　请画出单片机的结构框图。

5.6　请说出程序状态字寄存器 PSW 每一位的含义。

5.7　CPU 是由哪两部分组成？每部分的作用是什么？

5.8　C 语言程序由哪几部分组成。

5.9　8051 系列单片机数据的存储分为哪几个区域？各自的寻址方式是什么？

5.10　位地址 7CH 和字节地址 7CH 有何区别？位地址 7CH 具体在内存中什么位置？

5.11　什么是中断？在单片机中，中断能实现哪些功能？

5.12　MCS-51 的中断系统有几个中断源？几个中断优先级？在出现同级中断申请时，CPU 按什么顺序响应（按由高级到低级的顺序写出各个中断源）？定时器的中断源的入口地址是多少？

5.13　8051 单片机中有哪几个中断源？各中断标志是如何产生的？又是如何清 0 的？CPU 响应中断时，中断入口地址各是多少？

5.14　什么是中断优先级？中断优先级处理的原则是什么？优先级要怎么设定？

5.15　中断响应的条件是什么？

5.16　试用中断方法，设计秒、分脉冲发生器。

5.17　什么是串行异步通信？它有哪些特点？有哪几种帧格式？

5.18　某异步通信接口按方式 3 传送，已知其每分钟传送 3600 个字符，计算其传送波特率。

5.19　8051 单片机的串行口由哪些基本功能部件组成？简述工作过程。

5.20　8051 单片机的串行口有几种工作方式？有哪几种帧格式？如何设置不同方式下的波特率？

5.21　已知定时器 T1 设置成方式 2，用作波特率发生器，系统时钟频率为 24MHz，求可能产生的最高和最低的波特率各是多少？

5.22　利用 AT89S51 串行口控制 8 位发光二极管工作，要求发光二极管每隔 1s 交替亮灭，试画出电路图，并编写程序。

5.23　8051 单片机内部有几个定时器/计数器？它们由哪些专用寄存器组成？

5.24　8051 单片机的定时器/计数器有哪几种工作方式？各有什么特点？

5.25 已知 8051 单片机的时钟频率是 12MHz，请编程分别输出 2ms 和 0.5ms 的方波。

5.26 用定时器 T1 产生一个 50Hz 的方波，由 P1.1 输出，使用查询方式，时钟频率为 12MHz。

5.27 已知单片机系统晶振频率为 6MHz，若要求定时值为 10ms 时，定时器 T0 工作在方式 1 时，定时器 T0 对应的初值是多少？TMOD 的值是多少？TH0=？TL0=？

5.28 什么是 A–D 转换？什么是 D–A 转换？

5.29 A–D 转换的精度和分辨率有什么区别？

5.30 ADC0809 转换芯片的结构特点是什么？模拟信号由哪里接入？

5.31 DAC0832 的工作方式有哪几种？分别适用于哪种转换情况？

5.32 消除键盘闭合和断开瞬间抖动的方法有哪些？

5.33 试利用键盘和显示器设计一个秒表，按下按键开始计时，再次按下按键停止计时。

5.34 LED 显示器的显示方式有哪两种？特点分别是什么？

5.35 C 语言和汇编语言进行混合编程有哪些优点？

第6章

机电控制系统设计

6.1 单轴机器人定位系统实例描述

机电控制系统的核心之一是伺服系统，伺服系统通常包括减速器、控制器、检测元件、伺服电动机和驱动器等部件，本章将以单轴机器人伺服定位系统为例讲述机电控制系统的设计方法。

在装配生产线中，常常需要对一个滑块进行精确定位。滑块可由滚珠丝杠带动做垂直上下运动。在本例中，根据如下控制要求合理选择伺服电动机和减速器，并设计一个单轴机器人定位系统：

（1）要求从下向上在 3s 内垂直运动 0.25m，停止并保持 3s，然后返回到起始点（同样要求在 3s 内下降 0.25m），停止并保持 3s。

（2）定位精度 $\Delta_{s_L} = 0.05\text{mm}$

（3）负载质量 $m_L = 20\text{kg}$

（4）最大允许速度 $v_L = 0.1\text{m/s}$

（5）最大允许加速度 $a_{L\max} = 2\text{m/s}^2$

（6）最小允许加速度 $a_{L\min} = 1\text{m/s}^2$

6.2 方案设计

根据控制要求，我们设计了单轴机器人的定位系统结构（见图 6-1）。图中，我们可以选择直流或交流伺服电动机作为执行装置，丝杠滑块齿轮作为传动装置，选用编码器作为检测装置，用驱动器和控制器作为控制系统，从而完成机电控制系统的设计。

6.2.1 丝杠及齿轮选型

首先，根据要求我们先选择滚珠丝杠和直齿轮减速器的型号。本例中，滚珠丝杠可以按以下参数设计选型：

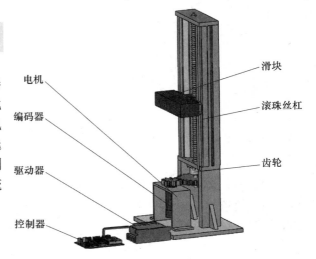

图 6-1 单轴机器人定位系统结构设计

（1）导程 p 5mm

（2）直径 d_{sp} 12mm

（3）丝杠长度 l_{sp} 0.5m

（4）转动惯量 J_{sp} $8.04 \times 10^{-6} \, kg \cdot m^2$

（5）轴承效率 η_{lag} 0.99

（6）螺母效率 η_m 0.9

（7）直线导轨效率 η_{lin} 0.98

（8）总效率 η_{sp} 0.86

（9）直齿轮减速比 i_G 2:1，3:1，4:1，需要根据速度和输出转矩进行选择确定。

6.2.2 转速和功率估算

丝杠的最大转度为 $n_{sp} = 60 \dfrac{v_L}{p} = 60 \times \dfrac{0.1}{0.005} r/min = 1200 r/min$

采用一级直齿减速，若采用 4:1 减速比，伺服电动机所需的最大转速为 $n_M = 1200 \times 4 r/min = 4800 r/min$，所需最大的输出机械功率为

$$P = (F_G + F_a)v_L = (200 + 40) \times 0.1 W = 24 W$$

其中，重力 $F_G = m_L g = 20 \times 9.81 N \cong 200 N$

加速度惯性力 $F_a = m_L a_{L \, max} = 20 \times 2 N = 40 N$

如果采用直流伺服电动机，设电源供电电压为 DC24V 时，实现这个功率输出需要大约 1A 的电流。如果假设整个驱动系统的效率为 50%，则电动机的电流需增加到 2A 以上。

6.2.3 运行总时间计算

运动轨迹大多采用梯形运动模式，即先加速，再匀速，后减速，如图 6-2 所示。

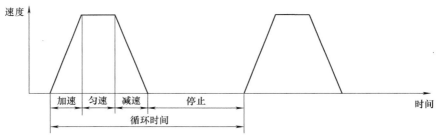

图 6-2 梯形运动轨迹

这种轨迹模式有时简称为三段运动轨迹模式，其他五段、七段等复杂运动轨迹可由多段自由曲线轨迹组成。为了简化，此处对三段梯形运动轨迹模式进行介绍。计算有效转矩要先计算加速转矩和减速转矩。而计算加速转矩和减速转矩需要先预取电动机轴的转动惯量（转子惯量），若预选 maxon 的 EC-max 30 无刷电动机，查电动机手册，有 $J_M = 2.19 \times 10^{-6} \, kg \cdot m^2$。

图 6-2 中，设加速时间 $t_a =$ 匀速时间 $t_M =$ 减速时间 t_d，$\Delta t_{total} = t_a + t_M + t_d = 3s$。

由图形法，可得总行程 $\Delta s = v_{max} \dfrac{2}{3} \Delta t_{total}$，则计算滑块运行过程中达到的最大速度为

$$v_{\max} = \frac{3}{2}\frac{\Delta s}{\Delta t_{\text{total}}} = \frac{3}{2}\times\frac{0.25}{3}\,\text{m/s} = 0.125\,\text{m/s}$$

$$a_{\max} = \frac{v_{\max}}{\frac{1}{3}\Delta t_{\text{total}}} = \frac{9}{2}\frac{\Delta s}{\Delta t_{total}^2} = \frac{9}{2}\times\frac{0.25}{3^2}\,\text{m/s}^2 = 0.125\,\text{m/s}^2$$

通过上面计算发现，最大速度超过了最大允许速度，但是加速度远没有达到。因此，使用加速度更大、最大速度更低的对称运动轨迹（见图 6-3）来代替图 6-2 中的运动轨迹。

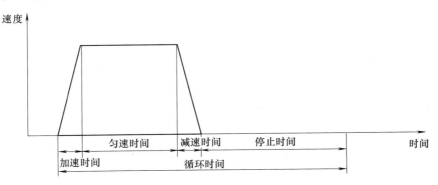

图 6-3 对称运动轨迹

下面以最大允许速度 v_{L} 和平均加速度 $a_{\text{aver}} = \dfrac{a_{\text{L max}} + a_{\text{L min}}}{2} = \dfrac{2+1}{2}\,\text{m/s}^2 = 1.5\,\text{m/s}^2$ 来计算加速时间：

$$t_{\text{a}} = t_{\text{d}} = \frac{v_{\text{L}}}{a_{\text{aver}}} = \frac{0.1}{1.5}\,\text{s} \approx 0.067\,\text{s}$$

因此，对于对称运动轨迹，运行总时间为

$$\Delta t_{\text{total}} = \frac{\Delta s}{v_{\text{L}}} + t_{\text{a}} = \left(\frac{0.25}{0.1} + 0.067\right)\text{s} = 2.567\,\text{s} < 3\,\text{s}，满足要求。$$

6.2.4　换算到电动机轴的负载惯量的计算

滚珠丝杠的惯量 $J_{\text{sp}} = 8.04\times10^{-6}\,\text{kg}\cdot\text{m}^2$

负载的惯量 $J_{\text{W}} = m_{\text{L}}\left(\dfrac{p}{2\pi}\right)^2 + J_{\text{sp}} = \left[20\times\left(\dfrac{0.005}{2\pi}\right)^2 + 8.04\times10^{-6}\right]\text{kg}\cdot\text{m}^2 \approx 2.07\times10^{-5}\,\text{kg}\cdot\text{m}^2$

假设减速比为 i，换算到电动机轴的负载惯量为

$$J_{\text{L}} = \frac{J_{\text{W}}}{i^2} = \frac{2.07\times10^{-5}}{4^2}\,\text{kg}\cdot\text{m}^2 \approx 1.29407\times10^{-6}\,\text{kg}\cdot\text{m}^2$$

式中，p 为丝杆导程。

6.2.5　负载转矩的计算

由受力分析得，由于没有垂直于丝杠的力使得滑块压在丝杠上，故摩擦力的转矩为零。

对外力（相当于重力）的转矩：

$$T_{\mathrm{W}} = \frac{F_{\mathrm{G}}p}{2\pi} = \frac{200 \times 0.005}{2\pi}\mathrm{N} \cdot \mathrm{m} \approx 0.159155\mathrm{N} \cdot \mathrm{m}$$

上式未考虑加速惯性力。

则换算到电动机轴的负载转矩：

$$T_{\mathrm{L}} = \frac{T_{\mathrm{W}}}{n_{\mathrm{sp}}i} = \frac{0.159155}{0.86 \times 4}\mathrm{N} \cdot \mathrm{m} \approx 0.046266\mathrm{N} \cdot \mathrm{m}$$

式中，n_{sp} 为总效率 0.86。

6.2.6 电动机的初步选定

考虑到惯量匹配，假设选定电动机的转子惯量与负载的惯量比约为 $1:1$，则有

$$J_{\mathrm{M}} \approx J_{\mathrm{L}} = 1.29407 \times 10^{-6}\mathrm{kg} \cdot \mathrm{m}^2$$

初步选定电动机为 maxon 的 EC-max 30，60W（$J_{\mathrm{M}} = 2.19 \times 10^{-6}\mathrm{kg} \cdot \mathrm{m}^2$，与 J_{L} 在一个数量级，惯量匹配。额定转矩最大连续转矩 $T_{\mathrm{M}} = 0.0613\mathrm{N} \cdot \mathrm{m}$，瞬时最大转矩堵转转矩 $T_{\mathrm{pk}} = 0.458\mathrm{N} \cdot \mathrm{m}$，额定转速 $n_{\mathrm{e}} = 8040\mathrm{r/min}$。

要求选定电动机的额定转矩的 0.8 倍大于 T_{L}，即

$$T_{\mathrm{M}} \times 0.8 \geqslant T_{\mathrm{L}}$$

$$0.0613 \times 0.8 = 0.04904 \geqslant 0.046266$$

所以，初选电动机的额定转矩符合要求。

电源供电电流相应变为，60W/24V=2.5A，如果增加 1 倍的余量的话，则电源的电流输出需变为 5A 以上。上面我们假设的惯量比为 $1:1$，实际上很多情况下换算到电动机轴的负载惯量 J_{L} 都比电动机转子惯量 J_{M} 大，但一般要求 $5J_{\mathrm{M}} > J_{\mathrm{L}}$。

6.2.7 加速转矩的计算

当忽略负载外力引起的转矩，且只考虑电动机轴和负载惯量时，电动机轴的转速由 0 增加到 n_{M}（最大工作转速）时，电动机的输出转矩称为电动机加速转矩，计算如下：

$$T_{\mathrm{A}} = \frac{\left(\dfrac{J_{\mathrm{L}}}{n_{\mathrm{sp}}} + J_{\mathrm{M}}\right) \times 2\pi n_{\mathrm{M}}}{t_{\mathrm{a}}} = \frac{\left(\dfrac{1.29407 \times 10^{-6}}{0.86} + 2.19 \times 10^{-6}\right) \times 2 \times \pi \times 80}{0.067}\mathrm{N} \cdot \mathrm{m} = 0.027719\mathrm{N} \cdot \mathrm{m}$$

式中，n_{M} 为电动机转速，单位为 r/s，$n_{\mathrm{M}} = 4800\mathrm{r/min} = 80\mathrm{r/s}$。

6.2.8 瞬时最大转矩、有效转矩的计算

设瞬时最大转矩为 T_1，则 $T_1 = T_{\mathrm{A}} + T_{\mathrm{L}} = (0.027719 + 0.046266)\mathrm{N} \cdot \mathrm{m} = 0.073985\mathrm{N} \cdot \mathrm{m}$

匀速运动转矩 $T_2 = T_{\mathrm{L}} = 0.046266\mathrm{N} \cdot \mathrm{m}$

减速转矩 $T_3 = T_{\mathrm{L}} - T_{\mathrm{A}} = (0.046266 - 0.027719)\mathrm{N} \cdot \mathrm{m} = 0.018547\mathrm{N} \cdot \mathrm{m}$

因此，有效转矩：

$$T_{\mathrm{eff}} = \sqrt{\frac{T_1^2 t_{\mathrm{a}} + T_2^2 t_{\mathrm{M}} + T_3^2 t_{\mathrm{d}}}{\text{循环时间}}}$$

$$= \sqrt{\frac{0.073985^2 \times 0.067 + 0.046266^2 \times (2.567 - 0.067 - 0.067) + 0.018547^2 \times 0.067}{2.567 + 3}}\mathrm{N} \cdot \mathrm{m} = 0.031710\mathrm{N} \cdot \mathrm{m}$$

6.2.9　电动机参数校验

下面一一对电动机的各项参数进行校验，看是否满足要求。

负载惯量 $J_L = 1.29407 \times 10^{-6} \leqslant J_M = 2.19 \times 10^{-6}$，满足要求。

有效转矩 $T_{eff} = 0.031710 < T_M \times 0.8 = 0.0613 \times 0.8 = 0.04904$，满足要求。

瞬时最大转矩 $T_1 = 0.073985 <$ 瞬时最大转矩 $T_{pk} \times 0.8 = 0.458 \times 0.8 \text{N} \cdot \text{m} = 0.3664 \text{N} \cdot \text{m}$，满足要求。最大转速 $n_M = 4800 \leqslant$ 额定转速 $n_e = 8040 \text{r/min}$，满足要求。

因此，maxon 的 EC-max 30 可以满足要求。

6.2.10　控制器和编码器选型

所选的 maxon EC-max 30 电动机配套的 EPOS 全数字伺服电动机驱动器带有 CANopen 接口，可与 PC 通过 CAN 总线进行通信，EPOS 还有增量编码器输入接口，可用作位置反馈。

定位系统的控制量是位置，要求精度为 0.05mm，而丝杠的导程是 5mm，因此要求丝杠的旋转定位精度为 1/100 圈，即 3.6°。假设齿轮减速的背隙约为 ±1°，因此要定位到 1.6°，即 1/225 圈，要求编码器每圈输出 225 个脉冲。

依据 maxon 电动机组合体系，可选 HED 增量式编码器，具有 500 线的分辨率。如果减速器的减速比是 4，则丝杠每旋转一圈，编码器输出 2000 个脉冲，远远大于 225，因此 500 线的编码器能满足要求。

6.3　机电系统设计的影响因素

上述的计算基本上都是基于理想环境的假设进行的。在机电系统设计中，环境因素和非线性因素的影响也不容忽视，这些因素会影响整个控制系统的性能。因此，机电系统设计还要考虑以下因素的影响。

6.3.1　自然环境因素的影响

1. 低温

如果环境温度低于驱动部件的工作温度范围（例如温度典型值低于 -20℃ 时），驱动系统中的一些零部件工作会受到影响：

1）在低温环境下，润滑剂的粘度会增加，不能在齿轮箱、轴承和稀有金属电刷中实现适当的润滑，显著地增加了摩擦。电动机消耗更大的电流，使用寿命大大降低。

2）当温度低于零下 20℃ 时，一般 PVC 电缆的绝缘材料变硬、变脆，并且弯曲更困难，可能出现裂纹，导致短路。

3）在低温下，永磁体的磁场强度增加，电动机输出力矩增大。

4）如果环境温度非常低，特别是低于半导体元器件手册规定的工作温度范围，将不能正常工作。

在温度低于 -20℃ 的环境下，通常需要依据以下原则进行特殊设计：

1）电动机类型：不使用铁氧体磁钢电动机，有低温去磁现象。

2）换向：使用直流无刷（BLDC）电动机或石墨电刷直流电动机，更经济合理。

3）轴承：使用含有特殊润滑剂的滚动轴承比使用滑动轴承更合理。

4）齿轮箱：使用特殊的低温润滑剂。

5）电缆绝缘：使用 Teflon 材料的电缆比使用 PVC 电缆更合理。

6）采用热管技术等温控方法进行加热。

2. 高温

如果温度高于器件手册规定的工作温度范围，会影响系统的工作寿命，具体表现为

1）润滑脂和润滑油在高温条件下会变稀，甚至流出，致使润滑无效，降低使用寿命。

2）高温环境将影响电动机的散热，电动机允许的连续电流降低，绕组将更快地发生过热。如果超过了最大允许的绕组温度，绕组将会发生变形，电动机可能会卡死。热塑性材料会发生不可逆变形。

3）磁体在高温时磁场强度会变弱，在相同的电流消耗下，电动机产生较小的转矩。

在非常高的环境温度下，需要依据以下原则进行特殊设计：

1）采用有特殊的高温润滑剂的轴承和齿轮箱。

2）电动机类型：使用直流无刷（BLDC）或带有石墨电刷的直流电动机替代稀有金属电刷电动机，因为它们具有更高的最大绕组温度。

3）采用热管技术等温控方法进行散热。

3. 低压

在真空或在非常低的气压环境下，没有足够的空气提供对流来进行散热，只能通过热传导来进行散热。然而，电动机的性能数据是在大气环境中的对流散热情况下规定的。当电动机工作在真空环境中时，对流冷却作用减弱了，增加了在电动机内部出现不可允许的高温情形的风险，例如：在真空环境中，轴承和齿轮中润滑剂的蒸发可能导致电动机使用寿命的降低。

工作在真空环境中，要求使用特殊的电动机，并且要注意以下几点：

1）如果可能，采取电动机和金属结构的导热连接，可以提高散热的能力。

2）使用有特殊润滑剂的滚动轴承，其中润滑剂的蒸发率要低。

3）由于润滑剂的蒸发，不要使用滑动轴承或稀有金属电刷。

4）可考虑在表面有自润滑材料涂层的零件，例如二硫化钼涂层等。

6.3.2 振动因素的影响

由于机电系统是由电动机、减速器、轴承、联轴器、连杆、夹具、电缆、传感器、负载等部分组成的，当伺服电动机带动机械负载运动时，机械系统中的所有部件，如传动轴、齿轮、联轴器、紧固件等，都要产生不同程度的弹性变形。当驱动的频率和系统的固有频率接近时，系统受迫振动的弹性变形最大，这种现象叫谐振。为了避免伺服系统产生结构谐振而失去稳定性，机械系统的固有频率应远离伺服系统的工作频带。机械传动装置的弹性变形与它的结构、尺寸、材料以及受力状况等因素有关。

设本例中单自由度定位平台是一个双质量系统（又称双惯性系统），在弹性变形和摩擦阻尼的影响下，双质量系统的结构简化如图 6-4 所示。

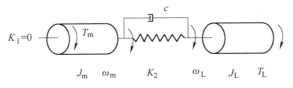

图 6-4 双质量系统结构图

设伺服电动机转子的输出转矩为 T_m，转子惯量为 J_m，角位移为 θ_m，角速度为 ω_m。负载折算到电动机轴上的转矩为 T_L，负载惯量为 J_L，角位移为 θ_L，角速度为 ω_L，c 为阻尼系数。K_1 和 K_2 为机械系统的扭转弹性系数，由于电动机左边与外界没有弹性连接，故 $K_1 = 0$。

则双质量系统的运动微分方程为

$$J_m\dot{\omega}_m + c(\omega_m - \omega_L) + K_2(\theta_m - \theta_L) = T_M$$
$$J_L\dot{\omega}_L + c(\omega_L - \omega_m) + K_2(\theta_L - \theta_m) = T_L$$

当无阻尼 $c=0$ 时，其运动微分方程为

$$\begin{cases} J_m\ddot{\theta}_m + K_2(\theta_m - \theta_L) = T_M \\ J_L\ddot{\theta}_L + K_2(\theta_L - \theta_m) = T_L \end{cases} \tag{6-1}$$

1. 锁定电动机转子情况

对于锁定转子（电动机堵转），$\theta_m = 0$，有 $J_L\dot{\omega}_L + K_2\theta_L = T_L$，令复变量 $\theta_L = De^{j\omega t}$，有 $(-J_L\omega^2 + K_2)De^{j\omega t} = T_L$，令 $\left| -J_L\omega^2 + K_2 \right| = 0$，设 $K = K_2$，$\omega_{lock} = \omega$，则其固有频率为

$$f_{lock} = \frac{1}{2\pi}\sqrt{\frac{K}{J_L}} \tag{6-2}$$

2. 电动机转子带负载正常运动情况

由式（6-1）有

$$\begin{pmatrix} J_m & 0 \\ 0 & J_L \end{pmatrix}\begin{pmatrix} \ddot{\theta}_m \\ \ddot{\theta}_L \end{pmatrix} + \begin{pmatrix} K & -K \\ -K & K \end{pmatrix}\begin{pmatrix} \theta_m \\ \theta_L \end{pmatrix} = \begin{pmatrix} T_M \\ T_L \end{pmatrix} \tag{6-3}$$

令 $\begin{pmatrix} \theta_m \\ \theta_L \end{pmatrix} = \begin{pmatrix} A \\ B \end{pmatrix}e^{j\omega t}$，则 $\begin{pmatrix} K - J_m\omega^2 & -K \\ -K & K - J_L\omega^2 \end{pmatrix}\begin{pmatrix} \theta_m \\ \theta_L \end{pmatrix} = \begin{pmatrix} T_M \\ T_L \end{pmatrix}$

令 $\begin{vmatrix} K - J_m\omega^2 & -K \\ -K & K - J_L\omega^2 \end{vmatrix} = 0$，因固有频率为大于 0 的实数，则

$$\omega_{free} = \sqrt{\frac{J_m + J_L}{J_m J_L}K} \tag{6-4}$$

3. 减小振动的措施

在机电系统设计时，还应采取一些减小振动的措施。

（1）提高阻尼

不改变机械结构的固有频率，通过增大阻尼系数来抑制谐振峰值，可以解决结构谐振问题，使固体振动的能量尽可能多地耗散在阻尼层中。阻尼的作用主要有以下五个方面：

1）减小机械结构的共振振幅，从而避免结构因动应力达到极限造成结构破坏。

2）有助于机械系统受到瞬间冲击后，很快恢复到稳定状态。

3）减少因机械振动所产生的声辐射，降低机械噪声。

4）提高各类机床、仪器等的加工精度、测量精度和工作精度。各类机器尤其是精密机床，在动态环境下工作需要有较高的抗振性和动态稳定性，通过各种阻尼处理可以大大提高其动态性能。

5）有助于降低结构传递振动的能力。

（2）采用校正环节

在控制系统中，可以采用校正电路来改变系统的频率特性，以避开系统的谐振频率。

陷波器是一种带阻校正网络，用在电路上滤除不需要的频率的信号。比如在带通滤波器通频带的边缘外加陷波器，通常是串联一个并联谐振回路，或并联一个串联回路，它们的谐振频率就是要滤除的频率。

设计时采用双 T 形滤波器，并加入反馈。此陷波器具有良好的选频特性和比较高的品质因数 Q 值，电路原理如图 6-5 和图 6-6 所示。

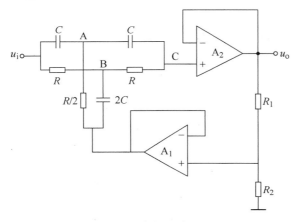

图 6-5　陷波器原理图

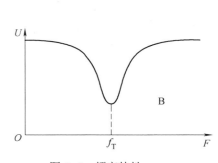

图 6-6　频率特性

通过电容的电流与两端的电压关系如下：$I = \mathrm{j}\omega C U$，式中 $\omega = 2\pi f$。

对于 A 点求节点电流方程，有

$$sC(U_\mathrm{i} - U_\mathrm{A}) + sC(U_\mathrm{o} - U_\mathrm{A}) + 2n(mU_\mathrm{o} - U_\mathrm{A}) = 0 \qquad (6\text{-}5)$$

同样，对于 B 点求节点电流方程，有

$$n(U_\mathrm{i} - U_\mathrm{B}) + n(U_\mathrm{o} - U_\mathrm{B}) + 2sC(mU_\mathrm{o} - U_\mathrm{B}) = 0 \qquad (6\text{-}6)$$

同样，对于 C 点有节点电流方程

$$sC(U_\mathrm{A} - U_\mathrm{o}) + n(U_\mathrm{B} - U_\mathrm{o}) = 0 \qquad (6\text{-}7)$$

式中，$m = \dfrac{R_2}{R_1 + R_2}$，$n = \dfrac{1}{R}$。

由上述的式（6-5）～式（6-7）可以得到此电路的传输函数为

$$G(s) = \frac{U_\mathrm{o}}{U_\mathrm{i}} = \frac{n^2 + s^2 C^2}{n^2 + s^2 C^2 + 4(1-m)snC} = \frac{s^2 + \left(\dfrac{n}{C}\right)^2}{s^2 + \left(\dfrac{n}{C}\right)^2 + 4(1-m)s\dfrac{n}{C}}$$

此时令 $s = \mathrm{j}\omega$ 得

$$G(\mathrm{j}\omega) = \frac{\omega^2 - \omega_0^{\,2}}{\omega^2 - \omega_0^{\,2} - \mathrm{j}4(1-m)\omega_0\omega}$$

式中，$\omega_0 = \dfrac{1}{RC}$。当 $\omega = \omega_0$ 时，$G(\mathrm{j}\omega)$=0，此时能滤除 $f_0 = \dfrac{1}{2\pi RC}$ 的频率，而对于其他频率，$G(\mathrm{j}\omega)$ 约为 1，能很好地使其他频率的信号通过。

（3）提高转动刚度

提高传动刚度可以提高系统的谐振频率，使系统的谐振频率处在系统的工作频率之外。提高传动刚度的措施有：

1）采用弹性模量高的材料。

2）增大轴的直径。

3）尽量避免截面形状的突然变化，在截面尺寸变化处尽量采用较大的过度圆角，尽量避免在轴上开横孔、切口或凹槽。

例如，机器人的关节减速器如果采用摆线针轮减速器（RV 减速器），不但有小于 1 弧分的背隙，而且有强抗扭刚度，大输出转矩，体积紧凑，高减速比（最大至 250:1）且不增加尺寸。

（4）减小传动间隙

在运动和动力传动时，齿轮和轴键会有间隙。间隙过大会造成冲击，加速部件的磨损，降低轴承和齿轮的润滑效果，影响工作精度、输出性能和使用寿命。

因此，在设计机电控制系统时，需要把传动间隙尽量降低。可采取加垫片以及轴向或周向压簧、双齿轮传动等措施来降低传动背隙。选择减速器方面，采用 RV 减速器不但可增加刚度，还可减小传动背隙。谐波减速器的刚度不高，但有比行星减速器小的传动背隙。具体要根据精度、刚度和成本等综合要素来合理选择减速器。

6.3.3 系统非线性因素的影响

由于摩擦、间隙、检测元件的不灵敏区以及一些非线性环节的存在，控制系统一般都是非线性的，从而影响了系统的精度和稳定性。非线性系统一般具有如下特性。

1. 死区特性

死区又称不灵敏区，当输入信号在零位附近变化时，元件或环节无信号输出，只有当输入信号大于某一数值（死区）时，才有输出信号且与输入信号呈线性关系。系统中的死区可能是由多种因素引起的，如放大器的门槛电压、电气触点的气隙、执行结构上的静摩擦转矩等。死区特性的典型形式如图 6-7 所示。

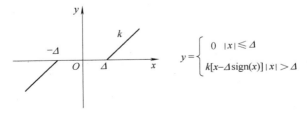

$$y = \begin{cases} 0 & |x| \le \Delta \\ k[x - \Delta\,\mathrm{sign}(x)] & |x| > \Delta \end{cases}$$

图 6-7 死区特性

本例中 sign（x）是符号函数，当 $x > \triangle$，sign（x）=1;当 $x < -\triangle$，sign（x）=-1。

死区特性会造成稳态误差，影响滑块的定位精度。但是，死区特性能够减弱过渡过程的振荡，使得整个过渡过程中的总能量减少，增加系统的稳定性。

2. 饱和特性

饱和特性是指当输入信号超出线性范围后，输出信号就不再随输入信号的变化而变化，而保持为某一常值的特性。例如，各类放大器就有饱和特性，如图 6-8 所示。

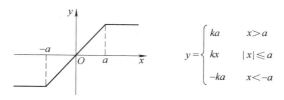

$$y = \begin{cases} ka & x > a \\ kx & |x| \leqslant a \\ -ka & x < -a \end{cases}$$

图 6-8　饱和特性

进入饱和区后，饱和特性的存在将使系统的增益下降，使系统的稳态精度降低，但对系统的稳定性有利。

6.3.4　电磁因素的影响

机电系统的稳定性必须要考虑电磁因素的影响，因此机电产品一定要进行电磁兼容（EMC）测试。电磁兼容（EMC）是机电产品在 EMI（电磁干扰）和 EMS（电磁敏感度，抗干扰能力）方面综合评价的重要指标之一，它是研究在有限的空间、时间、频谱条件下，各种设备或物体（广义还包括生物体）可以共存，并不致引起降级的一门学科。EMI 测试是测量被测设备在正常工作状态下产生并向外发射的电磁波信号的大小，来反映对周围电子设备干扰的强弱。EMS 测试是测量被测设备对电磁干扰的抗干扰能力的强弱。电磁干扰传播的途径主要有辐射发射、传导发射两种途径。辐射发射是通过空间以电磁波的形式传播的电磁干扰。传导发射是沿着导体传播的电磁干扰。电磁骚扰源、传播途径（或传输通道）和敏感设备被称为电磁干扰的三要素。因此控制电磁骚扰源，限制传播途径，可以减少对敏感设备的电磁干扰。例如在电路板的设计中高频信号线、集成电路、各类接插件等的布局和走线要符合高速 PCB 系统设计的规范，采取合理的屏蔽、接地、走线和布局可提高机电系统的电磁兼容能力。

通过"近场探头"配合使用 MDO3024 等型号示波器，可以进行机电产品的电磁场测量，从而实现干扰源的快速定位。通过采用不同形状的探头，检查电磁场的频率范围可达 30MHz～3GHz。通过使用配套的增益约为 20dB 的放大器，可检测器件表面的磁场方向和强度，可检测机箱、线缆、PCB 等的磁场泄漏情况，甚至可以精确到芯片的引脚和走线，从而判断干扰产生的原因。

6.4　本章小结

本章以单轴机器人定位系统为例介绍了机电控制系统设计中的传动机构选型，包括根据负载特性进行电动机、减速器的选型，特别是根据惯量匹配进行电动机的选型。本章还介绍了机电系统设计的影响因素。

参考文献

[1] 彭旭昀. 机电控制系统原理及工程应用[M]. 北京：机械工业出版社，2007.

[2] 尚涛. 机电控制系统设计[M]. 北京：机械工业出版社，2006.

[3] 王田苗，丑武胜. 机电控制基础理论及应用[M]. 北京：清华大学出版社，2003.

[4] 李运华. 机电控制[M]. 北京：北京航空航天大学出版社，2003.

[5] 梁治河. 机电控制系统自动控制技术与一体化设计[J]. 科技风，2011（9）：37-37.

[6] 杨耕. 电动机与运动控制系统[M]. 北京：清华大学出版社，2006.

[7] Urs Kafader. The selection of high-precision microdrives [M]. Switzerland：Maxon Academy，2006.

[8] 何幸保，朱建军. 两自由度系统固有频率与主振型的算法研究[J]. 湖南工程学院学报，2012，22（3），39-41.

习 题

6.1 在减速器的弹簧常数固定的假设下，当负载惯量增大时，系统的谐振频率变化趋势如何？

6.2 请简述控制系统的电动机、减速器如何进行选型设计？

6.3 影响控制系统性能的环境因素有哪些？设计选型时采取哪些措施可以减小甚至消除环境的不利影响？

6.4 请简述非线性因素对系统稳定性的影响。

6.5 什么是 EMC、EMI 和 EMS？

6.6 电磁干扰的三要素是什么？

6.7 采用什么工具可以对电磁场进行定位？

6.8 电动机通过减速比是 2：1 的齿轮和丝杠带动负载，丝杠的转动惯量为 $8.04 \times 10^{-6} \mathrm{kg \cdot m^2}$，导程是 10mm，负载 50kg，请问换算到电动机轴的负载惯量为多少？假设电动机的转动惯量为 $2.19 \times 10^{-6} \mathrm{kg \cdot m^2}$，请问电动机的转动惯量和负载的转动惯量是否匹配？采取什么措施才能实现匹配？

6.9 提高机械系统的刚度有哪些措施？

6.10 机电系统的减速器有哪些种类？哪些是"零背隙"的减速器？

6.11 齿轮传动机构为何要消除齿侧间隙？

6.12 什么是低通、高通、带通、带阻滤波器？各自的通频带如何？带宽如何确定？

6.13 试举出几个具有伺服系统的机电一体化产品实例，分析其伺服系统的基本结构，并分析系统的稳定性。

6.14 有一增量式光电编码器，其参数为 1024p/r，采用四倍频计数，编码器未经过减速器与丝杠同轴连接，丝杠导程为 5mm。当丝杠在 0.5s 时间里单方向旋转时，控制器共读到了 24576 个脉冲。请问丝杠共转过了多少圈？螺母移动了多少距离？螺母移动的平均速度是多少？

6.15 请简述陷波器的原理。

6.16 一个传送带机械系统，假设由直流电动机驱动，带轮直径 80mm，传送带最大负载 2kg，传送带摩擦系数约 0.3（塑料-金属），空载摩擦力 40N，传送速度 0.5m/s，电源电压为 24V，请计算连续匀速运动模式下所需的推力、功率，如果损耗为 50%，电动机电流多大？加速度为 0.5 m/s^2 时上述结果又如何？

第 7 章

数字信号处理器应用基础

7.1 数字信号处理概述

7.1.1 数字信号处理

数字信号处理（Digital Signal Processing）是一门多学科交叉且应用广泛的信息处理技术。20 世纪 60 年代以来，随着计算机和信息技术的发展，数字信号处理技术应运而生，在过去的半个多世纪里，数字信号处理已经在控制、通信、视频等许多领域获得了推广应用（见图 7-1）。

数字信号处理的应用
- 导航
- 控制
- 工作站
- 保密通信
- 雷达处理
- 全球卫星定位
- 图像压缩与传输
- 通用信号的调制解调
- 语音编码/合成/识别
- 图像识别
- 流体传动与控制
- ……

图 7-1 数字信号处理的应用

数字信号处理是利用计算机或专用电子处理设备，以数字形式对信号进行采集、变换、滤波、估值、增强、压缩、解压缩、识别、编码等处理，以得到期望信号形式的方法与技术。数字信号处理算法关注的是如何以最小的运算量和存储器的使用量来完成指定的任务，如 20 世纪 60 年代出现的快速傅里叶变换（FFT），使数字信号处理技术上升到了一个新的台阶。数字信号处理器（Digital Signal Processor，DSP）是一种专门用于数字信号处理运算的微处理器硬件，可实时地运行各种数字信号处理算法软件。如 ESS 公司的 VideoDrive ES3210F 音视频解码芯片，被广泛应用于家用电视、专用舞台音响、工业嵌入式设备等领域。还有 Texas instruments（TI）公司的 TMS320LF2407A 的 DSP（见图 7-2），提供了两个事件管理模块 EVA、EVB；两个 16bit 全局计数器；8 个脉冲宽度调制（PWM）通道；三个外部事件的定时采样捕获单元；同步的 16 通道高性能 10bit ADC，转换速率为 500ns；串行通信接口（SCI）；串行同步外设接口（SPI）；CAN 总线接口等，被广泛应用于工业运动控制等领域。

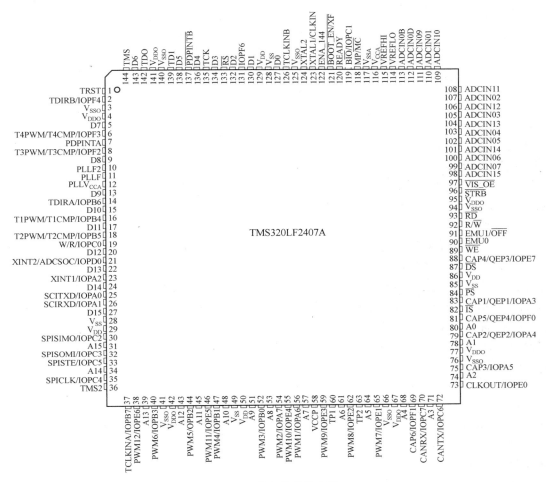

图 7-2 数字信号处理器

7.1.2 数字信号处理过程

一个典型的数字信号处理系统通用的处理过程如下所示：

原始信号 $x(t)$ ⟶ 抗混叠滤波器 ⟶ A-D 转换器 $\xrightarrow{x(n)}$ 数字信号处理器 $\xrightarrow{y(n)}$ D-A 转换器 ⟶ 低通滤波器 ⟶ $y(t)$

原始模拟信号中的高频信号叠加到低频段，出现虚假频率成分的现象称为混叠。根据"奈奎斯特采样定律"，在对模拟信号进行离散化时，采样频率至少应为被分析信号的最高频率的 2 倍。抗混叠滤波器（Anti-Alias Filter）是一个低通滤波器，滤除高于 1/2 采样频率的混叠频率分量。为了对采样保持的阶梯输出波形平滑化，还需要在 D-A 转换后加一个低通滤波器。

7.1.3 数字信号处理的实现方式

如图 7-3 所示，数字信号处理的实现方式包括如下 6 点：

（1）应用计算机或工作站上的软件（如 MATLAB、C、C++等语言）进行算法的模拟编程，但不适合于实时数字信号处理。

$$
\text{数字信号处理的实现方式} \begin{cases} \text{(1) 基于 MATLAB、C、C++ 等计算机软件} \\ \text{(2) 通用计算机或工作站加专用加速处理卡} \\ \text{(3) 定制功能的 DSP 专用芯片} \\ \text{(4) 通用的可编程 DSP 芯片} \\ \text{(5) 基于通用 DSP 核的 ASIC 定制芯片} \\ \text{(6) 基于 SoC 的 FPGA 半定制 DSP 芯片} \end{cases}
$$

图 7-3　数字信号处理的实现方式

（2）在通用计算机或工作站系统中加入专用的加速处理卡，来提高运算速度，不适于嵌入式应用，专用性强，应用受到限制。

（3）定制的 DSP 专用芯片，可用在信号处理速度要求极快的场合，如专用于 FFT、数字滤波、卷积等算法的 DSP 芯片，相应的信号处理算法由内部硬件电路实现，用户无需编程，但灵活性较差。

（4）采用通用的可编程 DSP 芯片，具有可编程和强大的处理能力，可完成复杂的数字信号处理算法，兼顾速度和灵活性。

（5）使用基于通用 DSP 核的 ASIC 定制芯片，将 DSP 的功能集成到 ASIC（专用集成电路，Application Specific Integrated Circuit）中。DSP 核是通用 DSP 器件的 CPU 部分，再配上用户所需的存储器和外设（包括串口、并口、主机接口、DMA、定时器等），组成用户的 ASIC，这种设计灵活性差，只适合某种单一运算。这种 ASIC 将特定用户要求的功能电路以全定制的硬件形式实现，是固定不变的。

（6）使用基于 FPGA（Field-Programmable Gate Array，现场可编程门阵列）的 SoC（System on a Chip，片上系统），在用户定制的 FPGA 中可集成多核数字信号处理器软核子系统，这种嵌入式设计提高了系统性能、可靠性和灵活性，同时降低了成本，减小了电路板面积。当 SoC 开发定型后，可作为 ASIC 来批量生产。这种半定制的方法是目前和未来的发展趋势，例如 Altera 在其 Arria® 10 FPGA 中实现 IEEE 754 单精度硬核浮点 DSP 模块，处理速率高达 1.5 TFLOPS（每秒万亿次浮点运算）。

7.1.4　数字信号处理的特点

与模拟信号处理相比，两者之间的主要差别见表 7-1。

表 7-1　数字信号处理与模拟信号处理的对比

参　　数	模拟信号处理	数字信号处理
温度影响	敏感	无
噪声	典型值-60dB	小于-90dB
可扩展性	困难	方便
系统制作	手工	自动
重新设计	重新制板	重新编写代码
PCB 布线	对噪声敏感	数字信号抗干扰
增加功能	硬件复杂	增加软件
体积，功耗	大	小
可靠性	较低	高
价格	贵	便宜

可见数字信号处理具有精度高、可靠性高、易于集成、性能指标高、接口方便等突出优势。

7.2 数字信号处理芯片

7.2.1 数字信号处理芯片的主要特点

1. 采用流水线操作

流水线操作与哈佛（Harvard）结构相关，DSP 芯片广泛采用流水线操作以减少指令执行的时间。流水线操作是指各个指令以机器周期为单位，相差一个时间周期、连续并行发生的一系列总线操作，对于多总线的哈佛结构有可能使用同一条指令，在不同的机器周期内占用不同的总线资源；也可以不同指令在同一机器周期内占用不同的总线资源。

处理器可以并行处理二到四条指令，每条指令处于流水线的不同阶段。例如在一个四级流水线操作中，取指、译码、取操作数和执行等操作可以独立地处理，这可使指令执行能够完全重叠，增强了处理器的处理能力。

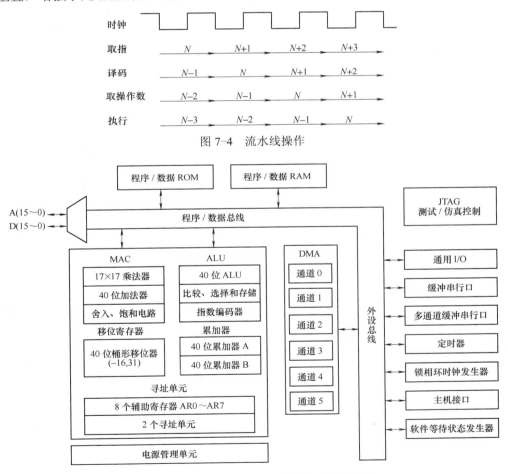

图 7-4　流水线操作

图 7-5　TMS320C54x DSP 控制芯片功能框图

2. 采用专用的硬件乘法器

数字信号处理需要大量的乘法运算，乘法速度越快，DSP 处理器的性能越高。而 DSP 有专用的乘法器，可使乘法在一个指令周期内完成。以 TMS320C54x DSP 控制芯片为例，芯片内部具有一个 17 位×17 位的乘法器。

3. 采用特殊的 DSP 指令

DSP 芯片采用一系列特殊的指令，往往能在一个指令周期内，用一条指令实现普通处理器需要几条指令才可以实现的功能。如 MAC 指令，它可以在一个指令周期中完成一次乘法和一次加法运算，这样即节省了时间，又提高了编程的灵活性。

4. 采用快速的指令周期

DSP 芯片的指令周期在 200ns 以下，目前 TMS320 系列处理器的指令周期已经达到了 20ns，有的甚至达到了几个纳秒，这使 DSP 芯片能够完成许多实时应用。

5. 采用多总线结构

许多 DSP 芯片内采用多总线结构，可保证在一个周期内多次访问程序空间和数据空间。

6. 采用高的硬件配置

新一代 DSP 芯片接口能力强，有串行口、主机接口、DMA 控制器、软件控制的等待状态产生器、锁相环时钟产生器等。

7.2.2　数字信号处理芯片的发展现状与趋势

一般认为世界上首个 DSP 芯片是 1978 年 AMI 公司发布的 S2811，但内部没有现代 DSP 芯片所必须的单周期乘法器。此后，美国德州仪器（TI）公司成为最成功的 DSP 芯片制造商。从 1982 年的第一代 DSP 芯片 TMS32010，到第二代 DSP 芯片 TMS32020，并延续发展至目前速度最快的 C66X。TI 具体有 C2000、C5000 和 C6000 三大主流芯片，C2000 系列属于控制型，类似高端的单片机（定点型）；C5000 和 C6000 主要偏重于视频图像处理（浮点型），C5000 成本低，功耗小，效率高，C6000 的性能更高，如果算法非常复杂可以采用 C6000。此外还有一些优秀的 DSP 厂家，例如 AD 公司、AT&T 公司（Lucent 公司）、Motorola 公司、NEC 公司等。外围电路的减少使得 DSP 系统的成本、体积、重量和功耗都获得了很大程度的下降；加上完善的接口功能，使 DSP 的系统功能、数据处理能力和与外部设备的通信功能都有了很大的提高。目前取得的进展和趋势包括：

（1）DSP 的内核结构进一步改善　多通道结构、单指令多重数据和特大指令字组，在新的高性能处理器中占主导地位，如 AD 公司的 ADSP-2116x。

（2）DSP 和微处理器的融合　微处理单元 MPU 是一种执行智能控制任务的通用处理器，它对数字信号的处理能力较差。在许多应用中将 DSP 与微处理器结合，可以很好的实现智能控制和数字信号处理功能。同时，也可简化设计，减小 PCB 体积，降低功耗和成本。

（3）DSP 和高档 CPU 的融合　在 DSP 中融入高档 CPU 的分支预测和动态缓冲技术，具有结构规范、利于编程、不用进行指令排队的优点，使 DSP 性能大幅度提高。

（4）DSP 和 SoC 的融合　SoC 是指把一个系统集成在一块芯片上，这个系统包括 DSP 和系统接口软件等。例如，TI 全新的 TDA2Eco 驾驶员辅助片上系统（SoC）基于异构、可扩展的架构而开发，此架构包涵了 TI 的定点和浮点 TMS320C66x 数字信号处理器（DSP）内核、ARM® Cortex®-A15 MPCore™以及 Quad-Cortex-M4 处理器，能够以更低的成本为更多类型的汽车开发全景环视应用。

（5）DSP 和 FPGA 的融合　FPGA 是现场可编程门阵列器件，它和 DSP 集成在一块芯片上，可实现宽带信号处理，大大提高了信号处理速度。例如，ALTERA 在 Arria 10 和 Stratix 10 器件中的硬核浮点 DSP 模块不仅提高了运算性能，还可加快产品的上市时间。

（6）实时操作系统 RTOS 与 DSP 的结合　随着 DSP 处理能力的增强，DSP 系统越来越复杂，往往需要运行多个任务，各任务间的通信、同步等问题就变得非常突出。对 DSP 的应用，已经提供了 RTOS 的内核支持。例如，TI 在 ARM® 与 C28x DSP 内核上可使用相同的 TI-RTOS 实时内核。

（7）DSP 的并行处理结构　为了提高 DSP 芯片的运算速度，各 DSP 厂商纷纷在 DSP 芯片中引入并行处理机制。这样，可以在同一时刻将不同的 DSP 与不同的任一存储器连通，大大提高数据传输的速率。

（8）功耗越来越低　随着超大规模集成电路技术和电源管理技术的发展，DSP 芯片内核的电源电压将会越来越低。例如，TI 的 DSP 工作功耗可小于 0.20mW/MHz。

7.3　数字信号处理系统设计

7.3.1　设计步骤

数字信号处理系统的设计一般包括六大步骤：
1）确定设计任务和设计目标。
2）算法模拟，确定性能指标。
3）选择 DSP 芯片和外围芯片。
4）设计实时的 DSP 应用系统。
5）硬件和软件调试。
6）系统集成和测试，文档编写。

7.3.2　DSP 芯片的选择

DSP 芯片的选择应根据实际应用的需要而定，只有选定了 DSP 芯片才能进一步设计外围电路。通常依据运算速度、精度和存储容量的需求等来选择 DSP 芯片。DSP 芯片的运算速度是 DSP 芯片的一个最重要参数，可以用以下几种性能指标来衡量：
1）指令周期，即执行一条指令所需要的时间，通常以纳秒为单位。
2）MAC 时间，即一次乘法加上一次加法的时间。
3）FFT 执行时间，即运行一个 N 点 FFT 程序所需的时间。
4）MIPS，即每秒执行百万条指令。
5）MOPS，即每秒执行百万次操作。
6）MFLOPS，即每秒执行百万次浮点操作。
7）BOPS，即每秒执行十亿次操作。

DSP 芯片的价格也是选择 DSP 芯片所需考虑的一个重要因素，根据一个实际的应用情况，确定一个性价比高的 DSP 芯片。

DSP 芯片的运算精度取决于 DSP 芯片的字长，定点 DSP 芯片的字长通常为 16 位和 24 位，浮点 DSP 芯片的字长一般为 32 位。

DSP 芯片的硬件资源主要包括片内 RAM 和 ROM 的数量、外部可扩展的程序和数据空间、总线接口、I/O 接口等。不同的 DSP 芯片的硬件资源是不相同的，应根据系统的需要来合理选择。

选择 DSP 芯片的同时必须注意开发工具对芯片软硬件开发的支持。

在进行便携式的 DSP 设备、手持设备、野外应用的 DSP 设备开发时，DSP 芯片的功耗也是一个需要特别注意的问题。

其他如封装的形式、质量标准、供货情况、生命周期等因素也是选择 DSP 芯片时应当考虑的内容。

7.4 代码设计套件（CCS）开发工具

7.4.1 代码设计套件概述

CCS 是 TI 公司针对其 DSP 产品开发的集成开发环境，它集成了代码的编辑、编译、链接和调试等功能，支持 C/C++和汇编的混合编程，开放式结构还允许外扩用户自身的模块。CCS 提供了基本的代码生成工具，具有一系列的调试、分析能力，支持如图 7-6 所示开发周期的所有阶段。

图 7-6 开发周期

在使用前，要先安装目标板和驱动程序；安装 CCS；运行 CCS 安装程序 SETUP。CCS 包括 CCS 代码生成工具、CCS 集成开发环境、DSP/BIOS 插件程序和 API、RTDX 插件、主机接口和 API，如图 7-7 所示。

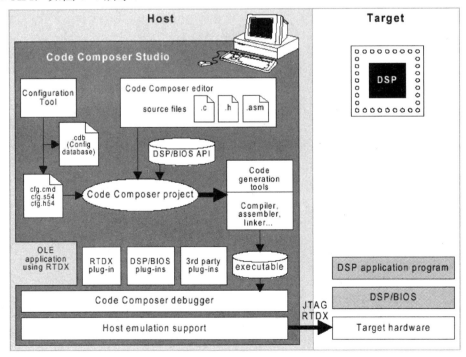

图 7-7 CCS 构成及接口

7.4.2　代码生成工具

代码生成工具是 CCS 所提供的开发环境的重要基础，图 7-8 是一个典型的 DSP 软件开发流程图，图中阴影部分表示通常的 C 语言开发过程，其他部分是为了强化开发过程而设置的附加功能。

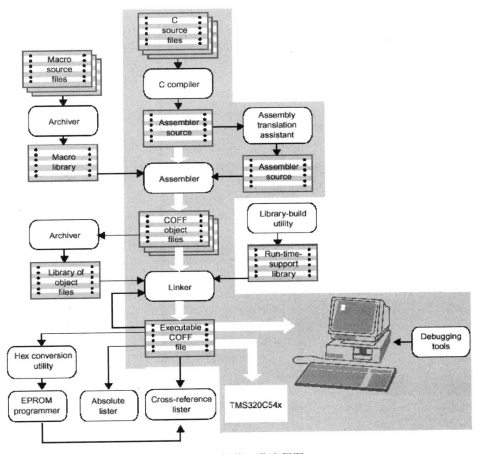

图 7-8　软件开发流程图

C 编译器（Compiler）产生汇编语言源代码；汇编器（Assembler）把汇编语言文件翻译成机器语言目标文件，机器语言格式为公用目标格式（COFF）；链接器（Linker）把多个目标文件组合成单个可执行目标模块，它一边创建可执行模块，一边完成重定位以及决定外部参考。链接器的输入是可重定位的目标文件和目标库文件。

归档器（Archiver）允许用户把一组文件收集到一个归档文件中，也允许用户通过删除、替换、提取或添加文件来调整库。助记符到代数汇编语言转换公用程序把含有助记符指令的汇编语言源文件转换成含有代数指令的汇编语言源文件。

利用建库程序（Library_build Utility）建立满足要求的"运行支持库"。运行支持库（Run_time_support Libraries）包括 C 编译器所支持的 ANSI 标准运行支持函数、编译器公用程序函数、浮点运算函数和 C 编译器支持的 I/O 函数。

十六进制转换公用程序（Hex Conversion Utility）把 COFF 目标文件转换成 TI-Tagged、

ASCII-hex、Intel、Motorola-S 或 Tektronix 等目标格式，可以把转换好的文件下载到 EPROM 编程器中。

交叉引用列表器（Cross_reference Lister）用目标文件产生参照列表文件，可显示符号及其定义，以及符号所在的源文件。

绝对列表器（Absolute Lister）输入目标文件，输出.abs 文件，通过汇编.abs 文件可产生含有绝对地址的列表文件。如果没有绝对列表器，这些操作将需要通过手工操作来完成。

7.4.3 CCS 集成开发环境

CCS 集成开发环境（IDE）允许编辑、编译和调试 DSP 目标程序。

1. 编辑源程序

CCS 允许编辑 C 源程序和汇编语言源程序，还可通过在 C 语句后面显示汇编指令的方式来查看 C 源程序，如图 7-9 所示。

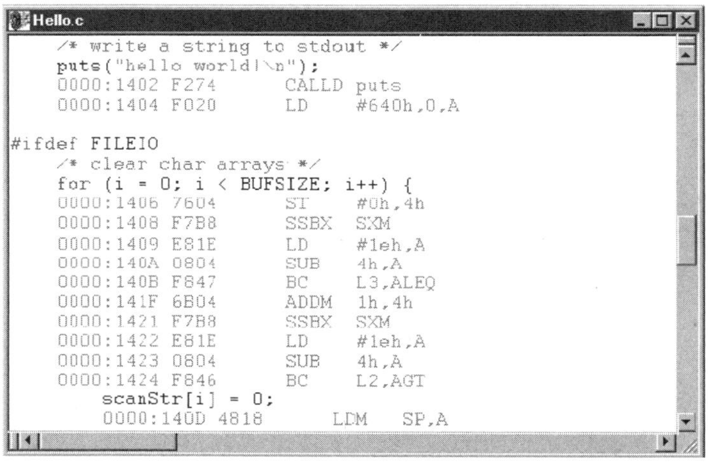

```
Hello.c
    /* write a string to stdout */
    puts("hello world!\n");
0000:1402 F274      CALLD puts
0000:1404 F020      LD    #640h,0,A

#ifdef FILEIO
    /* clear char arrays */
    for (i = 0; i < BUFSIZE; i++) {
0000:1406 7604      ST    #0h,4h
0000:1408 F7B8      SSBX  SXM
0000:1409 E81E      LD    #1eh,A
0000:140A 0804      SUB   4h,A
0000:140B F847      BC    L3,ALEQ
0000:141F 6B04      ADDM  1h,4h
0000:1421 F7B8      SSBX  SXM
0000:1422 E81E      LD    #1eh,A
0000:1423 0804      SUB   4h,A
0000:1424 F846      BC    L2,AGT
        scanStr[i] = 0;
0000:140D 4818      LDM   SP,A
```

图 7-9 程序编辑功能

集成编辑环境可用彩色加亮关键字、注释和字符串；以圆括弧或大括弧标记 C 程序块，查找匹配块；能够实现在一个或多个文件中快速查找和替代字符串；取消和重复多个操作；获得帮助；用户定制的键盘命令分配等。

2. 创建应用程序

创建应用程序通过创建工程文件开始，工程文件包括 C 源程序、汇编源程序、目标文件、库文件、链接命令文件和包含文件。编译、汇编和链接文件时，可以分别指定它们的选项。在 CCS 中，可以选择完全编译或增量编译，可以编译单个文件，可以扫描出工程文件的全部包含文件从属树，也可以利用传统的 make files 文件编译。

3. 调试应用程序

CCS 提供设置可选择步数的断点；在断点处自动更新窗口；查看变量；观察和编辑存储器和寄存器；观察调用堆栈；对流向目标系统或从目标系统流出的数据采用探测点（Probe Points）观察，并收集存储器映像；绘制选定对象的信号曲线；估算执行统计数据；观察反汇编指令和 C 指令；提供 GEL 语言，允许开发者向 CCS 菜单中添加功能。

4. DSP/BIOS 插件

在软件开发周期的分析阶段，调试依赖于时间的例程时，传统调试方法效率低下。DSP/BIOS 插件支持实时分析，它们可用于探测、跟踪和监视具有实时性要求的应用例程。

DSP/BIOS API 具有下列实时分析功能：

程序跟踪（Program tracing）显示写入目标系统日志（Target Log）的事件，反映程序执行过程中的动态控制流；性能监视（Performance Monitoring）跟踪反映目标系统资源利用情况的统计表，例如处理器负荷和线程时序；文件流（File Streaming）把常驻目标系统的 I/O 对象捆绑成主机文档。

DSP/BIOS 提供了基于优先权的调度函数，能支持函数和多优先权线程的周期性执行。

（1）DSP/BIOS 配置

在 CCS 环境中，可利用 DSP/BIOS API 定义的对象创建配置文件，从而简化了存储器映像和硬件 ISR 矢量映像，因此即使不使用 DSP/BIOS API，也可以使用配置文件。其有两个任务：

1）设置全局运行参数。

2）可视化创建和设置运行对象属性，这些运行对象由目标系统应用程序的 DSP/BIOS API 函数调用，它们包括软中断、I/O 管道和事件日志。

有 cdb 扩展名的文件是 CCS 的配置数据库文件，图 7-10 给出了在 CCS 中打开一个配置文件 hello.cdb 时，其显示的窗口。

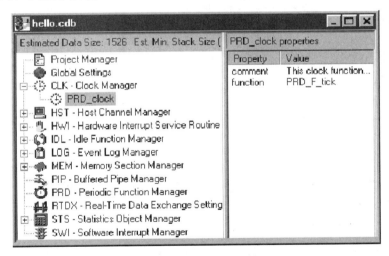

图 7-10　CCS 配置文件

DSP/BIOS 对象是静态配置的，并限制在可执行程序空间范围内，而运行时创建对象的 API 调用需要目标系统额外的代码空间等开销。静态配置策略通过去除运行代码，能够使目标程序存储空间最小化，能够优化内部数据结构，在程序执行之前能够通过确认对象所有权来尽快地检测出错误。保存配置文件时将产生若干个与应用程序联系在一起的文件，例如产生链接器命令文件（*cfg.cmd）、头文件（*cfg.h54）和汇编语言源文件（*cfg.s54）。

（2）DSP/BIOS API 模块

DSP/BIOS API 要求将目标系统程序和特定的 DSP/BIOS API 模块连接在一起。通过在配置文件中定义 DSP/BIOS 对象，一个应用程序可以使用一个或多个 DSP/BIOS 模块。在源代码中，这些对象声明为外部的，并调用 DSP/BIOS API 功能。

每个 DSP/BIOS 模块都有一个单独的 C 头文件或汇编宏文件，它们可以包含在应用程序源文件中。为了尽量少地占用目标系统资源，必须优化（C 和汇编源程序）DSP/BIOS API 调用。DSP/BIOS API 划分为下列模块，模块内的任何 API 调用均以下述代码开头：

CLK：片内定时器模块，控制片内定时器并提供高精度的 32 位实时逻辑时钟，它能够控制中断的速度，使之快则可达"单指令周期时间"，慢则可达"若干毫秒或更长时间"。

HST：主机输入/输出模块，管理主机通道对象，它允许应用程序在目标系统和主机之间交流数据。主机通道通过静态配置为输入或输出。

HWI：硬件中断模块，提供对硬件中断服务程序的支持，可在配置文件中指定当硬件中断发生时需要运行的函数。

IDL：休眠功能模块，管理休眠函数，休眠函数在目标系统程序没有更高优先权的函数运行时启动。

LOG：日志模块管理 LOG 对象，LOG 对象在目标系统程序执行时实时捕捉事件。开发者可以使用系统日志或定义自己的日志，并在 CCS 中利用它实时浏览信息。

MEM：存储器模块，允许指定存放目标程序的代码和数据所需的存储器空间。

PIP：数据通道模块，管理数据通道，它被用来缓存输入和输出数据流。这些数据通道提供一致的软件数据结构，可以使用它们驱动 DSP 和其他实时外围设备之间的 I/O 通道。

PRD：周期函数模块，管理周期对象，它触发应用程序的周期性执行。周期对象的执行速率可由时钟模块控制或 PRD__tick 的规则调用来管理，而这些函数的周期性执行通常是为了响应发送或接收数据流的外围设备的硬件中断。

RTDX：实时数据交换，允许数据在主机和目标系统之间实时交换，在主机上使用自动 OLE 的客户都可对数据进行实时显示和分析。

STS：统计模块，管理统计累积器，在程序运行时，它存储关键统计数据并能通过 CCS 浏览这些统计数据。

SWI：软件中断模块，管理软件中断。软件中断与硬件中断服务程序（ISRs）相似。当目标程序通过 API 调用发送 SWI 对象时，SWI 模块安排相应函数的执行。软件中断可以有高达 15 级的优先级，但这些优先级都低于硬件中断的优先级。

TRC：跟踪模块，管理一套跟踪控制位，它们通过事件日志和统计累积器控制程序信息的实时捕捉。如果不存在 TRC 对象，则在配置文件中无跟踪模块。

5. 硬件仿真和实时数据交换

TI 公司的 DSP 提供在线仿真支持，它使得 CCS 能够控制程序的执行，实时监视程序运行。增强型 JTAG 连接提供了在线仿真的支持，可与任意 DSP 系统相连。仿真接口提供主机一侧的 JTAG 连接，如 TIXSD510。为方便起见，评估板提供在板 JTAG 仿真接口。

在线仿真硬件提供多种功能：DSP 的启动、停止或复位功能；向 DSP 下载代码或数据；检查 DSP 的寄存器或存储器；硬件指令或依赖于数据的断点；包括周期的精确计算在内的多种计数能力。

CCS 提供嵌入式支持:RTDX 通过主机和 DSP APIs 提供主机和 DSP 之间的双向实时数据交换，它能够使开发者实时连续地观察到 DSP 应用的实际工作方式。在目标系统应用程序运行时，RTDX 也允许开发者在主机和 DSP 设备之间传送数据，而且这些数据可以在使用自动 OLE 的客户机上实时显示和分析，从而缩短研发时间。

RTDX 由目标系统和主机两部分组成，小的 RTDX 库函数在目标系统 DSP 上运行。开发者通过调用 RTDX 软件库的 API 函数使目标系统的 DSP 输入或输出数据，库函数通过在线仿真硬件和增强型 JTAG 对主机平台进行数据的输入或输出，数据在 DSP 应用程序运行时实时传送给主机。

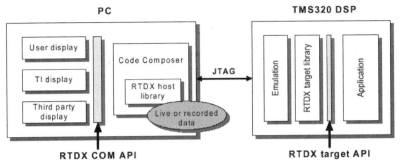

图 7-11　RTDX 系统组成

在主机平台上，RTDX 库函数与 CCS 协同工作。显示和分析工具可以通过 COM API 与 RTDX 通信，从而获取目标系统数据或将数据发送给 DSP 应用例程。开发者可以使用标准的显示软件包，例如 LabVIEW、Quinn-Curtis' Real-Time Graphics Tools 或 Microsoft Excel。同时，开发者也可开发自己的 Visual Basic、Visual C++或 C#等应用程序。RTDX 能够记录实时数据，并可将其回放用于离线分析。

RTDX 适合于各种控制、伺服和音频应用。对于这些应用，用户都可以使用可视化工具，而且可以根据需要选择信息显示方式。未来的 TI DSPs 将增加 RTDX 的带宽，为更多的应用提供更强的系统可视性。关于 RTDX 的详细资料，可参见 CCS 的在线帮助。

6. CCS 文件和变量

CCS 文件夹、CCS 的文件类型及 CCS 环境变量分别介绍如下。

（1）安装文件夹

一般安装进程将安装 C:\ti 文件夹。此外，子文件夹又建立在 Windows 目录下（C:\windows 或 C:\winnt）。C:\ti 包含的子目录见表 7-2。

表 7-2　C:\ti 下的目录

Bin	各种应用程序
c5400\bios	DSP/BIOS API 的程序编译时使用的文件
c5400\cgtools	TI 源代码生成工具
c5400\examples	源程序实例
c5400\rtdx	RTDX 文件
c5400\tutorial	使用的实例文件
cc\bin	关于 CCS 环境的文件
cc\gel	与 CCS 一起使用的 GEL 文件
docs	PDS 格式的文件和指南
myprojects	用户文件夹

（2）文件扩展名

表 7-3 中的路径被添加到 Windows 目录下。

表 7-3　添加到 Windows 目录下的路径

ti\drivers	各种 DSP 板驱动文件
ti\plugins	和 CCS 一起使用的插件程序
ti\uninstall	支持卸载 CCS 软件的文件

当使用 CCS 时，将经常遇见下述扩展名文件（见表 7-4）。

表 7-4　CSS 扩展名文件

Project.mak	CCS 使用的工程文件
Program.c	C 程序源文件
Program.asm	汇编程序源文件
Filename.h	C 程序的头文件，包含 DSP/BIOS API 模块的头文件
Filename.lib	库文件
Project.cmd	连接命令文件
Program.obj	由源文件编译或汇编而得的目标文件
Program.out	经完整的编译、汇编以及连接的可执行文件
Project.wks	存储环境设置信息的工作区文件
Program.cdb	配置数据库文件（采用 DSP/BIOS API 的应用程序需要这类文件，对于其他应用程序则是可选的）

保存配置文件时将产生下列文件（见表 7-5）。

表 7-5　配置文件后生成的文件

Programcfg.cmd	连接器命令文件
Programcfg.h54	头文件
Programcfg.s54	汇编源文件

（3）环境变量

安装程序在 autoexec.bat 文件中将定义一些 Windows 变量（见表 7-6）。

表 7-6　环境变量

变　量	描　述
C54X_A_DIR	汇编程序使用的搜索表 用于 DSP/BIOS、RTDX 以及代码生成工具的包含文件
C54X_C_DIR	编译程序和连接程序使用的搜索表 用于 DSP/BIOS、RTDX 以及代码生成工具的包含文件
PATH	添加到路径定义中的文件夹列表，默认将添加文件夹 C:\ti\c5400\cgtools\bin 和 C:\ti\bin

7.5　简单应用程序开发实例

下面将以一个简单的实例，介绍如何在 CCS 中创建、调试和测试应用程序。

1. 创建工程文件

本实例要求编写一个程序，采用标准库函数来显示 Hello! I LOVE CHINA!字符串[7-8]。文件的创建过程如下：

1）建立新文件夹。如果 CCS 安装在 C:\ti 中，则可在 C:\ti\myprojects 建立文件夹 hello1。

2）将 C:\ti\c5400\tutorial\hello1 中的所有文件复制到该新文件夹。

3）在 Windows 桌面上双击 Code Composer Studio 图标。

4）选择菜单项 Project→New。

5）在 Save New Project As 窗口中选择所建立的工作文件夹并单击 Open。键入 myhello 作为文件名并单击 Save，CCS 就创建了 myhello.mak 的工程文件，其保存了工程设置，并提供了对工程所使用的各种文件的引用。

2. 向工程添加文件

1）选择 Project→Add Files to Project，选择 hello.c 单击 Open。

2）选择 Project→Add Files to Project，在文件类型框中选择*.asm。选择 vector.asm 并单击 Open。该文件包含了设置跳转到该程序的 C 入口点的 RESET 中断（c_int00）所需的汇编指令（对于更复杂的程序，可在 vector.asm 定义附加的中断矢量或者用 DSP/BIOS 来自动定义所有的中断矢量）。

3）选择 Project→Add Files to Project，在文件类型框中选择*.cmd。选择 hello.cmd 并单击 Open，hello.cmd 包含程序段到存储器的映射。

4）选择 Project→Add Files to Project，进入编译库文件夹（C:\ti\c5400\cgtoo-ls\lib），在文件类型框中选择*.lib，选择 rts.lib 并单击 Open，该库文件对目标系统 DSP 提供运行支持。

5）单击紧挨着 Project、Myhello.mak、Library 和 Source 旁边的符号+展开 Project 表，称为 Project View。

6）在工程的创建过程中，CCS 扫描文件间的依赖关系时将自动找出包含文件，因此不必手工向工程中添加包含文件。在工程建立之后，包含文件自动出现在 Project View 中。

3. 查看源代码

1）双击 Project View 中的源代码文件，可在窗口的右半部看到源代码。

2）可选择 Option→Font 调整显示的字体大小。

4. 编译和运行程序

在 CCS 环境下所做的任何改变，都会被自动保存到工程设置中。当退出了 CCS，可通过重启 CCS 和单击 Project→Open，即可返回到之前被停止的地方。编译和运行程序时，可按以下步骤操作：

1）单击工具栏按钮或🔲，选择 Project→Rebuild All，CCS 重新编译、汇编和链接工程中的所有文件，相关的信息会显示在窗口底部的信息框中。

2）选择 File→Load Program，选择刚才重新编译过的程序 myhello.out（该文件在 C:\ti\myprojects\hello1 下，除非 CCS 安装在了别的目录）并单击 Open。CCS 把程序加载到目标系统 DSP 上，并打开 Dis_Assembly 窗口，该窗口显示反汇编指令（CCS 还会自动打开窗口底部一个标有 Stdout 的区域，用以显示程序的输出）。

3）单击 Dis_Assembly 窗口中一条汇编指令，按 F1 键，CCS 将搜索该指令的相关帮助。

4）单击工具栏按钮🏃或选择 Debug→Run，当运行程序时，可在 Stdout 窗口中看到要显示的消息。

当开发和测试程序时，可用断点和观察窗口来观察程序执行过程中变量的值。程序执行到断点后，还可以使用单步执行命令。观察窗还可观察变量的值，此处就不进行具体介绍了。

7.6 TMS320LF2812 DSP 应用实例

7.6.1 核心板介绍

为了提高系统设计的简便性和可靠性，可以选择对应 DSP 的核心板，自己根据需要设计母板。本例中，我们希望用美国德州仪器公司的 TMS320F2812 控制直流电动机的运动，选择 DSP 微处理模块 IMEZ2812 核心板作为系统的嵌入式控制主机。

IMEZ2812 核心板有自己独立的电源、晶振和存储器，可脱离母板独立运行。IMEZ2812 核心板的特点是：①主处理器采用 TMS320LF2812，处理能力可达 150MIPS。②128K×16bit 的片内 Flash 和 18K×16bit 的 SARAM。③外部存储空间最大可扩展至 1M×16bit。④128 位的加密锁，可对 Flash、ROM 及片内 SARAM 中的 L0、L1 进行加密。⑤三个外部中断口，并有外围中断扩展模块，可支持多达 45 个外围中断，三个 32bit 的定时器。⑥正交编码器（QEP）信号捕捉接口。⑦两个工作于标准 UART 方式的 SCI 异步串行接口，CAN 接口。⑧多达 56 个单独编程的复用口，亦可用作通用 I/O 口。⑨JTAG 接口，支持 TI 公司及第三方的仿真器。⑩支持标准的 C/C++编程语言进行程序设计。⑪5V 电源供电，工作电压为 3.3V、1.8V，并可对外提供 3.3V 0.5A 的电源，带上电复位和主机复位功能。

IMEZ2812 的核心板有两排接插件用来和母板连接，提供给母板 TMS320LF2812 所有的信号。因此在母板上只需留下两排与 IMEZ2812 核心板接插件相对应的接插件，这样不但简化了母板的设计，也方便了 DSP 微处理核心板模块的更换。

7.6.2 被控对象分析

假设被控对象是水平移动负载，例如安全门。机构本体采用齿形带传动，电动机通过带轮传动控制负载运动。机构本体的负载质量 $M_D = 63\text{kg}$，带轮半径 $r_D = 0.025\text{m}$，滑动摩擦阻力 $f_D = 25\text{N}$，负载最大运行速度 $v_D = 0.6\text{m/s}$，最大运行加速度 $a_D = 0.5\text{m/s}^2$，最大角速度 $\omega_D = 24\text{rad/s}$。于是，电动机与减速器的选型如下：电动机需要提供的最大驱动力 $F_{max} = M_D a_D + f_D = 56.5\text{N}$；电动机需要提供的最大驱动力矩 $T_{max} = F_{max} r_D = 1.4125\text{N·m}$；电动机需要提供的最大功率 $P_{max} = T_{max}\omega_D = 33.9\text{W}$。

由于直流伺服电动机具有响应迅速，精度高，调速范围宽，负载能力大，控制特性优良等特点，被广泛应用在闭环控制的伺服系统中，因此控制系统采用 Maxon 公司石墨电刷直流电动机 RE30-310009，行星轮减速箱 GP32C-166936 和配套的数字脉冲编码器 MR-Type L。Maxon 公司提供将三者集成在一起电动机模块，缩小了电动机系统的体积。行星轮减速箱 GP32C-166936 的减速比 $i = 21:1$。石墨电刷直流电动机 RE30-310009 的标称功率 $P = 60\text{W} > P_{max}$。结合减速箱，最大连续转矩 $T = 1.8\text{N·m} > T_{max}$，最大允许速度 $v = 1.0\text{m/s} > v_D$，因此石墨电刷直流电动机 RE30-310009 可以满足控制系统的要求。数字脉冲编码器 MR-Type L 每转输出 1024 个脉冲，可以反馈直流电动机的旋转角位移，从而使整个电动机控制系统构成闭环。

按照 Maxon 石墨电刷直流电动机的指标，选用 Maxon 公司的 4-Q-DC 直流伺服电动机驱动器。直流电动机驱动器的功能是将毫安培级的控制信号放大到安培级驱动信号驱动直流电动机运行。4-Q-DC 直流伺服电动机驱动器可提供最大连续输出电流为 10A，大于电动机最大连续电流 1.88A。4-Q-DC 直流伺服电动机驱动器与石墨电刷直流电动机 RE30-310009 相连，与数字脉冲编码器 MR-Type L 的通道 A、$\overline{A}$、B、$\overline{B}$ 相连。石墨电刷直流电动机 RE30-310009 的额定电压为 48V，因此 4-Q-DC 的输入电源为 48V。4-Q-DC 直流伺服电动机驱动器可直接接收数字脉冲编码器 MR-Type L 的旋转角位移脉冲信号构成电动机系统的速度闭环，因此只需要由 TMS320F2812 电动机控制器模块输出 $-10\sim +10$V 的模拟信号就可以准确地控制电动机的速度和方向。

7.6.3 数字-模拟信号转换模块

该例中，数字-模拟信号转换模块是将 DSP 微处理模块输出的数字信号转换为驱动器所需的模拟输入信号。按照 4-Q-DC 直流伺服电动机驱动器控制的要求，我们选用 BURR-BROWN 公司的 DAC7625 数字-模拟信号转换芯片，DAC7625 可面向过程控制、数据采集和电动机伺服控制。DAC7625 是 12 位 DAC 模块，它接收 12 位并行输入数字数据。DAC7625 的模拟输出为 $V_{\text{OUT}} = V_{\text{REFL}} + \dfrac{N(V_{\text{REFH}} - V_{\text{REFL}})}{4096}$，其中 V_{REFH} 是参考高电压输入，可取值为 +2.5V；V_{REFL}，可取值为 -2.5V；N 是数字信号输入，范围是 000H～FFFH。因此 DAC7625 的模拟输出约为 $-2.5\sim +2.5$V。

由于 4-Q-DC 直流伺服电动机驱动器控制输入控制电压要求为-10V～+10V，因此还需要运算放大器放大 4 倍。我们使用 LM2902 运算放大器，它面向汽车与工业控制领域，低能耗设计适合工业级使用，同时 LM2902 具有四个独立的运算放大器，满足我们对两路电压输出的放大要求。数字-模拟信号转换模块被设计在母板上，其原理如图 7-12 所示。

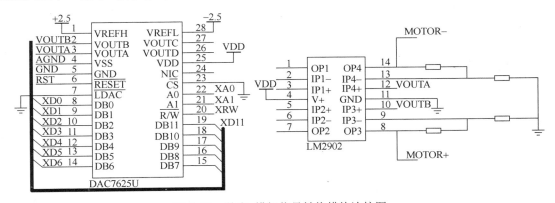

图 7-12　数字-模拟信号转换模块连接图

TMS320F2812 模块输出的数字信号是通过 12 路数据总线信号 XD0～XD11 传入 DAC7625。除了数据总线信号，还要将 DAC7625 的片选信号置为低电平，DAC7625 读写控制信号 R/$\overline{\text{W}}$ 与 DSP 微处理模块的读写控制信号 XRW 相连，并且将允许 DAC 采集数据引脚 $\overline{\text{LDAC}}$ 置为低电平有效。DAC7625 有 4 路模拟输出，可以通过 DSP 微处理模块的地址总线信号指定哪一路输出，因此要将 DSP 的地址总线 XA0、XA1 与 DAC7625 的输出选择信号 A0、A1 相连。

最后将 DAC7625 的 2 路模拟输出 VOUTA 和 VOUTB，通过运算放大器 LM2902 的 4 倍放大后输出 MOTOR+和 MOTOR-，经过隔离模块 ISO124 输出给直流伺服电动机驱动器。

I/O 口的控制包括对继电器、指示灯、限位开关和按钮开关的控制。这些 I/O 口都通过 6N-137 光耦与 TMS320F2812 的 I/O 口进行连接，通过 DSP 的程序进行控制。通过 6N-137 光耦，DSP 的 QEP 接口可以接收数字脉冲编码器 MR-Type L 的 A、$\overline{A}$、B、$\overline{B}$ 的信号。电源模块提供给系统+5V，-2.5V，+2.5V，-10V，+10V。其中 TMS320F2812 DSP 与 DAC7625 采用的数字地与模拟地不同，应该分别提供电源，单点共地。

7.6.4　控制程序的设计与编写

控制程序包括八个部分，使用 C 语言在 TI 公司的 Code Composer Studio IDE 中进行编写，然后在 CCS 这个集成编写环境中进行编译、链接和生成 TMS320LF2812 可执行的机器代码，再通过仿真器 SEED-XDSpp 下载到 DSP 芯片中进行调试与运行。具体的软件流程如图 7-13 所示。

（1）在 TMS320LF2812 复位后，首先从 ROM 中进行引导（boot），在 DSP 中有一个 4K×16 的在线引导 ROM。这个 ROM 是由 TI 公司进行烧写，它提供了引导程序。ROM 按照四个 GPIO 口的输入引脚来判断用哪一种形式进行系统引导。在调试中程序放在 H0 SARAM 中，要将程序引导到 H0 SARAM（起始地址 0x3F8000）中，使用仿真器进行调试；在最终产品运行时程序放在 Flash 中，要将程序引导到起始地址 0x3F7FF6 中，这个地址中必须写入一个转移指令转移到 Flash 中，使得程序可以从实际的 Flash 地址中运行。

（2）引导到 H0 SARAM 中，要求 GPIOF4 为高电平，其余 3 个 GPIO 任意；引导到 Flash 中，要求 GPIOF4、GPIOF12 和 GPIOF2 为低电平，GPIOF3 为高电平。引导后会进入 DSP281x_CodeStartBranch.asm 汇编语言文件，它要完成关闭看门狗，转向正确的 C 语言初始化程序 C Init。

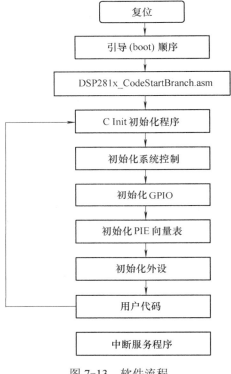

图 7-13　软件流程

（3）C Init 程序自动作为库函数封装在 rts2800.lib 内，它会自动运行，不需要用户干预。当 C Init 初始化程序运行完毕后，就进入用户的 main 函数。

（4）在运行用户特定程序、附加函数和中断服务程序之前必须完成微处理器所有的初始化。微处理器的初始化首先是系统控制初始化，它要初始化 PLL，开启外设时钟和设置 PLL 的时钟倍率。我们使用 30MHz 的时钟，时钟倍率为 4，因此使用 120MHz 的系统输出时钟运行控制程序。

（5）GPIO 初始化。它要初始化 GPIO 是作为普通输入输出口运行还是作为复用功能的输入输出口运行。我们使用的 I2C 时钟引脚和数据引脚、QEP（编码器输入）引脚、SCI（串行通信接口）引脚和 CAN 通信输入输出引脚都为复用功能引脚，要进行复用的设置。其余电子锁、指示灯、限位开关和按钮开关的输入输出口都为普通 I/O 口，要进行作为输入还是输出的设置。

（6）外设中断扩展（PIE）向量表初始化，使其指向 DSP281x_DefaultIsr.c 中的默认中断服务程序。

（7）外设初始化，它要初始化程序中将要使用的外设，我们使用的定时时钟、CAN 模块、串口模块和 I2C 模块都要进行初始化设置。这些都完成后可以使能所要使用的中断，清除中断标志。

（8）完成了微处理器的所有初始化后，就可以运行用户代码。我们编写的控制程序的采样周期为 1ms，在每 1ms 中完成所有的控制步骤。因此用户代码就是 1ms 的中断服务程序和一个无限循环的主程序。

7.6.5 控制程序的关键函数

最简单的电动机控制轨迹曲线采用三段式，即匀加速段、匀速段和匀减速段。TMS320LF2812 的函数编写尽可能采用 DSP 自带的函数资源，例如 TI 公司提供的 IQ Math 数学函数库，这些函数包含一些以 IQ 为前缀的运算函数。下面介绍几个重要的速度计算函数，具体程序如下所示：

1. 加速曲线函数

```
void Accelerate(_iq a, Uint16 t, int *v,Uint16 *s)
{
    *v=_IQmpyI32int(a, t);
    *s=_IQmpyI32int(_IQmpyI32(_IQ(0.0005), *v), t);
}
```
输入量：a 是曲线加速段的加速度；t 是曲线加速段的结束时间；
输出量：v 是曲线加速段的速度；s 是曲线加速段的位移。

2. 匀速曲线函数

```
void Steadiness(Uint16 t0, Uint16 t, int v0, Uint16 s0, Uint16 *s)
{
    *s=_IQmpyI32int(_IQmpyI32(_IQ(0.001),(t-t0)), v0)+s0;
}
```
输入量：t0 是曲线匀速段的初始时间；t 是曲线匀速段的结束时间；v0 是曲线匀速段的速度；
    s0 是曲线匀速段的初始位移。
输出量：s 是曲线匀速段的结束位移。

3. 减速曲线函数

```
void Decelerate(_iq a,Uint16 t0,Uint16 t,int v0,int *v,Uint16 s0,Uint16 *s)
{
    *v=v0-_IQmpyI32int(a,(t-t0));
    *s=_IQmpyI32int(_IQmpyI32(_IQ(0.0005),(t-t0)),(v0+*v))+s0;
}
```
输入量：a 是曲线减速段的加速度；t0 是曲线减速段的初始时间；t 是曲线减速段的结束时间；v0 是曲线减速段的初始速度；s0 是曲线减速段的初始位移。
输出量：v 是曲线减速段的结束速度；s 是曲线减速段的结束位移。

假设要求电动机以三段运行加速轨迹 1.5s，匀速 1s，减速 1.5s，则我们首先使用 1.5s 的 Accelerate 函数，然后使用 1s 的 Steadiness 函数，最后使用 1.5s 的 Decelerate 函数。类似地，根据运动学和轨迹规划的光滑性要求，我们可以得到 5 段轨迹和 7 段轨迹。我们也可以得到上述的速度曲线函数，此处从略。

7.6.6 积分分离 PID 控制程序

PID 控制器由比例单元 P、积分单元 I 和微分单元 D 组成，也称为比例-积分-微分控制器。通过 K_p，K_i 和 K_d 三个参数的设定，来改变 PID 的调节作用。PID 控制不需要知道被控对象的精确数学模型，因此目前对于许多不知道精确数学模型的控制任务来说，PID 控制就有了用武之地。虽然计算机控制是离散控制系统，但随着微处理器处理速度的大幅提高，控制周期可以达到毫秒级，甚至微妙级，控制系统可以近似为连续变化的系统（对于时间常数较大的被控对象来说更为明显），因此用微处理器编写的数字 PID 控制算法可以获得连续控制的满意效果。PID 控制技术已经发展出不同的变种，例如 P、PI、PD、积分分离 PID、带死区的 PID、变速积分 PID 等，已经成为连续控制理论中技术最成熟，结构最灵活，应用最广泛的一种控制方法。

比例控制（P）的作用是使输出与输入偏差成正比，比例系数 K_p 越大，调节作用越强，动态特性也越好，但太大会引起系统自激振荡，单纯的比例控制的主要缺点是存在静差。为了消除静差，引入了 PI 控制，由于加入了积分环节，使得调节器的输出与输入偏差的积分成比例作用，因此即使某一时刻误差为零，积分环节仍然会有调节作用。随着控制周期的增加，积分输出会达到饱和，趋于稳定值。

当控制对象有较大的惯性时，PI 调节无法得到很好的调节品质。这时，在调节器中加入微分（D）的作用，在偏差刚刚出现且不大时，根据偏差的变化速度，提前给出较大的调节作用，从而减小系统动态偏差和调节时间。

本例中，电动机的运动控制采用积分分离 PI 控制方法。系统中加入积分校正以后，会产生过大的超调量，这对有些控制过程是不允许的，通过使用积分分离算法，既保持了积分的作用，又减少了超调量，使得控制性能有了较大的改善。积分分离算法要设置积分分离阈值 $xPID$。

当 $|e(kT)| \leqslant |xPID|$ 时，采用 PI 控制，可保证系统的控制精度。

当 $|e(kT)| > |xPID|$ 时，采用 P 控制，可使超调量降低。

积分分离 PI 算法可表示为

$$u(kT) = K_p e(kT) + K_l K_i \sum_{j=0}^{k} e(jT)$$

$$K_l = \begin{cases} 1, |e(kT)| \leqslant |xPID| \\ 0, |e(kT)| > |xPID| \end{cases}$$

积分分离 PI 控制方法对实际的编码器脉冲数与设定脉冲数之差进行比例、积分计算。再将计算值作为速度的改善值，进行速度补偿，具体程序如下：

```
void PI (U16 s, U16 caphall,int xPID,U16 Kp,U16 Ki,int ek0,int*ek ,int*vPID)
{
    *ek=s - caphall;                //到第 k 个周期时的累积误差
    if((*ek>=0)&&(*ek>=xPID)||(*ek<0)&&(*ek<=-xPID))
        *vPID=_IQmpyI32int(Kp,(*ek - ek0));               //p 调节
    if((*ek>=0)&&(*ek<xPID)||(*ek<0)&&(*ek>-xPID))
        *vPID=_IQmpyI32int(Kp,(*ek - ek0))+ _IQmpyI32int(Ki,*ek);
                                                          //PI 调节

}
```

在调用完上述 PID 程序后，要把下面这句程序放在调用 PI 函数的后面：ek0=ek;从而方便下个周期再次调用。

7.7 无刷电动机控制电动舵机实例

下面以方波驱动无刷电动机控制电动舵机的运动为例来进一步说明 TMS320F2812 的应用。

7.7.1 电动舵机总体介绍

应用于某领域的电动舵机系统如图 7-14 所示。电动舵机由方波驱动的无刷电动机控制，电动机的换相和速度控制由数字霍尔实现。电动机输出端经过减速机构后在舵机的输出轴输出大力矩驱动负载。输出轴的末端用旋转变压器（Resolver，简称旋变）实现全闭环位置控制。

图 7-14　电动舵机系统图

电动舵机的性能指标要求输出力矩 244N·m，偏转角±25°，稳态误差±0.5°，CAN 总线通信，功率电压直流 350V，仪器电压直流 24V，电动机极对数 6。控制系统总体框图如图 7-15 所示。舵机控制器实现位置环、速度环和电流环的控制。位置环的旋变采用多摩川公司的 TS2620N21E11，检测电动舵机输出轴的角度值。速度环采用电动机后端的数字霍尔传感器计算反馈速度，同时还用来电动机的换相。电流环控制时对两相电流信号进行采样。

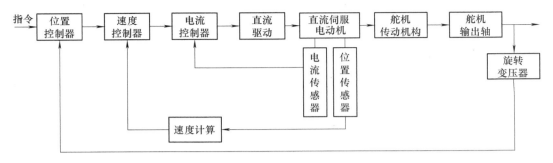

图 7-15　电动舵机控制系统图

7.7.2　无刷电动机驱动原理

无刷电动机方波驱动通常采用三相全控电路,即两两导通 Y 形三相六状态驱动,如图 7-16 所示。"两两导通"是指每次换相有两只功率管导通,每隔 1/6 周期（一周期为一周, 即 360° 电角度）换相一次,每次换相改变一个功率管的通断,每个功率管导通 120°电角度。

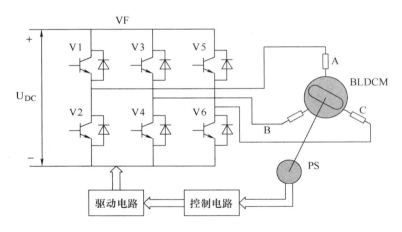

图 7-16　无刷电动机三相全控电路

图 7-16 中,功率管 V1～V6 由 TMS320F2812 的 PWM 引脚控制,位置传感器（PS）数字霍尔检测无刷电动机磁极位置,在换相点改变不同的功率管导通。功率管选择时, 一般低母线电压系统采用 MOSFET 管,高母线电压系统采用 IGBT 管。在不同的电角度区域,导通的功率管和无刷电动机电流方向见表 7-7。

表 7-7　两两导通 Y 形三相六状态方式的通电规律

转子位置（电角度°）	0～60	60～120	120～180	180～240	240～300	300～360
导通开关管	V4, V1	V1, V6	V6, V3	V3, V2	V2, V5	V5, V4
A 相	+	+		—	—	
B 相	—		+	+		—
C 相		—	—		+	+

注：表中"+"表示正向通电；"—"表示反向通电。

在例程中,PWM 调制方法采用上桥臂 PWM 调制,下桥臂导通的方式,如图 7-17 所示。

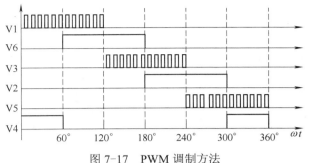

图 7-17　PWM 调制方法

7.7.3　电动舵机控制器实现

1. 硬件实现

如图 7-18 所示，电动舵机的角度位置指令由上层的 DSP 通过 CAN 总线发出。电动机后端的三路数字霍尔输入到 DSP 的 CAP1、CAP2 和 CAP3 三个引脚，在每 360 电角度输出六种状态。除了用于 6 个状态的换相外，还用于速度的反馈量计算。在使用数字霍尔信号进行速度反馈计算时，由于机械安装等误差，会造成速度的周期性波动，因此需对计算的速度信号进行滤波处理。

本例采用两个隔离电流传感器对其中两相电流信号进行采样。对于三相无刷电动机，根据 $i_A+i_B+i_C=0$（其中，i_A，i_B，i_C 分别表示电动机三相电流瞬时值）可以求出第三相电流值。方波驱动的无刷电动机电流的波动很大，尤其在换相点，因此对无刷电动机的电流闭环是控制的难点。电流采样值经调理电路和滤波电路后，保证其在 A-D 输入口所要求的 0～3V 范围内，再送到 DSP 的三个 A-D 采样口。同时电压信号的检测经过传感器也会送到 DSP 的 ADC 引脚。在电动机突然停止时，电动机的反电动势会使母线电压瞬间升高，过高的母线电压会损坏控制器的电子元器件，所以在无刷电动机控制器中会加入母线的检测和泄放（制动）电路。当 DSP 检测到母线电压升高至设定电压时，控制泄放电路导通，使母线电压降下来。为了保证系统安全，还可设置硬件过压保护和过流保护的报警模块。

下面就各个模块来具体说明控制器硬件的实现。

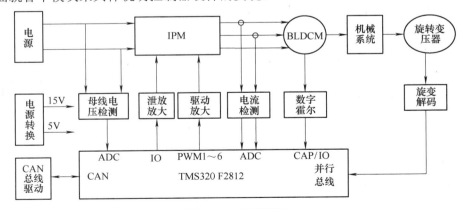

图 7-18　硬件框图

本实例中采用基于磁补偿原理的霍尼韦尔公司的 CSNE151-100 这款多量程小体积电流传感器，它可以测量直流、交流或者脉动电流，初/次级电路之间电气绝缘性好，绝缘电压高达 5000V，温度范围在-40～85℃。传感器的供电为±15V 的直流电源，电流比有 1000∶1，500∶1，333∶1 和 250∶1 可选，在本实例中选择 1000∶1 的电流比。

本实例中对 U 相、V 相电流同时进行采样，将 ADC 模块配置成两个独立的 8 通道模块，得到的采样信号作为电流反馈分别通过 ADC 中的 ADCINA0 和 ADCINB0 输入到 DSP 控制器。电流信号处理电路如图 7-19 所示。电流传感器的输入接入 U 相电枢两端 U 和 U'，输入电流范围为-25～25A，输出范围为-25～25mA，而 TMS320F2812 的采样量程是 0～3V，因此需要对电流信号做抬升，实例中设计了一个-1.5V 的参考电压。图 7-19 给出了电流采样电路，其中包括了采样信号输入到 A-D 通道前的调理电路，即电压跟随、加法器、阻容滤波和电压钳位保护电路。为了保证信号采样的精度，选用的是低温漂、高精度、高共模抑制比的运算放大器，电阻也选用高精度低温漂的精密电阻，通过合理选择电路器件以及参数，保证了信号的精度。

电动机的霍尔信号处理如图 7-20 所示。不同的数字霍尔信号供电电压不同，本实例采用

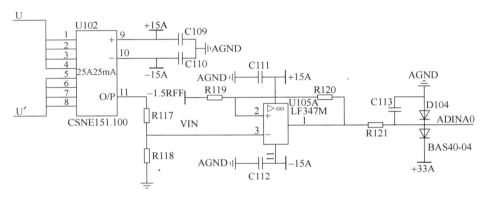

图 7-19　电流信号处理电路

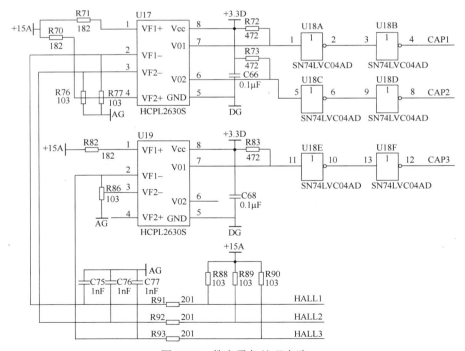

图 7-20　数字霍尔处理电路

的数字霍尔供电电压 15V，需要转化为 DSP 所能接收的电平信号。在 HALL1、HALL2 和 HALL3 的输入端分别添加一个阻容滤波电路，滤除高频的噪声信号，在经过高速光电耦合 HCPL2630S 把数字电信号和模拟电信号隔离，同时得到 3.3V 左右的电信号，非门电路用来整形霍尔电压波形，整形后的霍尔信号送到 DSP 的 CAP1、CAP2 和 CAP3 引脚。

电动舵机末端位置反馈采用旋变，旋变相对于光电编码器对使用环境的要求较低，抗振动冲击能力强，主要应用在舰船、航天以及汽车等领域。旋变包括两个定子绕组和一个转子绕组。定子绕组机械位移为 90°，用一个特定的高频正弦电压激励转子绕组，会在空间形成一个和转子位置相关的脉动磁场，该磁场作用在两个定子绕组上，随着转子转动，将会感应出一对幅值交替变化的正弦波，这组正弦波可以反映转子的位置，其原理如图 7-21 所示。

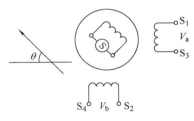

图 7-21 旋转变压器原理示意图

旋变有一路激励输入信号，两路相位差 90°的输出信号，通过对两路输出信号进行解码获得绝对位置信号或增量位置信号。单对极的旋变 360°机械角度范围内可以输出绝对位置；多对极的旋变 360°机械角度范围不能输出绝对位置，可以获得增量位置信号。旋变解码器与 DSP 的接口采用并行的接口方式。假设旋转变压器的激励信号表达式为

$$V_r = V_p \sin(\omega t)$$

则旋变两相正交输出绕组中将感应出正余弦信号，函数关系如下：

$$V_a = V_s \sin(\omega t) \sin(\theta)$$

$$V_b = V_s \sin(\omega t) \cos(\theta)$$

式中，ω 为激励信号的角频率，V_p 为转子激励信号的幅值，V_s 为定子感应信号的幅值，θ 为转子相对定子的转角。

应用在电动舵机系统时，将旋变转子和定子分别固定在电动舵机输出轴和外壳上，感应绕组的输出端信号通过专用的硬件电路解算，得到数字化的位置信息和转速信息。本实例中采用 AD 公司的旋变数字转换（RDC）芯片 AD2S1205 完成旋转变压器励磁信号的产生并将旋转变压器输出的模拟信号转换为数字信号。AD2S1205 输出 12 位绝对位置信息和带符号的 11 位速度信息，±11 弧分精确度，最大跟踪速率 1250 r/s。它集成了可编程的正弦波振荡器，励磁频率 10 kHz、12kHz、15 kHz、20 kHz 可编程；AD2S1205 在保留串行通信接口的同时，增加了并行输出接口。本实例中采用 10kHz，并口输出方式，AD2S1205 的外围接口电路如图 7-22 所示。实例中采用模拟和数字+5V 电源供电，外接 8.912MHz 的晶振；由 EXC/$\overline{\text{EXC}}$ 向旋转变压器提供励磁信号，并根据所选旋转变压器的励磁电压电流要求，设计励磁环节的运算放大电路。由于 AD2S1205 输出的高电平最小值超过 DSP 输入电平范围，因此必须经过 74LVC4245 转化为 3.3V 电平与 DSP 连接。

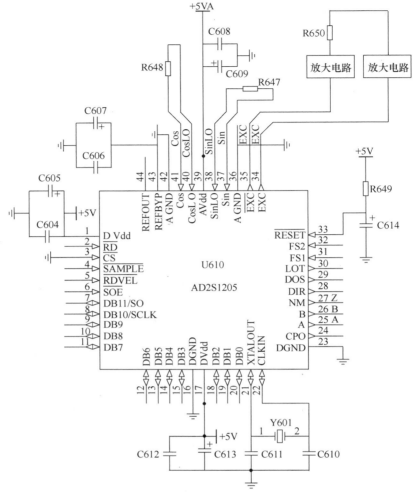

图 7-22　AD2S1205 外围电路

　　从 AD2S1205 出来的的激励信号，需要进行滤波和电流的放大，本例中设计的放大电路如图 7-23 所示。在二阶有源滤波电路中，改变 R1/R3 和 R8/R12 的比值可以改变激励信号的输出电压，后级对激励信号的驱动电流进行放大。

　　本例中逆变电路采用的 IPM 模块为 PS22A73，工作电压电流为 1200V/10A，工作温度-20～100℃，与以前的 IPM 模块相比具有三点改进：

　　1）以前的 DIPIPM 模块在母线上串一电阻取样电流，电流增大时，电阻的损耗增大。PS22A73 采用具有电流传感作用的 IGBT 硅片，通过检测与主电流成比例的小电流信号来检测短路，不需旁路电阻，系统功率部分损耗少，可靠性提高。

　　2）内置温度检测电路输出与温度成比例关系的电压信号，可设置报警温度的阈值。

　　3）改善了 IPM 的散热方法，散热效果好。

　　由于 DSP 发出的 PWM 控制信号属于弱电部分，而功率驱动电路属于强电部分，为避免相互干扰，采用光隔离电路。考虑传送的 PWM 信号频率较高，本例中采用三片双通道高速光耦 HCPL2630 隔离 6 路 PWM 信号。注意必须采用是高速光耦，以保证 PWM 信号的完整性。HCPL2630 的信号传输速率为 10Mbit/s，能够满足 PWM 信号 20kHz 的输出频率。

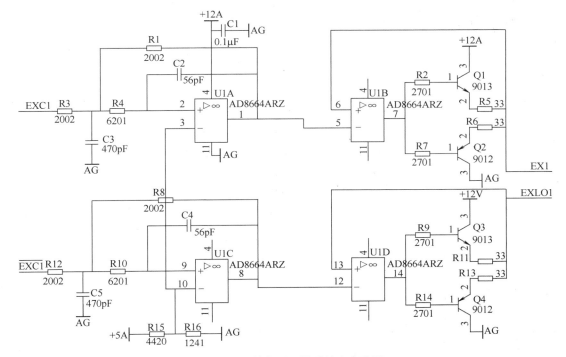

图 7-23 旋转变压器激励放大电路图

光隔离电路如图 7-24 所示。为了保证系统 PWM 信号长时间稳定工作，将 HCPL2630 光耦合隔离输出的+5V 信号输入集电极开路门 SN74HC04 得到分别对应 PWM1 和 PWM2 的信号 UN 和 UP，再送入功率管驱动电路。输入侧也设置了 10kΩ 的下拉电阻来保证驱动信号在控制系统未正常运行前为低电平，以防止功率桥发生直通现象。

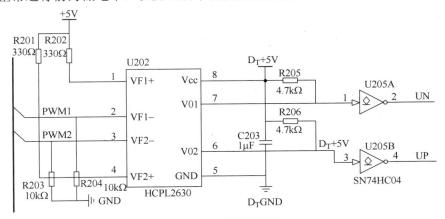

图 7-24 光隔离电路

TMS320F2812 的 PWM 引脚的驱动能力小，需要设置 PWM 接口电路。PWM 接口电路如图 7-25 所示，主要采用 SN74LVC245 芯片，该芯片的 B 口采用 3.3V 供电，和 DSP 的 PWM 引脚直接连接；A 口采用 5V 供电，可以为后级提供驱动信号。

母线电压信号的采样可以有两种方法，第一种方法可以通过分流电阻采样，采样的电压信号通过线性光耦合隔离送到 DSP 的 ADC 引脚；第二种方法可以通过隔离电压传感器采样电压信号。本例中采用 LEM 公司的 LV28-P 隔离电压传感器进行采样，如图 7-26 所示，输入级的额定电流 10mA，所以在传感器的输入端需要串入 20kΩ 电阻进行限流。

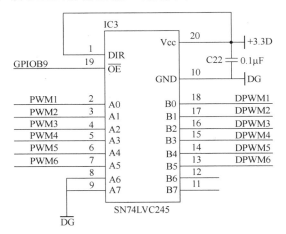

图 7-25　PWM 接口电路

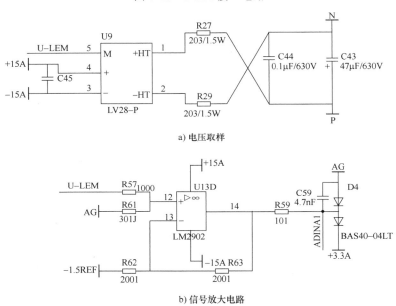

a) 电压取样

b) 信号放大电路

图 7-26　母线电压取样电路

2. 电流和速度计算

电流和速度的准确计算是电流环控制和速度环控制的关键环节。在本例程中，电流信号经过信号处理后由 DSP 的 ADC 模块进行采样。传感器 CSNE151-100 的电流转换比率是 25A：25mA，经过图 7-19 的电流信号处理电路，图中 R117=49.9Ω，R118=30.1Ω。最大电流 25A 经过传感器后输出电流 25mA，则在 R117 和 R118 连接处的电压为 0.75V。在图 7-19 中 R119 和 R120 的阻值为 10kΩ，则运放的输出电压 $V_{out}=2V_{in}+1.5$，这样就把 $-25\sim+25A$ 的电流转换为 $0\sim3V$ 之间，到 DSP 处的采样值对应为 0-0x0FFFH。

本例中速度的计算采用电动机端的霍尔元件，电动机为 6 对极，每个 360 度电周期霍尔输出 6 种状态。如果通过在固定的时间段内计算霍尔状态的变化次数来计算电动机的速度，由于霍尔分辨率较低，所以会带来较大的误差，在本例中通过计算霍尔状态每变化一次所花费的时间来计算速度。

3. 软件实现

本例程中软件主要包括主程序、A-D 中断程序和 CAP 中断程序，在主程序中进行 DSP 各个功能模块的初始化，包括 DSP 本身寄存器、中断、定时器、EV 事件管理器、GPIO、串口 SPI，主程序流程图如图 7-27 所示。A-D 中断程序中完成方波驱动无刷电动机的驱动、电流环、速度环和位置环的控制，中断程序流程如图 7-28 所示。CAP 中断发生在霍尔信号的跳变沿，记录霍尔跳变沿的时间点，通过两次信号的变化的时间间隔计算电动机速度。

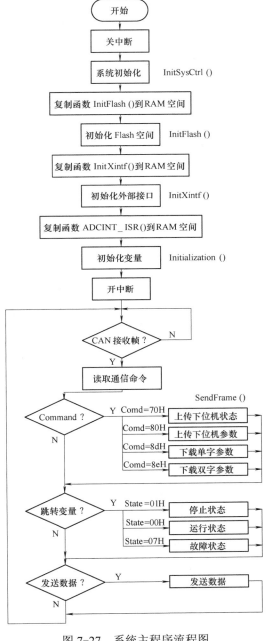

图 7-27　系统主程序流程图

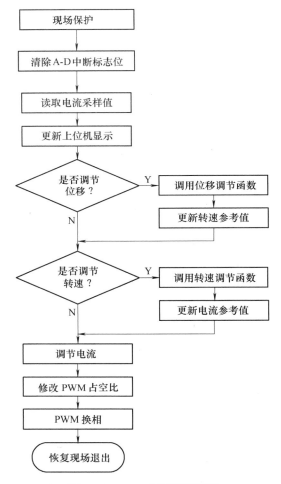

图 7-28 A-D 中断程序流程

下面就无刷电动机驱动中几个关键的程序代码列举如下：

程序中用到的主要变量定义：

（1）主函数

```
void main(void)
{
    Uint16 i,j;
    //DSP 系统初始化
    DINT;                               // 关闭中断
    for(i=0;i<10;i++)                   // 延时
        for(j=0;j<10;j++);
    InitSysCtrl();                      // 初始化 DSP 系统寄存器函数
    InitFlash();                        // 初始化片上的 Flash 相关寄存器函数
    InitXintf();                        // 初始化外部存储区接口函数
    Initialization();                   // 初始化 I/O、CAN 通信及系统相关参数函数
    EINT;                               // 打开中断
```

```
GpioDataRegs.GPBCLEAR.bit.GPIOB9 = 1;  // PWM 输出控制,控制图 7-25 中
                                        // 74LVC4245  芯片的片选引脚
EnableWDOG();                    // 使能看门狗
while(1)                         // 等待中断和上位机命令指令
  {(此处省略去上位机命令执行部分代码)
  }
}
```

在主函数中有多个初始化系统的子函数,下面仅对 DSP 的 PWM 模块和 ADC 模块的初始化进行介绍。

(2) PWM 模块初始化程序

PWM 模块初始化程序完成定时周期的设定,启动 ADC 转换的设置,PWM 死区的设置等。在 PWM 模块初始化程序中会用到 PWMGEN 结构体,结构体的定义如下:

```
typedef struct {
                Uint16 CmtnPointer;    // 输入:换相状态指针
                int16 MfuncPeriod;     // 输入: PWM 输出占空比
                Uint16 PeriodMax;      // 参数:最大占空比
                int16 DutyFunc;        // 输入:PWM 周期输入
                Uint16 PwmActive;      // 参数:0=PWM 低有效,1 = PWM 高有效
                Uint16 dir;            // 运动方向
                } PWMGEN;
```

程序代码如下:

```
void F281X_EV1_BLDC_PWMTimer_Init（PWMGEN *p)
{
  EvaRegs.GPTCONA.bit.T1TOADC = 1;              // 溢出启动 ADC 转换
// 设置 Timer1 周期寄存器
        EvaRegs.T1PR = p->PeriodMax;          // 初始化定时器周期寄存器
        EvaRegs.T1CNT = 0x0000;               // 清除定时器计数寄存器
        EvaRegs.EVAIMRA.bit.T1UFINT = 0;      // 使能定时器 1 溢出中断
        EvaRegs.EVAIFRA.bit.T1UFINT = 1;      // 清除定时器 1 溢出中断标志
// 设置 Timer1 控制寄存器
        EvaRegs.T1CON.all = 0x0840;           // 连续上升-下降模式
                                              // 使能 Timer1 操作
                                              // 内部时钟源-HSPCLK
                                              // 当计数寄存器为 0 时重装载
// 设置 COMCONA 寄存器
        EvaRegs.COMCONA.all = 0xA600;
// 设置 DBTCONA 寄存器
        EvaRegs.DBTCONA.all = 0x0050;         // 设置死区时间
// 设置 COMPR 寄存器初始值
        EvaRegs.CMPR1 = EvaRegs.T1PR>>2;      // 25% duty
        EvaRegs.CMPR2 = EvaRegs.T1PR>>2;      // 25% duty
        EvaRegs.CMPR3 = EvaRegs.T1PR>>2;      // 25% duty
}
```

（3）ADC 初始化函数

ADC 初始化函数，对 ADC 模块进行初始化，设定 ADC 转换时钟，ADC 转换通道，ADC 参考电源，ADC 启动触发源等。在 ADC 初始化函数中用到结构体变量 ILEG2DCBUSMEAS，其定义如下：

```
typedef struct {  int16 ImeasAGain;          //参数：Ia 增益
                  int16 ImeasAOffset;        //参数：Ia 偏置补偿
                  int16 ImeasA;              //输出：Ia 测量值
                  int16 ImeasBGain;          //参数：Ib 增益
                  int16 ImeasBOffset;        //参数：Ib 偏置补偿
                  int16 ImeasB;              //输出：Ib 测量值
                  int16 VdcMeasGain;         //参数：Vdc 增益
                  int16 VdcMeasOffset;       //参数：Vdc 偏置补偿
                  int16 VdcMeas;             //输出：Vdc 测量值
                  int16 ImeasC;              //输出：Ic 计算值
                  int16 AnalogInGain;        //参数：备用模拟输入增益
                  int16 AnalogInOffset;      //参数：备用模拟输入偏置补偿
                  int16 AnalogIn;            //输出：备用模拟输入测量值
                  Uint16 ChSelect;           //参数：ADC 通道选择
                  int16 iMax;                //参数：电流最大值
                  int16 uMax;                //参数：电压最大值
                } ILEG2DCBUSMEAS;
```

初始化的代码如下：

```
    void F281X_ileg2_dcbus_drv_init (ILEG2DCBUSMEAS *p)
    {
    //设置 ADC 控制寄存器 ADCTRL1
    AdcRegs.ADCTRL1.bit.RESET = 1;             // 复位 ADC 模块
    asm (" rpt #10 || nop ");                  // 延时
    AdcRegs.ADCTRL1.bit.SUSMOD = 2;            // 停止 ADC
    AdcRegs.ADCTRL1.bit.ACQ_PS = 1;
    AdcRegs.ADCTRL1.bit.CPS = 0;               // 时钟设置，ADCLK=Fclk/1
    AdcRegs.ADCTRL1.bit.CONT_RUN = 0;          // start/stop 模式
    AdcRegs.ADCTRL1.bit.SEQ_OVRD = 0;
    AdcRegs.ADCTRL1.bit.SEQ_CASC = 0;          // Dual-sequencer 模式
    asm (" NOP ");
    asm (" NOP ");
    //设置 ADC 控制寄存器 ADCTRL2
    AdcRegs.ADCTRL2.all = 0x0900;              // 清除 SEQ1 的 SOC 触发标志
    // 使能 SEQ1 中断   // PWM 启动 SEQ1        // ADCSOC 引脚去使能
    asm (" NOP ");
    asm (" NOP ");
    //设置 ADC 控制寄存器 ADCTRL3
    AdcRegs.ADCTRL3.bit.EXTREF = 0;            // 内部参考电源
    AdcRegs.ADCTRL3.bit.ADCBGRFDN = 0x3;
```

```
asm ( " rpt #10 || nop " ) ;
AdcRegs.ADCTRL3.bit.ADCPWDN = 1;           // ADC 上电复位
AdcRegs.ADCTRL3.bit.ADCCLKPS = 1;          // 设置时钟
                                           //ADCLK=HSPCLK（150MHz）/6=25MHz

AdcRegs.ADCTRL3.bit.SMODE_SEL = 1;
asm ( " rpt #10 || nop " ) ;
AdcRegs.ADCMAXCONV.all = 0x0003;           // 设置转换通道数
AdcRegs.ADCST.bit.INT_SEQ1_CLR = 1;
AdcRegs.ADCST.bit.INT_SEQ2_CLR = 1;
AdcRegs.ADCCHSELSEQ1.all = p->ChSelect;    // 配置通道
AdcRegs.ADCTRL2.bit.RST_SEQ1 = 1;          // RESET SEQ1
AdcRegs.ADCTRL2.bit.RST_SEQ2 = 1;          // RESET SEQ2
}
```

（4）A-D 中断函数

A-D 中断函数是电动舵机控制的核心部分。A-D 转换的启动是由 PWM 模块触发的，当 PWM 计数寄存器达到设定最大值时启动 A-D 转换，对电动舵机电动机的电流信号和电压信号进行采样转换，A-D 转换结束后进入中断函数。在中断程序中要完成采样值的读取、旋变信号的读取、数字 HALL 信号的读取、位置环调节、速度环调节、电流环调节、电动机换相等任务，在下一次中断函数来临之前必须完成所有上面的运算，所有中断函数的代码要实时性高。对于本例程，中断的频率是 10kHz，即每 100μs 中断一次，因此所有的运算必须在 100μs 内完成。在下面的章节会介绍代码实时性评估方法。在中断函数中包括以下几个结构体变量，下面介绍几个结构体的定义。

Resolver_Steer 结构体的定义如下：

```
typedef struct{
        Uint16 Resolver_Status;        // 输出:旋变状态,0-正常,1-LOT,
                                        //      2-DOS
                                        //  3-LOT 和 DOS
        Uint16 Resolver_Position;      // 输出,旋变位置
        Uint16 Resolver_Velocity;      // 输出,旋变速度
        Uint32 Resolver_Address;       // 输入,旋变地址
        unsigned char SerialOutputEn;  // 串行输出使能标志
        } RESOLVER;
```

PIDPosition,PIDSpeedhe 和 PIDCurrent 结构体的定义如下：

```
typedef  struct {
        int32  Ref;                    // 输入：参考输入
        int32  Fdb;                    // 输入：反馈输入
        int32  Err;                    // 变量：误差
        int32  Kp;                     // 参数：比例系数
        int32  Up;                     //变量:比例输出
        int32  Ui;                     //变量：积分输出
        int32  Ud;                     //变量：微分输出
        int32  OutPreSat;              //变量：预饱和输出
        int32  OutMax;                 // 参数：最大输出
```

```
                          int32  OutMin;                    // 参数：最小输出
                          int32  Out;                       // 输出：PID 输出
                          int32  SatErr;                    // 变量：饱和值差
                          int32  Ki;                        // 参数：积分增益
                          int32  Kc;                        // 参数：积分校正系数
                          int32  Kd;                        // 参数：微分增益
                          int32  Up1;                       // 前一个积分输出
                          int32  IntegralMAX;               // 积分饱和最大值
                        } PIDREG3;
```

HALL_Steer 结构体的定义如下：

```
    typedef struct {
                    Uint16 HallGpio;                    //变量：上一次 CAP/GPIO 的逻辑电平
                    Uint16 HallGpioBuffer;              //变量：CAP/GPIO 逻辑电平缓冲
                    Uint16 HallGpioAccepted             //变量：去抖动后的逻辑电平
                  } HALL3;
```

中断函数的主要程序代码如下：

```
    interrupt void  ADCINT_ISR(void)                    // ADC 10k
    {
        Uint16 i;
        KickDog();                                      // 看门狗溢出之前,必须 Kick
                                                           看门狗,

        GpioDataRegs.GPADAT.bit.GPIOA14 = 1;
        IER |= 0x0001;                                  // 重新开放本组中断
        PieCtrlRegs.PIEACK.all = PIEACK_GROUP1;         // 清除本组 ACK 标志
        AdcRegs.ADCST.bit.INT_SEQ1_CLR = AdcRegs.ADCST.bit.INT_SEQ1;
                                                        // 清除中断标志
        AdcRegs.ADCST.bit.INT_SEQ2_CLR = AdcRegs.ADCST.bit.INT_SEQ2;
        AdcRegs.ADCTRL2.bit.RST_SEQ1 = 1;
        AdcRegs.ADCTRL2.bit.RST_SEQ2 = 1;
        positionCount++;                                // 位置环调节次数加 1
        if(positionCount==PositionFreq)                 // 位置环计数到,调整位置环
          {
           Resolver_Read_Position(&Resolver_Steer);     // 读取旋变位置信号
           PIDPosition.Ref =(int32)ResoPs_Command;      // 参考位置为 0
           PIDPosition.Fdb =(int32)Resolver_Steer.Resolver_Position;
           pid_reg3_calc(&PIDPosition);                 // 位置环 PID 调节
           PIDSpeed.Ref = PIDPosition.Out;              // 参考速度
           positionCount=0;
        }
        speedCount++;
        if(speedCount==SpeedFreq)                        // 计数值到时调整速度环
          {
           speedCount=0;
```

```
        pid_reg3_calc(&PIDSpeed);                        // 计算速度环输出
        PIDCurrent.Ref=PIDSpeed.Out;                     // 参考电流
    }
    F281X_ileg2_dcbus_drv_read(&Current_DCbus_Steer);    // 读取电流值和母线电压值
    pid_reg3_calc(&PIDCurrent);                          // 计算电流环输出
    PWM_Steer.DutyFunc=PWM_Steer.DutyFunc +(int16)PIDCurrent.Out;
                                                         // 调整占空比
    F281X_EV1_HALL3_Read_WithoutDebounce(&HALL_Steer);
                                                         // 读取 HALL 信号状态
    PWM_Steer.CmtnPointer = HALL_Steer.HallGpioAccepted; // HALL 状态赋给 PWM 模块
    F281X_EV1_BLDC_PWM_Update2(&PWM_Steer);              // 输出 PWM 信号波
    EINT;                                                // 打开中断
}
```

（5）PWM 调整函数

```
void F281X_EV1_BLDC_PWM_Update2(PWMGEN *p)
{
    int32 Tmp;
    int16 Period, GPR0_BLDC_PWM;
    switch(p->CmtnPointer)                               //判断扇区
    {
      case 0x05:                                         // 0~60 区间
        if(p->dir==0)                                    // 正转,PWM1,PWM4,A+,B-
          EvaRegs.ACTRA.all = 0x0043;
        else                                             // 反转,PWM3,PWM2,A-,B+
          EvaRegs.ACTRA.all = 0x0034;
        break;
      case 0x01:                                         // 60~120 区间
        if(p->dir==0)                                    // 正转,PWM1,PEM6,A+,C-
          EvaRegs.ACTRA.all = 0x0403;
        else                                             // 反转,PWM5,PWM2,A-,B+'
          EvaRegs.ACTRA.all = 0x0304;
         break;
      case 0x03:                                         // 120~180 区间
        if(p->dir==0)
          EvaRegs.ACTRA.all = 0x0430;                    // 正转,PWM3,PWM6,B+,C-
        else
          EvaRegs.ACTRA.all = 0x0340;                    // 反转,PWM5,PWM4,B-,C+
        break;
      case 0x02:                                         // 180~240 区间
        if(p->dir==0)
          EvaRegs.ACTRA.all = 0x0034;                    // 正转,PWM3,PWM2,A-,B+
        else
```

```
            EvaRegs.ACTRA.all = 0x0043;          // 反转,PWM1,PWM4,B-,C+
         break;
      case 0x06:                                 // 240~300 区间
        if(p->dir==0)
            EvaRegs.ACTRA.all = 0x0304;          // 正转,PWM5,PWM2,A-,C+
        else
            EvaRegs.ACTRA.all = 0x0403;          // 反转,PWM1,PWM6,A+,C-
         break;
      case 0x04:                                 // 300~360 区间
        if(p->dir==0)                            // 正转,PWM5,PWM4,B-,C+
            EvaRegs.ACTRA.all = 0x0340;
        else                                     // 反转,PWM3,PWM6,B+,C-
            EvaRegs.ACTRA.all = 0x0430;
         break;
      default:
         break;
   }
   if(p->PwmActive==1)                           // 如果是高有效
     GPR0_BLDC_PWM = 0x7FFF - p->DutyFunc;
        else if(p->PwmActive==0)                 // 如果是低有效
     GPR0_BLDC_PWM = p->DutyFunc;
    EvaRegs.CMPR1 =(int16)( GPR0_BLDC_PWM);
    EvaRegs.CMPR2 =(int16)( GPR0_BLDC_PWM);
    EvaRegs.CMPR3 =(int16)( GPR0_BLDC_PWM);
}
```

（6）HALL 信号读取函数

```
    void F281X_EV1_HALL3_Read_WithoutDebounce(HALL3 *p)
    {

      EvaRegs.EVAIFRC.all = 0x0007;              // 清除 CAP1-3 中断标志
      F281X_EV1_HALL3_Determine_State(p);        // 第一次读取 HALL 信号
      p->HallGpioBuffer = p->HallGpio;           // 保存 HALL 信号
      asm("nop");                                // 延时
      F281X_EV1_HALL3_Determine_State(p);        // 第二次读取信号
      if(p->HallGpioBuffer == p->HallGpio)
        p->HallGpioAccepted = p->HallGpio;       // 最终 HALL 状态
    }

    void F281X_EV1_HALL3_Determine_State(HALL3 *p)
    {
        EALLOW;                                  // 使能 EALLOW
        GpioMuxRegs.GPAMUX.all &= 0xF8FF;        // 配置为 GPIO
        GpioMuxRegs.GPADIR.bit.GPIOA8 = 0;       // 配置 GPIO8-GPIO10 为输入
```

```
        GpioMuxRegs.GPADIR.bit.GPIOA9 = 0;
        GpioMuxRegs.GPADIR.bit.GPIOA10 = 0;
        EDIS;                                           // 去使能 EALLOW
        p->HallGpio=GpioDataRegs.GPADAT.all&0x0700;
                                                        // HallGpio.2-0= GPIO10-GPIO8
        p->HallGpio = p->HallGpio>>8;
        EALLOW;                                         // 使能 EALLOW
        GpioMuxRegs.GPAMUX.all |= 0x0700;
        EDIS;                                           // 去使能 EALLOW
    }
```

（7）读取电流电压函数

```
    void F281X_ileg2_dcbus_drv_read(ILEG2DCBUSMEAS *p)
    {
      int16 DatAD;
      int32 Tmp;
//Ia
      DatAD=(AdcRegs.ADCRESULT0>> 4)&0x7FFF;             // ADC 转换结果右移 4 位
      Tmp =(int32)(DatAD-p->ImeasAOffset);               // 采样结果减去偏置值
      p->ImeasA =(int16)(Tmp>>2);                        // 增益为 Q13 数据,同时
采样值的低两位去掉
      if(p->ImeasA > p->iMax)                            // 限制电流幅值
         p->ImeasA = p->iMax;
      if(p->ImeasA < -p->iMax)
         p->ImeasA = -p->iMax;
//Ib
        DatAD=(AdcRegs.ADCRESULT1>>4)&0x7FFF;            // ADC 转换结果右移 4 位
        Tmp =(int32)(DatAD-p->ImeasBOffset);             // 采样结果减去偏置值
        p->ImeasB =(int16)(Tmp>>2);                      // 增益为 Q13 数据
        if(p->ImeasB >p->iMax )                          // 限制电流幅值
          p->ImeasB = p->iMax;
        if(p->ImeasB < -p->iMax)
          p->ImeasB = -p->iMax;
//DCbus
        DatAD=(AdcRegs.ADCRESULT2>>4)&0x7FFF;            // ADC 转换结果右移 4 位
        Tmp =(int32)(DatAD-p->VdcMeasOffset);            // 采样结果减去偏置值
        p->VdcMeas =(int16)(Tmp>>2);                     // 增益为 Q13 数据
        if(p->VdcMeas > p->uMax)                         // 限制电压幅值
            p->VdcMeas = p->uMax;
        if(p->VdcMeas < -p->uMax)
            p->VdcMeas = -p->uMax;
    }
```

（8）PID 控制算法函数

电流环和速度环采用带抗积分饱和的数字 PID 调节器，其框图如图 7-29 所示。

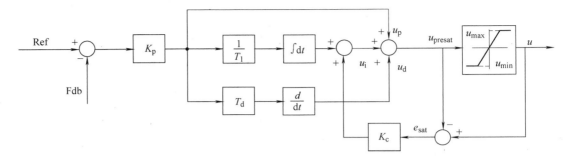

图 7-29　带抗积分饱和的数字 PID 调节器框图

由图 7-29 可知，抗积分饱和的 PID 控制器，它的微分方程如式（7-1）所示

$$u_{presat}(t) = u_p(t) + u_i(t) + u_d(t) \tag{7-1}$$

其中 $u_p(t)$、$u_i(t)$、$u_d(t)$ 的表达式如式（7-2）

$$\left. \begin{aligned} u_p(t) &= K_p e(t) \\ u_i(t) &= \frac{K_p}{T_i} \int_0^t e(\delta) \mathrm{d}\delta + K_c\left(u(t) - u_{presat}(t)\right) \\ u_d(t) &= K_p T_d \frac{\mathrm{d}e(t)}{\mathrm{d}t} \end{aligned} \right\} \tag{7-2}$$

把式（7-2）离散化后，可得

$$\left. \begin{aligned} u_{presat}(k) &= u_p(k) + u_i(k) + u_d(k) \\ u_p(k) &= k_p e(k) \\ u_i(k) &= u_i(k-1) + K_p \frac{T}{T_i} e(k) + K_c\left(u(k) - u_{presat}(k)\right) \\ u_d(k) &= K_p \frac{T_d}{T}\left(e(k) - e(k-1)\right) \end{aligned} \right\} \tag{7-3}$$

定义 $K_i = \dfrac{T}{T_i}$，$K_d = \dfrac{T_d}{T}$，T 是采样周期，则式（7-3）后两式可以改写为

$$\left. \begin{aligned} u_i(k) &= u_i(k-1) + K_i u_p(k) + K_c\left(u(k) - u_{presat}(k)\right) \\ u_d(k) &= K_d\left(u_p(k) - u_p(k-1)\right) \end{aligned} \right\} \tag{7-4}$$

最后，对输出 u 进行幅值限制，如式（7-5）所示

$$u = \begin{cases} u_{max} & u_{presat} > u_{max} \\ u_{presat} & \\ u_{min} & u_{presat} < u_{min} \end{cases} \tag{7-5}$$

代码如下：

```
void pid_reg3_calc(PIDREG3 *v)
{
    int32 Tmp=0;
    v->Err = v->Ref - v->Fdb;                    // 计算误差
    v->Up = v->Kp*v->Err;                        // 计算比例输出
```

```
    Tmp  =  v->Ki*v->Up + v->Kc*v->SatErr;          // 计算积分输出
    v->Ui = v->Ui + Tmp;                            // 计算积分值
    if(v->Ui>v->IntegralMAX)                        // 积分限制
      v->Ui = v->IntegralMAX;
    else if(v->Ui<-v->IntegralMAX)
      v->Ui = -v->IntegralMAX;
    v->Ud = v->Kd*(v->Up - v->Up1);                 // 计算微分输出
    v->OutPreSat = v->Up + v->Ui + v->Ud;           // 计算预饱和值
    if(v->OutPreSat > v->OutMax)
      v->Out = v->OutMax;
    else if(v->OutPreSat < v->OutMin)
      v->Out = v->OutMin;
    else
      v->Out = v->OutPreSat;                        // 饱和输出值
    v->SatErr = v->Out - v->OutPreSat;
    v->Up1 = v->Up;
}
```

（9）读取旋变位置函数

```
void Resolver_Read_Position (RESOLVER *p)
{
    Uint16 *Tmp;
    Tmp= (Uint16 *) p->Resolver_Address;            // 赋值给临时指针
    Sample_Result_Disable;                          // Sample 置高电平
    asm (" rpt #1 || nop");
    Sample_Result_Enable;                           // 数据传输到寄存器
    DELAY_SAMPLE;                                   // 延时
    Read_Position;                                  // RDVEL 置高电平，读位置
    DELAY_RDVEL;                                    // 延时
    p->Resolver_Position= *Tmp&0x0FFF;              // 读取位置值
}
```

（10）CAP 中断函数

```
interrupt void CAPINT1_ISR(void)                                // EV-A
{
    Uint32 FilterSpeedSum=0;
    unsigned char i;
    IER |= 0x0004;                                              //重新开放本组中断
    PieCtrlRegs.PIEACK.all = PIEACK_GROUP3;
    F281X_EV1_HALL3_Read_WithoutDebounce(&HALL_Steer);      // 读取霍尔信号状态
    PWM_Steer.CmtnPointer = HALL_Steer.HallGpioAccepted;// HALL 状态赋给 PWM 模块
    Speed_Steer_Motor.TimeStamp = EvaRegs.CAP1FIFO;         // CAP 读取时间标签
    speed_prd_calc(&Speed_Steer_Motor);                    // 计算当前速度
```

```
        //滤波速度
        for(i=0;i<6;i++)                                    // 缓冲区数据向前移
            SpeedBuffer[i]=SpeedBuffer[i+1];
        SpeedBuffer[5] = Speed_Steer_Motor.SpeedRpm;        // 取出当前的 CAP 周期值
        FilterSpeedSum =0;
        for(i=0;i<6;i++)                                    // 求和
            FilterSpeedSum = FilterSpeedSum+(Uint32)SpeedBuffer[i];
            FilterSpeedOut =(FilterSpeedSum*43)>>8;          // 求平均值,256/6,
随后需要右移 8 位
        PIDSpeed.Fdb = FilterSpeedOut;      // 滤波后的速度值赋给 PID 中速度的反馈值
    }
```

其中速度计算函数如下:

```
void speed_prd_calc(SPEED_MEAS_CAP *v)
{
    Uint32 Tmp_Period,Tmp_Angle;
    if(v->InputSelect == 0)
    {
        v->OldTimeStamp = v->NewTimeStamp;
        v->NewTimeStamp = v->TimeStamp;
        v->EventPeriod = v->NewTimeStamp - v->OldTimeStamp;
        if(v->EventPeriod < 0)
        v->EventPeriod += 0xFFFE;               //
    }
    Tmp_Period = v->EventPeriod*v->ClkPeriod*v->SpeedScaler;
                                                // 两次捕捉间隔时间,us,Q13 格式
    Tmp_Angle = 960/v->NPolePairs;              // 每次捕捉间隔对应的机械角度,
Q4,960=60*2^4
    v->Speed = Tmp_Angle*1000000/(Tmp_Period>>13);
                                                // 速度,°/s, Q4 格式
    v->SpeedRpm =(v->Speed/6)>>4;               // speed rmp
}
```

7.7.4 实时性分析

任何机电系统都可视为"激励-响应"系统,每个信号都具有从输入激励至输出响应的周期,该"激励-响应"周期体现了系统在规定的时限内完成预期任务的能力。如果设计的嵌入式系统能够在确定的周期内完成处理任务,则称该系统为嵌入式实时系统。在实时系统中,不但要求计算结果正确,而且要求处理周期确定。

以 DSP 处理器为内核的嵌入式系统通常都存在实时性约束,实时性问题在计算任务繁多、任务切换频繁的场合更为明显。嵌入式系统实时性问题解决方案通常有两种:其一,硬件系统单一且集中、任务负荷量中等,可以常用人工测试分析与设计方法;其二,如果嵌入式硬件为分布式、实时任务负荷较重、任务的实时性分析困难,通常采用嵌入式实时操作系统方

案。本小节以直流无刷电动机 DSP 控制系统为例，介绍中型实时性任务负荷的嵌入式系统实时性测试、评价及设计方法。

在本例程中，A-D 中断函数要求在一定的时间段内执行完，所以必须对 A-D 中断函数中的代码的执行时间进行分析。验证代码执行时间的方法通常有三种，第一在程序的开始置位或复位微处理器的 IO 口，在程序结束复位或置位该 IO 口，通过示波器观测 IO 口的电平变化；第二种方法分析代码进行运行时间计算；第三种测试方法是在编译环境中运行代码，由编译环境计算运行时间。本例程中以编译环境运行程序为例进行说明。

1. 控制器时序设计和分析

从软件结构分析，嵌入式实时系统包括前后台系统（Foreground / Background）。后台是一个一直在运行的循环轮询系统，前台是由中断处理过程组成。当有一前台事件（外部事件）发生时，触发中断，然后进行前台处理。处理完成后又回到后台（通常又称主程序）。根据 DSP2812 片上定时、中断、捕获资源分析，可进行如下程序架构设计：定时器定时中断提供系统循环时间步，捕获中断用于确定某个光耦传感器被触发事件，系统前后台及中断部署伪代码如图 7-30 所示。

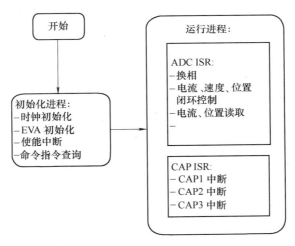

图 7-30　电机驱动 DSP 控制系统软件伪代码

所有的关键控制过程都是在 A-D 中断服务程序中执行的，这个 A-D 中断程序具有最高优先级。系统循环时间步是由系统的载波频率决定的，在本例程中为 10kHz，即在 100μs 内完成 A-D 中断函数中的所有运算。该时间步的设定取决于处理器主频、外设响应时间和中断发生频率。电流控制和电动机驱动策略在 F 频率下执行，速度控制在 F/5 频率下执行，位置环在 F/10 频率下执行。

时序分析首先完成每个任务单元执行时间的量化测试（具体测试方法可参考下一小节）。DSP 处理器主频设置为 150MHz（@6.67ns），A-D 中断产生 100μs 周期系统循环时间步，完成电流环和换相策略，每 5 个系统循环时间步形成 0.5ms 速度控制闭环周期，每 10 个系统循环时间步形成 1ms 位置控制闭环周期。后台程序在高优先级前台程序完成之后执行，各个软件功能模块量化单次执行时间和一个换相控制闭环周期总计时间见表 7-8。

表 7-8　电动机驱动 DSP 控制系统软件模块基准量化

软件功能	处理模块	指令周期数	执行时间 @6.67ns	执行频率	总计时间 @10kHz
速度计算	CAP 中断	195	1.3 μs	不确定	1.3 μs
位置读取	A-D 中断	84	0.56 μs	1kHz	0.56 μs
电流调节	A-D 中断	208	1.39 μs	10kHz	1.39 μs
速度调节	A-D 中断	208	1.39 μs	2kHz	1.39 μs
换相	A-D 中断	94	0.63 μs	10kHz	0.63 μs
位置调节	A-D 中断	208	1.39 μs	1kHz	1.39 μs
电流读取	A-D 中断	181	1.21 μs	10kHz	1.21 μs
霍尔读取	A-D 中断	194	1.29 μs	10kHz	1.29 μs
总计					9.16 μs

将单元软件执行时间在时间轴上绘出，并沿纵向累加、排列，可获得软件系统实时性能分析图。电动机驱动 DSP 控制系统时序优化如图 7-31 所示。当 A-D 中断频率选择为 10kHz，处理器最大负载比例 $\eta= 9.16μs/100\ μs= 9.16\%$。总体进程时序分析可见系统满足实时性要求。

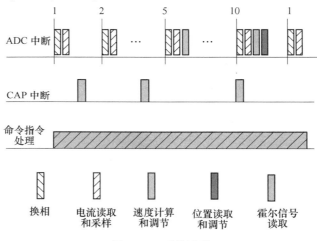

图 7-31　系统进程

2. 软件模块执行时间量化方法

本节以 CCS 的 profiling 功能来统计标准例程中 PID 运算子函数的执行情况为例说明软件执行时间量化方法。

（1）选择 File→Reload Program。

（2）选择 Profiler→Clock→Enable。标记"√"出现在 Profile 菜单 Enable 项的旁边，该选项使能就可计算指令周期。

（3）选择 Profiler→Clock→View，在 CCS 界面的右下角显示如图 7-32 所示。

图 7-32　程序的当前行列值与初始指令周期数

（4）在 pid_reg3_calc（&PIDSpeed）函数的前一条指令和后一条指令处分别单击右键，

选择 Toggle Software Breakpoint，如图 7-33 所示。

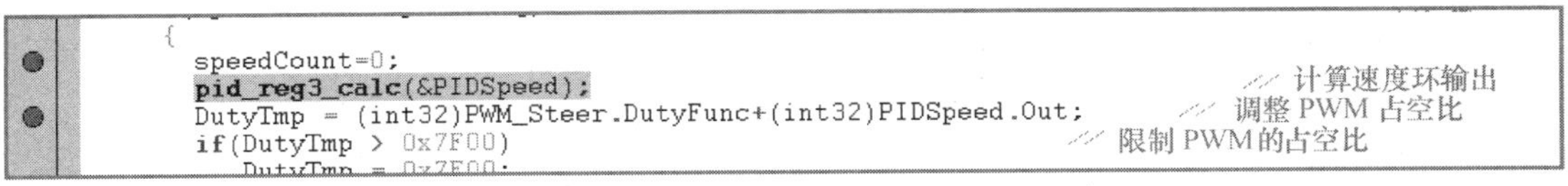

图 7-33 设置断点图

（5）单击 CCS 的 🏃 按钮，程序运行到第一个断点，如图 7-34 所示，运行光标指向 pid_reg3_calc（&PIDSpeed）的前一条指令。

图 7-34 程序运行到第一个断点图

这时 CCS 的右下角显示如图 7-35 所示，可以双击 🕐，使时钟复位。

图 7-35 时钟复位图

（6）单击 CCS 的 🏃 按钮，程序运行到第二个断点，如图 7-36 所示，运行光标指向 pid_reg3_calc（&PIDSpeed）的后一条指令。

图 7-36 程序运行到第二个断点图

（7）CCS 的右下角显示如图 7-37 所示。图中数字"208"为 pid_reg3_calc（&PIDSpeed）函数的指令周期，对于本例程，执行时间为 208×6.67ns=1387ns。

图 7-37 程序当前行列值和执行指令数图

（8）执行以下步骤释放测试期间所占用的资源：

进入 profiler 菜单并撤消 Enable Clock 使能。通过该方法可以测试每个函数的执行指令数和指令周期，来判断编写程序的实时性是否能够满足要求。

7.8 本章小结

本章主要介绍了数字信号处理器的相关应用基础知识，包括数字信号处理芯片的分类、主要特点、发展现状与趋势；介绍了数字信号处理系统的设计步骤、DSP 芯片的选择、开发套件和环境；介绍了应用程序的简单开发例子。最后介绍了 TMS320LF2812 DSP 的两个应用实例，并进行了实时性分析。

参考文献

[1] 苏奎峰，等. TMS320X281x+DSP 原理及 C 程序开发[M]. 北京：北京航空航天大学出版社，2008.
[2] TI 公司. TI_DSP-BIOS 用户手册与驱动开发第一部分[M]. 王军宁，等译. 北京：清华大学出版社，2007.
[3] TMS320F28335 教程,http://www.docin.com/p-927968251.html.
[4] TMS320F28335 中文资料汇总,http://wenku.baidu.com.
[5] 顾伟刚.手把手教你学 DSP[M]. 北京：北京航空航天大学出版社，2011.
[6] 使用 CCS 进行 DSP 编程,http://wenku.baidu.com/.
[7] 张雄伟,陈亮,曹铁勇. DSP 芯片的原理与开发应用[M].北京：电子工业出版社，2009.
[8] DSP 实验一 CCS 入门实验指导，http://wenku.baidu.com/.
[9] 王晓明.电动机的 DSP 控制-TI 公司 DSP 应用[M]. 北京：北京航空航天大学出版社，2009.
[10] TMS320F2812 数据手册，http://www.ti.com/lit/ds/symlink/tms320f2812.pdf.
[11] AD2S1210 数据手册，http://www.analog.com/media/cn/technical-documentation/data-sheets/AD2S1210_cn.pdf.

习 题

7.1 DSP 全称有哪两个含义？分别是什么？

7.2 DSPTMS320F2812 DSP 核心板和母板的功能是什么？

7.3 请介绍积分分离式 PID 控制方法的原理。

7.4 为什么数字信号处理系统的 A-D 转换前和 D-A 转换后都要加低通滤波器？

7.5 什么是数字信号处理器的流水线操作？

7.6 数字信号处理芯片的发展趋势有哪些？

7.7 DSP 芯片的运算速度可以用哪几种性能指标来衡量？

7.8 数字信号处理系统的设计一般包括哪几步？

7.9 请编写一个文字显示程序，当没有定义 FILEIO 时，采用标准 puts（）函数显示一条"Hello! I LOVE CHINA!"消息。当定义了 FILEIO 后，该程序给出一个输入提示，并将输入字符串存放到一个文件中，然后从文件中读出该字符串，并把它输出到标准输出设备上。

7.10 TI 公司的 DSP 分为哪几个系列，怎么进行选择？

7.11 直流无刷电动机为什么要换相？并简述直流无刷电动机的换相原理。

7.12 采用 TMS320F2812 实现直流无刷电动机控制，硬件上通常包括哪些模块？每个模块的作用是什么？

7.13 TMS320F2812 的 ADC 模块有几种工作模式？在做电动机控制时通常怎么配置？

7.14 结合示意图简述采用逆变桥控制直流无刷电动机的通电规律。

7.15 画出采用 DSP 驱动全闭环机械运动系统的控制系统结构示意图。

7.16 简述旋转变压器的工作原理及解码方法。

7.17 DSP 控制系统中，评估软件代码运行实时性的方法有哪些？

第 8 章

ARM 与 FPGA

8.1 嵌入式微处理器简介

嵌入式微处理器是嵌入式系统的核心，目前作为市场主流的 32 位嵌入式微处理器市场有超过 100 家的芯片供应商和近 30 种指令体系结构。其中，最著名的系列有 ARM（Advanced RISC Machines）、MIPS、SuperH 等。通常，嵌入式微处理器包含如下几个重要技术特征：

1. 功耗

每瓦能耗下的 MIPS（每秒多少兆条指令）值，是最常用的功耗评估指标之一。一般的嵌入式微处理器有三种工作模式：运行模式（Operational）、待机模式（Standby or Power Down）和停机模式（Clock-Off）。因此，MIPS/W 值越大功耗越低。

2. 代码存储密度

软件的代码存储密度会影响嵌入式系统的存储器大小。ARM 指令集是 32 位的指令集，Thumb 指令集是对 ARM 指令集的扩充，目标是为了实现更高的代码密度。为了在功耗、性能和代码密度之间找到合理的平衡，建议软件开发时要混合使用 ARM 指令和 Thumb 指令。

3. 集成度

嵌入式微处理器的高集成度有利于缩小芯片体积，但如果把所有的外围设备都集成到一个芯片上将使芯片变得复杂，芯片引脚变密，增加了系统设计和测试的复杂性。因此，集成外围设备时必须要在系统的复杂度和集成度之间进行综合考虑。

4. 多媒体加速功能

嵌入式微处理器的设计者为实现多媒体加速功能,有的厂商在微处理器指令集上增加JPEG和 MPEG 解压缩的离散余弦变换指令。还有一些厂商将 RISC 微处理器和 DSP 集成在一个芯片上，如 TI 的 OMAP（Open Multimedia Application Platform），以满足智能手机的需求。

8.2 ARM 介绍

ARM 可以理解为一个公司名字，也可以认为是对一类微处理器的通称，还可认为是一种技术。ARM 公司 1991 年成立于英国剑桥，本身不直接从事芯片生产，靠设计、转让、许可知识产权（intellectual property，IP）由合作公司生产各具特色的芯片，目前采用 ARM 技术 IP 核（IP Core）的微处理器已广泛应用于工业控制、消费类电子产品、通信、网络、无线系统等领域。据 ARM 公司官方报告，2014 年 ARM 的市场份额约增长到 37%；其他的行业报告统计其所占的市场份额更高，并有逐年增长的趋势。目前，ARM 微处理器及其应用已涉及许多领域。

1. 工业控制领域

由于基于 ARM 内核的微控制器芯片具有低功耗、高性价比、32 位的 RISC 架构优势，已经对传统的 8 位/16 位微控制器提出了挑战，不但占领了工业控制高端微控制器市场的大部分份额，同时也逐渐向低端微控制器应用方向发展。

2. 智能物联网系统

物联网（Internet of Things，IoT）是指通过互联网、传统电信网或云平台等手段，将所有可独立寻址的物理对象实现互联互通的网络集合。ARM 技术可满足快速发展、安全互连的物联网需求，致力于推动统一且简化的互连世界。例如，ARM Cortex-M3 已成为首批上市智能手表的行业标准；大量健身和健康腕带（如 Fitbit 和 Fuelcell）均采用 Cortex-M0 或 Cortex-M0+技术；有些停车场可给出空停车位的数量，并可通过智能手机进行浏览预订。

图 8-1 中，ARM® mbed™ 物联网设备平台是基于 ARM 微处理器创建的商用、可互操作物联网产品的一个解决方案。mbed 将为物联网开发和连接提供开放式标准，从而使得物联网能够从设备至云范围大规模地运行。mbed 操作系统提供了 C++应用框架及组件架构，用于创建设备应用，从而减少了大量与 MCU 代码开发相关的底层工作。

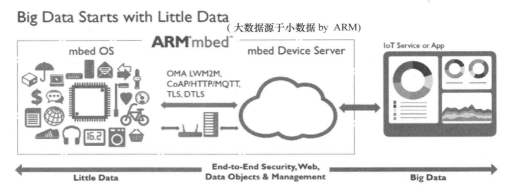

图 8-1　联网设备平台概念图

3. 网络应用

随着宽带技术的推广，采用 ARM 技术的 ADSL 芯片正逐步获得竞争优势。此外，ARM 在语音及视频处理上进行了优化，并获得了广泛支持，也对 DSP 的应用领域提出了挑战。

4. 家庭电子产品

ARM 技术在目前流行的 DVD 数字音频播放器、数字机顶盒、数码相机、智能卡、智能仪表、数字电视和游戏机中得到了广泛应用。此外，一体式计算机和轻型台式机可以满足家庭计算的应用。特别是利用手机技术，基于 ARM 的高性能、超低功耗的解决方案已成为便携式计算的重要应用。ARM 是移动设备市场的领导者，为智能手机和平板电脑提供处理器 IP 及其他关键模块。

8.3　ARM 微处理器系列

基于 ARM 体系结构的处理器包括 ARM7、ARM9、ARM9E、ARM10E、ARM11、SecurCore、

Intel 的 Xscale、StrongARM、Cortex-A、Cortex-R 和 Cortex-M 等系列。其中 ARM7、ARM9、ARM9E、ARM10 和 ARM11 为通用处理器系列，在 ARM 的官网上，将 ARM11、ARM9 和 ARM7 又称为 ARM Classic 处理器。SecurCore 系列专门为安全要求较高的应用而设计。

1. ARM7

ARM7 系列微处理器为 32 位 RISC 处理器，最适合用于对低成本和低功耗的消费类应用。ARM7 的主要应用领域为工业控制、Internet 设备、网络和调制解调器设备、移动电话等多媒体和嵌入式应用。

2. ARM9

ARM9 系列微处理器提供 1.1MIPS/MHz 的哈佛结构，支持 32 位 ARM 指令集和 16 位 Thumb 指令集，支持 32 位的高速 AMBA 总线接口，全性能的 MMU，支持 Windows CE、Linux、Palm OS 等多种主流嵌入式操作系统，MPU 支持实时操作系统。ARM9 系列微处理器主要应用于无线设备、仪器仪表、安全系统、机顶盒、工业控制、高端打印机、数字照相机、数字摄像机、存储设备和网络设备等。ARM9E 系列微处理器提供了增强的 DSP 处理能力，适合于那些需要同时使用 DSP 和微控制器的应用场合。ARM968E-S 是面积最小、功耗最低的 ARM9 处理器，是实时应用的理想选择之一。

3. ARM10

ARM10E 系列微处理器主要应用于下一代无线设备、数字消费品、成像设备、工业控制、通信和信息系统等领域。ARM10E 系列微处理器包含 ARM1020E、ARM1022E 和 ARM1026EJ-S 三种类型，以适用于不同的场合。

4. ARM SecurCore

ARM SecurCore 系列处理器提供了 32 位安全解决方案，其推出了许多为防止篡改智能卡的设计，例如 SIM 卡、银行卡、付费电视卡、交通卡、电子政务卡和 ID 卡等，其性能超过了旧的 8 位或 16 位安全处理器。SecurCore 系列包括 SC000、SC100 和 SC300 处理器，其中 SC300 基于 Cortex™-M3，适于安全性和性能要求较高的高端应用，具有如下特点：

1）带有灵活的保护单元，以确保操作系统和应用数据的安全。

2）采用软内核技术，防止外部对其进行扫描探测。

3）可集成用户自己的安全特性和其他协处理器功能。

5. Xscale 处理器

目前 Intel 主要推广的 Xscale 处理器是基于 ARMv5TE 体系结构的解决方案，是一款高性价比、低功耗的处理器。它支持 16 位的 Thumb 指令和 DSP 指令集，已使用在数字移动电话、个人数字助理和网络产品等场合。Intel StrongARM SA-1100 处理器是 32 位 RISC 微处理器，它融合了 Intel 技术，在软件上兼容 ARMv4 体系结构，也是便携式通信产品和消费类电子产品的理想选择之一，已成功应用于多家公司的掌上电脑系列产品。

6. Cortex 系列处理器

ARM 公司 ARM11 以后的产品改用 Cortex 命名，并分成 A、R 和 M 三类。Cortex 系列属于 ARMv7 架构，这是到 2010 年为止 ARM 公司最新的指令集架构，2011 年 ARMv8 架构在 TechCon 上推出。ARMv7 架构定义了三大系列："Cortex-A"系列面向基于虚拟内存的操作系统和用户应用；"Cortex-R"系列针对实时系统；"Cortex-M"系列针对微控制器。

ARM Cortex-A 系列处理器可向有 OS 平台和用户应用程序的设备提供全方位的解决方案，从手机、移动计算平台、数字电视和机顶盒，到企业网络、打印机和服务器解决方案。Cortex-A15、Cortex-A9、Cortex-A8、Cortex-A7 和 Cortex-A5 处理器均共享同一架构，因此完全兼容，且支持传统的 ARM、Thumb 指令集和新增的高性能紧凑型 Thumb-2 指令集。

Cortex-A15 和 Cortex-A7 都支持 ARMv7A 架构的扩展，从而为大型物理地址访问和硬件虚拟化以及处理 AMBA4 ACE 协议提供支持。同时，这些都支持"big.little"架构。ARM 的 Cortex-A 系列处理器可以排序为：Cortex-A57、Cortex-A53、Cortex-A15、Cortex-A9、Cortex-A8、Cortex-A7、Cortex-A5、ARM11、ARM9、ARM7 等。另外，单从命名数字来看 Cortex-A7 似乎比 A8 和 A9 低端，但是从 ARM 的官方数据看，A7 的架构和工艺都是仿照 A15 的，单个性能超过 A8 并且能耗控制得很好。另外 A57 和 A53 属于 ARMv8 架构。

ARM Cortex-R 实时处理器为要求可靠、容错、可维护、实时响应和经济实惠的嵌入式系统提供高性能的解决方案。Cortex-R 比 Cortex-M 的性能高，而 Cortex-A 系列专用于具有复杂软件操作系统（需使用虚拟内存管理）的应用。ARM Cortex-M 处理器是可向上兼容的高能效、易于使用的处理器，以更低的成本提供更多功能。

8.4 ARM 的体系结构

ARM 的体系结构进行了多次修改，每次都增加了新的性能，名字后面附加的关键字表示了体系结构的变体。

V3 结构采用 32 位地址，关键字 T 表示 Thumb 指令集，支持 16 位指令，M 表示支持长乘法。V3 的这些功能已经成为 V4 的标准配置。

V4 结构加入了半字存储操作功能，关键字 D 表示对调试（Debug）的支持，I 表示支持 ICE（In Circuit Emulation）软件调试功能。属于 V4 体系结构的处理器有 ARM7、ARM7100 和 ARM7500。属于 V4T（支持 Thumb 指令）体系结构的处理器有 ARM7TDMI、ARM7TDMI-S、ARM710T、ARM720T、ARM740T（ARM7TDMI 核的处理器），ARM9TDMI、ARM910T、ARM920T、ARM940T（ARM9TDMI 核的处理器）和 StrongARM（Intel 产品）。

V5 结构提升了 ARM 和 Thumb 指令的交互工作能力，关键字 E 表示支持 DSP 指令，J 表示支持 Java 指令。属于 V5T 体系结构的处理器有 ARM10TDMI 和 ARM1020T（ARM10TDMI 核处理器）。

属于 V5TE（支持 Thumb 和 DSP 指令）体系结构的处理器有 ARM9E、ARM9E-S、ARM946、ARM966、ARM10E、ARM1020E、ARM1022E 和 Xscale。属于 V5TEJ（支持 Thumb 指令、DSP 指令和 Java 指令）体系结构的处理器有 ARM9EJ、ARM9EJ-S、ARM926EJ 和 ARM10EJ。

V6 结构增加了多媒体指令。属于 V6 体系结构的处理器核有 ARM11。V6 体系结构包含了 ARM 全部四种特殊指令集：Thumb 指令（T）、DSP 指令（E）、Java 指令（J）和 Media 指令。为满足向后兼容，ARMv6 也包括了 ARMv5 的存储器管理和异常处理功能，这将使用户能够利用现有的成果。

ARMv7 架构是 Cortex-A15 和 Cortex-A9 等 32 位 ARM Cortex 处理器的基础。ARMv8 则是 ARM 首款加入了 64 位数据处理功能的架构，基于该架构的处理器能够同时拥有 64 位和 32 位的执行能力。

近年来，ARM 在功能、性能、速度、功耗、面积和成本等方面不断进行更新。目前，市场主流芯片指令集可分为复杂指令集（CISC）和精简指令集（RISC）两部分，代表架构分别是 x86、ARM 和 MIPS。而 ARM 指令集架构将继续按如下四个方向不断发展：①小体积、低功耗、低成本、高性能；②大量使用寄存器且数据操作大多都在寄存器中完成，指令执行速度更快；③寻址方式灵活简单，执行效率高；④指令长度固定，可通过多流水线方式提高处理效率。

开放的操作系统也促进了 ARM 新产品的应用，最典型的源码开放的嵌入式实时操作系统有嵌入式 Linux 和 μC/OS-Ⅱ。嵌入式 Linux 是将 Linux 操作系统进行裁剪修改，使之能在嵌入式计算机上运行的一种操作系统，它被广泛应用在移动电话、个人数字助理（PDA）、媒体播放器、消费性电子产品以及航空航天等领域中。嵌入式 Linux 不但开放源代码资源，而且具有嵌入式操作系统的特点。μC/OS-Ⅱ是用 C 语言编写的一个结构小巧、抢占式的多任务实时内核，能管理 64 个任务，并提供任务调度与管理、内存管理、任务间同步与通信、时间管理和中断服务等功能，具有执行效率高、占用空间小、实时性优良和可扩展性强等特点。

8.5 基于 Zynq 的可扩展处理平台开发

8.5.1 Zynq-7000 系列的来历

Zynq 是 Xilinx（赛灵思）推出的一款 FPGA+ARM（Cortex-A9）的 SoC，是一款可扩展处理平台，可为视频监视、辅助驾驶以及工厂自动化等高端嵌入式应用提供支持。

2010 年 4 月在硅谷举行的嵌入式系统大会上，Xilinx 发布了可扩展处理平台的架构，其硬件的核心是将通用基础双 ARM Cortex-A9 MPCore 处理器作为"主系统"。该器件的可编程逻辑部分基于 Xilinx 的 7 系列 FPGA，因此该系列产品的名称中添加了"7000"，以保持与 7 系列 FPGA 的一致性，同时也方便日后系列新产品的命名。Xilinx 联盟计划和 ARM 互联社区的成员提供的软件开发与硬件设计工具、操作系统、调试器、IP 及其他工具被融合在了一起，从而使可扩展处理成为了可能。

与采用嵌入式处理器的 FPGA 不同，Zynq-7000 产品系列的处理系统不仅能在开机时启动，而且还可根据需要配置可编程逻辑，软件编程模式与标准 ARM 的 SoC 类似。

8.5.2 Zynq 开发套件 Zedboard 简介

ZedBoard 是基于 Xilinx Zynq™-7000 可扩展处理平台（EPP）的低成本开发板。此板可以运行基于 Linux、Android、Windows® 或其他 OS 或 RTOS 软件。此外，可扩展接口使用户可以方便地访问系统和可编程逻辑。Zynq-7000 EPP 将 ARM® 处理系统和 Xilinx 7 系列可编程逻辑结合在一起，可以实现一些很强的功能。

Zynq-7000 EPP 既不是单纯的处理器，也不是单纯的 FPGA。当前大多数嵌入式系统都是将一个 FPGA 和一个独立处理器或者一个带有片上处理器的 ASIC 设计在同一个 PCB 上配合使用。Xilinx 利用一个 Zynq-7000 芯片来构建一个系统，节省了物料成本和 PCB 空间，并降低了功耗。由于处理器和 FPGA 在相同的架构上，因此性能也得到了提升。

Zynq-7000 系列的每款产品均采用带有 NEON（ARM 架构处理器扩展结构）及双精度浮

点引擎的双核 ARM Cortex-A9 MPCore 处理系统，该系统通过硬连线完成了包括缓存、存储器、控制器以及常用外设在内的集成。

Zynq-7000EPP 的架构除了选择 ARM 处理器系统以外，在处理系统和可编程逻辑之间广泛使用高带宽 AMBA®高级扩展接口（AXI™）互联。这样一来便能以较低的功耗支持 ARM 双核 Cortex-A9MPCore 处理子系统和可编程逻辑子系统之间的千兆位数据传输，进而消除了控制、数据、I/O 和内存所面临的性能瓶颈。

在内存方面，Zynq-7000 器件提供了 512KB 的二级缓存，由两个处理器共享。Zynq-7000 EPP 提供了简单易用的设计和编程流程，通过 Xilinx® ISE®设计套装和第三方工具提供的常见嵌入式设计方法，嵌入式软件和硬件工程师可执行开发、调试任务。Xilinx 为嵌入式软件应用提供了软件开发工具包（SDK，一种基于 Eclipse 的工具套装）。工程师还可以使用第三方开发环境，例如 ARM Development Studio 5（DS-5™）、ARM RealView Development Suite（RVDS™）或其他 ARM 体系的开发工具。Linux 应用开发人员可以充分利用 Zynq-7000 器件中的两个 Cortex-A9 CPU 内核，在对称多处理器模式下实现较高的性能。

此外，还可以在单处理器或对称多处理器模式下运行的 Linux、VxWorks 等实时操作系统中设置 CPU 内核。为了支持快速软件开发，Xilinx 提供了开源的 Linux 驱动程序和裸机驱动程序，适用于所有外围处理设备（USB、以太网、SDIO、UART、CAN、SPI、I2C 和 GPIO）。用户还可以配置可编程逻辑，并通过 AXI"互连"模块将其连接到 ARM 内核，以扩展处理器系统的性能和功能范围。

8.5.3　基于 Zynq-7000 的开发实例

本例将使用跑马灯实验来介绍 Vivado IDE 的集成环境，并在 Zedboard 上实现 Zynq 嵌入式系统。通过使用 SDK 创建一个应用程序，下载到 Zynq 的 ARM 处理器中，对硬件进行控制。

Vivado 设计套件是 Xilinx 公司 2012 年发布的，包括高度集成的设计环境和新一代的从系统到 IC 级的工具，这些均建立在共享的可扩展数据模型和通用调试环境的基础上。

1. 在 Vivado IDE 中创建一个工程

（1）双击桌面 Vivado 快捷方式或者浏览开始菜单来启动 Vivado。

（2）当 Vivado 启动后，可以看到 Getting Started 页面。

（3）选择 Create New Project，New Project 向导将会打开，单击 Next。

（4）在 Project Name 对话框中，输入 first_zynq_design 作为工程名，选择工程目录，勾选 Create project subdirectory，单击 Next。

（5）在 Project Type 对话框中，选择 RTL Project，注意不要勾选 Do not specify sources at this time 选项，单击 Next。

（6）在 Add Source 对话框中，选择 Verilog 或 VHDL 作为目标语言。如果已经有了源文件，就可以选 Add file 或者 Add directory 进行添加，如没有则直接单击 Next 即可。

（7）在 Add Existing IP 和 Add Constraints 两个对话框中，分别依次单击 Next。

（8）在 Default Part 对话框中，在 Specify 框中选择 Boards 选项，在下面的 Board 列表中选择 ZedBoard Zynq Evaluation and Development Kit，单击 Next。

（9）在 New Project Summary 对话框中，单击 Finish 完成工程创建。下面将使用 Flow

Navigator 的 IP Integrator 功能完成嵌入式系统设计。

2. 在 Vivado 中创建 Zynq 嵌入式系统

下面将创建一个 Zynq 嵌入式系统，同 ZedBoard 上的 8 个 LED 相连接，使用 Zynq 可编程逻辑（PL）实现 GPIO 控制，并且通过 AXI 总线连接到处理系统（**Processing System，PS**），这样我们就可以通过 ARM 应用程序来对 LED 进行控制。系统结构如图 8-2 所示。

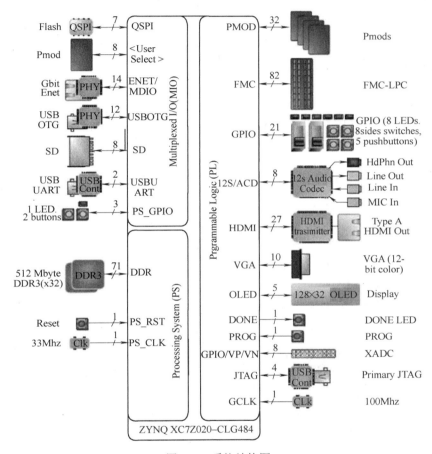

图 8-2　系统结构图

下面介绍一下具体过程：

（1）创建一个 Block Design。在 Flow Navigator 窗口中展开 IP Intergrator，选择 Create Block Design。

（2）在 Block Design 对话框中输入 zynq_system_1 作为 Design name，单击 OK 继续。这时，在 workplace 区域将会打开 IP Integrator 的图表画布，我们将在这个空白区域中像画画一样构建自己的系统。这里操作的最小单位是 IP 核，Xilinx 官方还有一些第三方的免费 IP 核，可直接添加使用，用户也可自定义 IP 核，然后添加到工程中使用。IP 核全称为知识产权核，分为软核、硬核和固核。软核通常是与工艺无关、具有寄存器传输级硬件描述语言描述的设计代码，可以进行后续设计；硬核是前者通过逻辑综合、布局、布线之后的一系列工艺文件，具有特定的工艺形式、物理实现方式；固核则通常介于上述两者之间，它已经通过功能验证、时序分析等过程，设计人员可以以逻辑门级网表的形式获取。

（3）在空白画布中，右键按空白区域，并选择 Add IP 选项，或者单击画布最上方的绿色提示信息中的 Add IP 链接。

（4）这时一个 IP 核列表将会弹出，在 Search 一栏输入 Zynq，在列表中双击 ZYNQ7 Processing System 添加 IP 核到画布中。

在画布中可以看到 ZYNQ7 Processing System 被添加进来，当前的 IP 模块是一个初始化界面，如果要使这个模块能在 ZedBoard 工作起来，需要对其进行配置。双击 ZYNQ7 Processing System 模块，打开其配置界面，各功能依次介绍如下：

1）Documentation：提供了该 IP 模块相关的文档帮助。

2）Page Navigator：提供了该 IP 模块的详细配置列表。Zynq Block Design 页面显示了 ZYNQ7 Processing System 的总体概貌，我们可以通过单击绿色部分对相应的模块进行查看或者配置；PS-PL Configuration 页面提供了 PS 到 PL 的相关接口配置信息；Peripheral I/O Pins 页面主要是对一些通用外设接口的配置；MIO Configuration 页面主要是对 MIO 以及 EMIO 的分配控制。Clock Configuration 页面主要是对 PS 端时钟资源的配置及管理。DDR Configuration 页面主要是对 DDR 控制器一些参数的配置。Interrupts 页面主要是对中断进行配置管理。

3）Presets：提供了开发板的预定义配置功能，Vivado 将会按已有的配置信息来对该 IP 核进行配置，而不需要手动来配置。单击该按钮，可以看到 Vivado 已经支持的开发板有 Microzed、ZC702、ZC706 和 ZedBoard，及一个默认的配置选项。

4）Import XPS Settings：将 XPS 中的 ZYNQ7 Processing System 的配置信息导入进来，即导入一个 xml 文件。这里选择 Presets > Zedboard，单击 OK 来完成对 ZYNQ7 Processing System 的默认配置。下一步将要连接 PS 端的 DDR 与 FIXED_IO 接口到顶层接口。

5）Central Interconnect：通过中央互联这个模块可以实现多个通道和设备的连接。

左键选择 ZYNQ7 Processing System 模块上的 DDR 接口，当光标变成笔状的时候按右键并选择 Make External，如图 8-3 所示，对于 FIXED_IO 使用同样的方法。

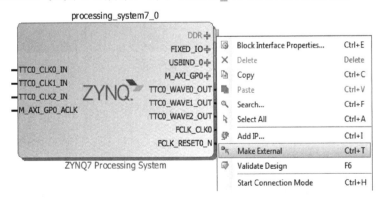

图 8-3　Make External 操作

当完成了 ZYNQ7 Processing System IP 核的添加和配置后（见图 8-4），将添加 AXI GPIO IPcore 到系统中，该 IP 核被放在 PL 端，通过 AXI 总线同 ARM 相连接，由 GPIO 接口控制 ZedBoard 上的 8 盏 LED 小灯，并使用 IP Integrator 的设计工具将 AXI GPIO 连接到 PS 端。

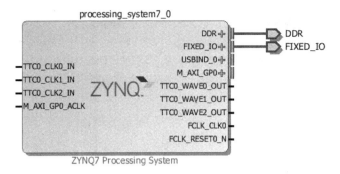

图 8-4　ZYNQ7 Processing System　外部连接

（5）在 Diagram 窗口顶部单击 Run Connection Automation 链接，并选择/axi_gpio_0/S_AXI 选项，这时 S_AXI 接口被高亮显示，且有两个新的 IP 模块自动被添加了进来：

- Processor SystemReset: 这个 IP 提供一个定制化的 Reset 功能。
- AXI Interconnect：提供 AXI 总线互联控制，它将 PL 端外设同 PS 端连接起来。

（6）同样单击 Run Connection Automation 链接，并选择/axi_gpio_0/GPIO，Run Connection Automation 对话框将被打开，在 Select Board Interface 的下拉菜单中选择 leds_8bit 选项，单击 OK，在 Diagram 中看到如图 8-5 所示画面。

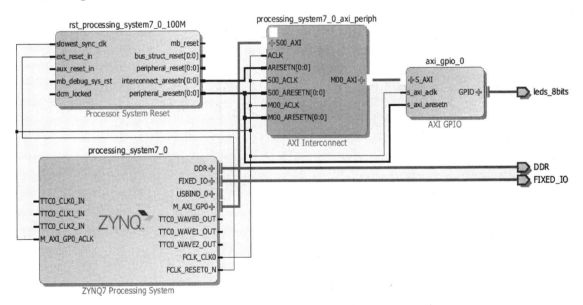

图 8-5　模块连接系统图

（7）IP Integrator 会自动为挂在 AXI 总线上的逻辑设备分配地址空间，这样 ARM 才可以寻址到 PL 端的逻辑设备。选择 Address Editor 选项，并展开 Data。可以看到 IP Integrator 已经为 AXI GPIO 分配了 64KB 的地址空间，基地址为 0x41200000。由于 ARM 是统一编址的，所以在编写 ARM 程序的时候就可以像读写内存一样直接对该地址进行读写，从而实现对该 IP 核的控制。

（8）在 Diagram 窗口的左面工具栏中选择 Validate Design 按钮检测设计的有效性。这个操作将会调用一次 DRC 检测，如果检测错误，则根据错误信息进行改正。于是，一个简单的

IP 子系统设计完成，下面 Block Design 将生成可以综合的 HDL 设计文件。在弹出的对话框中直接单击 Generate，将生成 Diagram Block Design 的 HDL 源文件以及相应端口的约束文件。继续按右键 zynq_system_1，选择 Create HDL Wrapper，保持默认选项，单击 OK 关闭 Create HDL Wrapper 对话框。Vivado 会为 IP 子系统生成一个顶层文件，这样就可以对该系统进行综合、实现并生成 bit 流了。

当 bit 流生成完成后，在 Vivado 中最后的工作就是要将设计导入到 SDK 中，然后对 ARM 进行编程，控制 ZedBoard 上的 LED 灯。

8.5.4 应用程序编写

下面用 SDK 创建一个应用程序，来对 ZedBoard 上的 LED 进行控制。前面已经为 AXI GPIO 分配了地址空间，ARM 通过访问该地址空间中的寄存器来对 GPIO 进行控制，从而控制 ZedBoard 上的 LED。具体步骤如下：

（1）选择 File > New > Application Project。

（2）在 Application Project 对话框中输入 Marquee 作为 Project Name。在 Templates 对话框中选择 Empty Application 创建一个空工程，单击 Finish 完成创建。

（3）SDK 自动打开 System.mss 文件（在板级支持包文件夹 Marquee_bsp 下）。该文件提供了系统所有的外设信息。选择 File>New>Source File，单击 Browse 按钮，选择 Marquee/src 作为 Source Folder，在 Source File 输入框中输入 Marquee.c，单击 Finish 完成 Source File 的添加。下面编写 Marquee.c，具体代码如下。

```
#include "xparameters.h"                      /* 外设参数*/
#include "xgpio.h"                            /* GPIO 数据结构和 APIs */
#include "xil_printf.h"
#include "xil_cache.h"
#define GPIO_BITWIDTH  8                       /*GPIO 的位宽宏定义 */
#define GPIO_DEVICE_ID XPAR_AXI_GPIO_0_DEVICE_ID //device id
#define LED_DELAY 10000000                    /* LED 时间延迟*/
#define LED_MAX_BLINK  0x1                     /* LED 闪烁的次数*/
#define LED_CHANNEL  1                         /* GPIO 通道*/
#define printf xil_printf
XGpio Gpio;                                   /* The Instance of the GPIO Driver */
XGpio GpioOutput;
int GpioMarquee(u16 DeviceId, u32 GpioWidth)
{
    volatileint Delay;
    u32 LedBit;
    u32 LedLoop;
    int Status;
    /*初始化 GPIO 驱动，确定在 xparameters.h 头文件中产生的设备 ID  */
    Status = XGpio_Initialize(&GpioOutput, DeviceId);
    if(Status != XST_SUCCESS){
        return XST_FAILURE;
```

```
                                                           }
        //设定信号的 I/O 方向
        XGpio_SetDataDirection(&GpioOutput, LED_CHANNEL, 0x0);
            XGpio_DiscreteWrite(&GpioOutput, LED_CHANNEL, 0x0);
                                                           // 低电平输出
        for(LedBit = 0x0; LedBit < GpioWidth; LedBit++){
            for(LedLoop = 0; LedLoop < LED_MAX_BLINK; LedLoop++){
                XGpio_DiscreteWrite(&GpioOutput, LED_CHANNEL,1 << LedBit);
                                                           //高电平输出
                for(Delay = 0; Delay < LED_DELAY; Delay++);//延时
                XGpio_DiscreteClear(&GpioOutput, LED_CHANNEL,1 << LedBit);
                                                           //清除 GPIO 输出
                for(Delay = 0; Delay < LED_DELAY; Delay++);//延时
            }
        }
        return XST_SUCCESS;
}
int main(void)
{   //主程序开始无限循环
    while(1)
    {
        u32 status;
        status = GpioMarquee(GPIO_DEVICE_ID,GPIO_BITWIDTH);
        if(status == 0)
            printf("SUCESS!\r\n");
        else printf("FAILED.\r\n");
    }
    return XST_SUCCESS;
}
```

（4）保存工程，编译，等待结束。该程序以 main 函数开始，之后进入一个无限循环，不断地调用 GpioMarquee 函数。Xgpio_Initialize 函数在 gpio.h 中被定义，它的功能是对 XGpio 句柄进行初始化，XPAR_AXI_GPIO_0_DEVICE_ID 在 xparameters.h 文件中被定义，该文件是 Vivado IDE 自动生成并导入到 SDK 中的，它包含了所有的系统硬件设备参数。XGpio_SetDataDirection（&Gpio，LED_CHANNEL，0xFF）函数设置 GPIO 指定通道的 I/O 方向。XGpio_DiscreteWrite（&GpioOutput，LED_CHANNEL，0x0）函数将数据写入到设置好的通道中。

（5）将 ZedBoard 同 PC 相连接，插上串口线与 JTAG 线，如果是第一次连接请等待一段时间，操作系统会自动安装所需的驱动。单击 Xilinx Tools > Program FPGA 将 bit 流写入 FGPA 中。右键选工程目录中的 Marquee 目录，选择 Run As > Run Configurations，设置 STDIO Connection 为相应的串口。

（6）选择 Run As > Launch on Hardware 将程序下载到 ZedBoard 上，之后可以看到 Console 窗口中不断的打印 SUCCESS！这时，ZedBoard 上的跑马灯开始运行。

8.5.5　Eclipse 集成开发工具

Eclipse 是一款基于 Java 的可扩展开源应用程序集成开发软件，具有代码编辑、编译、调试和插件功能。Eclipse 只支持普通 PC（Intel）下的 C/C++代码编译功能，不支持编译 ZYNQ（ARM）板卡中可以运行的程序，所以需要通过 Eclipse 的插件机制开发插件，让 Eclipse 支持 ARM 交叉编译，编译能在 ZYNQ 开发板中运行的软件。Eclipse 附带了一个标准的插件集，包括 Java 开发工具（Java Development Kit，JDK）。在计算机程序设计领域，所谓"运行时库"是指程序在运行时所需要的库文件，通常是以 LIB 或 DLL 的形式提供的，而应用 Eclipse 可对 Xenomai 等实时内核"运行时库"进行开发。

8.6　FPGA 介绍

Zynq 是 FPGA 和 ARM 的集成，即现场可编程门阵列（Field Programmable Gate Array，FPGA）是在 PAL、GAL、CPLD 等可编程器件的基础上发展而来的。1989 年 9 月 26 日，Xilinx 的创始人 Ross Freeman 发明了一种"具有可配置逻辑单元和互联的可配置电路（Configurable electrical circuit having configurable logic elements and configurable interconnects）"。它作为一种半定制电路，既解决了定制电路设计成本高、开发效率低的难题，又克服了原有可编程器件门电路数有限的缺点。它是当今数字控制系统设计的主要硬件平台，完全由用户通过软件进行配置和编程，且可以反复擦写。在修改和升级时，不需额外地改变印刷电路板（PCB），只是在计算机上修改和更新程序，使硬件设计工作变成软件开发工作，从而缩短了系统设计的周期，提高了灵活性并降低了成本。

8.6.1　FPGA 结构

FPGA 采用了逻辑单元阵列 LCA（Logic Cell Array）这样一个概念，内部包括可配置逻辑模块 CLB（Configurable Logic Block）、输入输出模块 IOB（Input Output Block）和内部连线（Interconnect）三个部分（见图 8-6）。

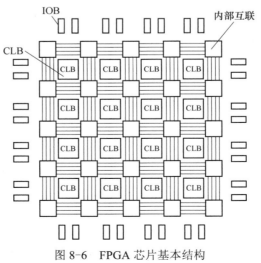

图 8-6　FPGA 芯片基本结构

与传统逻辑电路和门阵列（如 PAL、GAL 及 CPLD 器件）相比，FPGA 具有不同的结构，FPGA 利用小型查找表（Look-Up-Table，LUT）来实现组合逻辑，每个查找表连接到一个 D 触发器的输入端，触发器再驱动其他逻辑电路或驱动 I/O，由此构成了既可实现组合逻辑功能，又可实现时序逻辑功能的基本逻辑单元模块，这些模块间利用金属连线互相连接或连接到 I/O 模块。FPGA 的逻辑是通过向内部静态存储单元加载编程数据来实现的，存储在存储器单元中的值决定了逻辑单元的逻辑功能以及各模块之间或模块与 I/O 间的连接方式，并最终决定了 FPGA 所能实现的功能。

FPGA 是由存放在片内 RAM 中的程序来设置其工作状态的，因此需要对片内的 RAM 进行编程。用户可以根据不同的配置模式，采用不同的编程方式。Xilinx FPGA 的常用配置模式有 5 类：主串、从串、Select MAP、Desktop 和直接 SPI 配置。在从串配置中，FPGA 接收来自于外部 PROM 或其他器件的配置比特数据，在 FPGA 产生的时钟 CCLK 的作用下完成配置，多个 FPGA 可以形成菊花链，从同一配置源中获取数据。

目前，Xilinx 和 Altera 生产的 FPGA 都是基于 SRAM 工艺的，需要在使用时外接一个片外存储器以保存程序。上电后，FPGA 芯片将配置芯片中的数据读入片内 RAM 中，配置完后 FPGA 进入工作状态。掉电后，FPGA 恢复成白片，内部逻辑关系消失，因此 FPGA 能够反复使用。FPGA 的编程器有很多，例如 USB Blaster 下载线、Xilinx Platform Cable USB 等。串行配置器件有很多种类，例如 Altera 的 EPCS16。

FPGA 的主要厂家有 Xilinx、Altera、Lattice、Actel、Atmel 和 QuickLogic 等，其中最大的是 Xilinx 公司。Actel、QuickLogic 等公司还有反熔丝 FPGA，具有抗辐射、耐高低温、低功耗和速度快等优点，在军品和航空航天领域中应用较多，但这种 FPGA 不能重复擦写，开发初期比较麻烦，费用也比较贵。Lattice 是 ISP（在线可编程）技术的发明者，在小规模 PLD 应用上有一定的特色。目前 Xilinx 公司也已经有多款产品进入军品和宇航级市场领域。

8.6.2 FPGA 的功能模块

FPGA 芯片主要由可编程输入输出单元、可配置逻辑块、数字时钟管理模块、嵌入块式 RAM、丰富的布线资源、底层内嵌功能单元和内嵌专用硬核等 6 个功能模块组成，具体功能如下：

1. 可编程输入输出单元（IOB）

可编程输入输出（下面简称 IO）单元是芯片与外界电路的接口部分，实现不同电气特性下对 IO 信号的驱动与匹配要求。FPGA 内的 IO 按组（Bank）分类，每组都能够独立地支持不同的电气标准。通过软件的配置，可适应不同的电气标准与物理特性，可调整驱动电流的大小，可改变上、下拉电阻。随着技术的发展，IO 口的频率越来越高，一些 FPGA 通过 DDR 寄存器技术可以支持高达 2Gbit/s 的数据速率。目前，FPGA 之间或 FPGA 与 DSP 之间的串行通信速度可以做得更快，例如集成了 FPGA 和 ARM 的 Zynq-7000 SoC 上的 GTX 收发器（Gigabit Transceiver）可以轻松达到 10Gbit/s 的单线数据传输速率。

外部输入信号可以通过 IOB 模块的存储单元间接或直接输入到 FPGA 的内部。当外部输入信号经过 IOB 模块的存储单元输入到 FPGA 内部时，其保持时间（Hold Time）的要求可以降低，通常默认为 0。FPGA 的 IOB 的每个 Bank 的电气接口标准由其接口电压 VCCO 决定，一个 Bank 只能有一种 VCCO，但不同 Bank 的 VCCO 可以不同。只有相同电气标准的端口才能连接在一起。

2. 可配置逻辑块（CLB）

CLB 是 FPGA 的基本逻辑单元，不同型号的 FPGA 器件的 CLB 数量和特性也不同，每个 CLB 都包含一个可配置开关矩阵，该矩阵由 4 或 6 个输入、一些选择电路（如多路复用器等）和触发器组成。可通过对开关矩阵进行配置以便处理组合逻辑、移位寄存器或 RAM。在 Xilinx 的 FPGA 器件中，CLB 由多个（一般为 4 个或 2 个）相同的 Slice 和附加逻辑构成。每个 CLB 模块不仅可以用于实现组合逻辑、时序逻辑，还可以配置为分布式 RAM 和分布式 ROM。Slice 是 Xilinx 定义的基本逻辑单位，一个 Slice 由两个 4 输入函数发生器、进位逻辑、算术逻辑、存储逻辑和函数复用器组成。

算术逻辑包括一个异或门（XORG）和一个专用与门（MULTAND），一个异或门可以使一个 Slice 实现 2bit 全加操作，专用与门用于提高乘法器的效率；进位逻辑由专用进位信号和函数复用器（MUXC）组成，用于实现快速的算术加减法操作；4 输入函数发生器用于实现 4 输入查找表、分布式 RAM 或 16 比特移位寄存器（Virtex-5 系列芯片的 Slice 中的两个输入函数为 6 输入，可以实现 6 输入 LUT 或 64 比特移位寄存器）；进位逻辑包括两条快速进位链，用于提高 CLB 模块的处理速度。

3. 数字时钟管理模块（DCM）

大多数 FPGA 都有数字时钟管理模块,提供数字时钟管理和锁相环（PLL）。锁相环能够提供精确的时钟综合，且能够降低抖动，并实现滤波功能。

4. 嵌入式块 RAM（BRAM）

大多数 FPGA 都有内嵌式块 RAM，这大大拓展了 FPGA 的应用范围和灵活性。块 RAM 可被配置为单端口 RAM、双端口 RAM、内容可寻址存储器（CAM）以及 FIFO 等常用存储结构。CAM 存储器是一种存储阵列，可迅速地找到某一个特定值的存储位置。在 RAM 中,输入的是数据地址，输出的是数据；而在 CAM 中，输入的是所要查询的数据，输出的是数据地址和匹配标志（Match）。CAM 存储器在其内部的每个存储单元中都有一个比较逻辑，写入 CAM 中的数据会和内部的每一个数据进行比较，并返回与端口数据相同的所有数据的地址。除了块 RAM，还可以将 FPGA 中的 LUT 灵活地配置成 RAM、ROM 和 FIFO 等结构。在实际应用中，芯片内部块 RAM 的数量也是选择芯片的一个重要因素。

5. 丰富的布线资源

FPGA 的布线连通内部的所有单元,连线的长度和工艺决定了信号在连线上的驱动能力和传输速度。布线资源的使用方法和设计的结果有密切、直接的关系。根据工艺、长度、宽度和分布位置的不同，FPGA 芯片内部的布线资源可划分为四类：第一类是全局布线资源，用于芯片内部全局时钟和全局复位/置位的布线；第二类是长线资源，用于完成芯片 Bank 间的高速信号和"第二全局时钟"信号的布线；第三类是短线资源，用于完成基本逻辑单元之间的逻辑互连和布线；第四类是分布式的布线资源，用于专有时钟、复位等控制信号线。"第二全局时钟"资源也叫长线资源，它分布在芯片的行、列的 Bank 上，其长度和驱动能力仅次于全局时钟资源。在实际应用中，设计者不需要直接选择布线资源，布局布线器可自动地根据输入逻辑网表的拓扑结构和约束条件选择布线资源来连通各个模块单元。

6. 底层内嵌功能单元

内嵌功能模块主要指 DLL（Delay Locked Loop）、PLL（Phase Locked Loop）、DSP 和 CPU 等软处理核（Soft Core）。越来越丰富的内嵌功能单元，使单片 FPGA 成为了系统级的设计工具，使其具备了软硬件的联合设计能力，且逐步向 SOC 平台过渡。

DLL 和 PLL 具有类似的功能，可以完成时钟高精度、低抖动的倍频和分频，以及占空比调整和移相等功能。Xilinx 公司生产的芯片上集成了 DLL，Altera 公司的芯片集成了 PLL，Lattice 公司的新型芯片上同时集成了 PLL 和 DLL。PLL 和 DLL 可以通过 IP 核生成的工具方便地进行管理和配置。

7. 内嵌专用硬核

内嵌专用硬核是相对于底层嵌入的软核而言的，指 FPGA 处理能力强大的硬核（Hard Core），等效于 ASIC 电路。为了提高 FPGA 性能，芯片生产商在芯片内部集成了一些专用的硬核。例如为了提高乘法速度,集成了专用乘法器；为了适用通信总线与接口标准,集成了串并收发器(SERDES),可以达到数十 Gbit/s 的收发速度。Xilinx 公司的高端产品不仅集成了 Power PC 系列 CPU 内核，还内嵌了 DSP 内核，其系统级设计工具是 EDK 和 Platform Studio。通过 PowerPC™、Miroblaze、Picoblaze 等平台，能够开发标准的 DSP 处理器及其相关应用，实现 SoC 的开发。

增加了硬核的 FPGA 的功耗比软核有很大降低，例如与 Virtex-6 FPGA 相比，Virtex-7 系列的系统性能增加了近一倍、功耗降低了近一半。Virtex® UltraScale+™的器件集成了 Ethernet MAC 和 PCI Express 硬核，性能又有提升。

8.6.3 FPGA 开发流程

首先需明确系统的指标要求,例如 IO 定义,信号类型定义和系统功能定义和模块的划分，根据指标要求对工作速度和器件本身的资源、成本，以及连线的可布性等方面进行权衡，选择合适的设计方案和器件。一般采用自顶向下的设计方法，把系统分成若干个基本单元，然后再把每个基本单元划分为下一层次的基本单元，这样直到可以使用 EDA 元件库为止。

如图 8-7 所示，在 FPGA 的器件型号选定之后，就可以进行开发了。具体包括设计输入、综合、布局、布线、时序分析、仿真、编程与调试等。

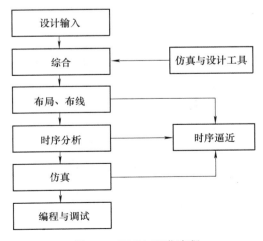

图 8-7　FPGA 开发流程

1. 设计输入

设计输入是将所设计的功能以硬件描述语言（HDL）或原理图的形式表示出来，并输入给 EDA 工具。原理图输入是将所需的器件从元件库中调出来，画出原理图，直观并易于仿真，但效率低，不易维护，不利于模块构造和重用，可移植性差。目前，应用最广的是 HDL 输入法，例如 Verilog HDL 和 VHDL。也可以 HDL 为主、原理图为辅的混合设计方式。

在编译之前,可对用户所设计的电路进行逻辑功能验证，即功能仿真。仿真前，要先利用波形编辑器和 HDL 等建立波形文件和测试向量，仿真结果会生成报告文件和输出信号波形，可观察各个节点信号的变化。如果发现错误，则返回修改逻辑。常用的工具有 Model Tech 公司的 ModelSim、Sysnopsys 公司的 VCS 和 Cadence 公司的 NC-Verilog 以及 NC-VHDL 等软件。

2. 综合

所谓综合（Synthesis）是指将设计输入编译成由与门、或门、非门、RAM、触发器等基本逻辑单元组成的逻辑连接网表，而并非真实的门级电路。真实具体的门级电路需要利用 FPGA 制造商的布局布线功能，根据综合后生成的标准门级结构网表来产生的。常用的综合工具有 Synplicity 公司的 Synplify 或 Synplify Pro 软件以及各 FPGA 厂家的综合开发工具。

3. 布局、布线

将综合生成的逻辑网表配置到具体的 FPGA 芯片上，布局布线是其中最重要的过程。布局将逻辑网表中的硬件原语和底层单元合理地配置到芯片内部的固有硬件结构上，需要在速度最优和面积最优之间做出选择。布线根据布局的拓扑结构，利用芯片内部的各种连线资源，合理正确地连接各个元件。在有时序约束条件时，需要利用时序驱动的引擎进行布局布线。布线结束后，软件工具会自动生成报告，提供资源的使用情况。由于只有 FPGA 厂家对芯片结构最了解，所以布局布线必须选择芯片厂家提供的工具。如果在布局布线后发现电路结构和设计意图不符，则需回溯到综合，并通过仿真来确认问题。

4. 时序分析与仿真

时序分析与仿真，也称为后仿真，是指将布局布线的延时信息反标注到设计网表中来检测有无时序违规现象（即不满足时序约束条件或器件固有的时序规则，如建立时间、保持时间等）。时序仿真包含的延迟信息完整而精确，能较好地反映芯片的实际工作情况。由于不同芯片的内部延时不一样，不同的布局布线方案也给延时带来不同的影响。因此在布局布线后，通过对系统和各个模块进行时序分析与仿真，估计系统性能，以及检查和消除竞争冒险是非常有必要的。在功能仿真中介绍的软件工具一般都支持综合后仿真。有的 FPGA 设计还需要进行板级仿真与验证，特别是对于高速电路设计，对信号完整性、电磁干扰等特征进行分析，一般都用第三方工具进行仿真和验证。

5. 编程与调试

设计的最后一步就是芯片编程与调试。芯片编程是指产生位数据流文件（Bitstream

Generation），然后将数据下载到 FPGA 芯片中。其中，芯片编程需要满足一定的条件，如编程电压、编程时序和编程算法等。逻辑分析仪（Logic Analyzer，LA）是 FPGA 调试的主要工具，需要引出大量的测试引脚。目前，主流的 FPGA 芯片厂商都提供了内嵌的在线逻辑分析仪（如 Xilinx ISE 中的 ChipScope、Altera Quartus Ⅱ 中的 SignalTap Ⅱ 以及 SignalProb）。

Quartus Ⅱ 软件提供完全集成的时序逼近流程，可以通过控制综合和布局布线来达到时序要求。通过时序逼近流程可以对复杂的设计进行更快的时序逼近，并减少优化迭代次数。

8.6.4 FPGA 的常用开发工具

FPGA 开发工具包括硬件工具和软件工具两种，其中硬件工具主要是 FPGA 厂商或第三方开发的 FPGA 开发板及其下载线，另外还包括示波器、逻辑分析仪等仪器。在软件方面，针对 FPGA 设计的各个阶段，有很多 EDA 工具，按公司具体介绍如下：

1. Xilinx

（1）集成软件环境（ISE）集成了 FPGA 的整个开发过程中用到的工具。

（2）嵌入式开发套件（EDK）是用于设计嵌入式可编程系统的解决方案。

（3）System Generator 数字信号处理开发软件，利用 Simulink 环境来实现 FPGA 设计。

（4）ChipScope 在线调试软件，可以脱离传统逻辑分析仪来调试时序。

2. Altera

（1）Quartus Ⅱ 软件提供了可编程片上系统（SOPC）设计的一个综合开发环境，是进行 SOPC 设计的基础，可以完成从设计输入到硬件配置的完整设计。Quartus Ⅱ 集成环境包括以下内容：系统级设计，嵌入式软件开发，可编程逻辑器件（PLD）设计，综合，布局和布线，验证和仿真。Quartus Ⅱ 软件提供了完整、易于操作的图形用户界面,可以完成整个设计流程中的各个主要阶段，例如工程建立、原理图的输入、文本编辑和波形仿真等。

（2）SOPC Builder 嵌入式系统开发工具，是一个建立、开发、维护系统的平台。

（3）Max+plus Ⅱ 是设计输入、处理和器件编程开发的工具，目前 Altera 已经停止开发 Max+plus Ⅱ，而转向 Quartus Ⅱ 软件平台。

（4）DSP Builder 数字信号处理开发软件，将 MATLAB 和 Simulink 的算法开发、仿真和验证功能与 VHDL 综合、仿真和 Altera 开发工具整合。

（5）Signaltap Ⅱ 嵌入式逻辑分析仪，是功能强且实用的 FPGA 片上 Debug 工具软件，集成在 Quartus Ⅱ 中。

3. Lattice

IspLEVER 集成开发环境，提供设计输入、HDL 综合、验证、器件适配、布局布线、编程和系统调试等功能。

4. Actel

（1）Libero IDE 集成开发环境有设计分析和时序约束的功能，并同时能实现更高性能。

（2）Mentor Graphics MODELsim 仿真软件，是支持 VHDL 和 Verilog 混合仿真的仿真器。

5. Aldec

ActiveHDL 是一款支持 VHDL 或 VerilogHDL 的仿真软件。

8.6.5　FPGA 程序实例

下面以 FPGA 解码细分电动机位置传感器线性霍尔输出的正余弦信号为例来说明 FPGA 的应用。

线性霍尔元件的输出电压与外加磁场强度呈线性关系，常采用它检测无刷电动机转子位置。直流无刷电动机的转子是永磁体，定子嵌入绕组，电动机驱动器通过确定转子位置为三相绕组通不同方向和大小的电流。线性霍尔输出信号为相位差 90° 的正弦信号和余弦信号，根据永磁体感应磁极的极对数，一个 360° 机械周期可以有一个或多个正余弦周期输出。为了获取电动机转子磁极的位置，需要对线性霍尔输出的正余弦信号进行解码细分，获得数字脉冲信号或者绝对位置信号。下面以单对极感应磁极为例来说明采用 FPGA 实现对线性霍尔信号的解码细分原理和实现方法。感应霍尔元件的永磁体如图 8-8a 所示，为单对极永磁体，即在 360° 的机械角度只有一对 NS 磁极。永磁体安装在电动机轴上，随电动机同步转动。本例程中感应元件采用 4 个线性霍尔信号，如图 8-8b 所示。相对的两个线性霍尔输出正弦或余弦的差分信号，后级电路对线性霍尔信号进行放大、整流和采集。贴有霍尔元件的印制电路板安装在电动机的外壳上，并与永磁体同轴。当电动机转动时，永磁体随着电动机轴转动，这样永磁体和霍尔元件之间产生相对运动，霍尔元件输出周期性的电信号。安装后线性霍尔元件处永磁体产生的磁场强度如图 8-9 所示，具有较好的正弦性。

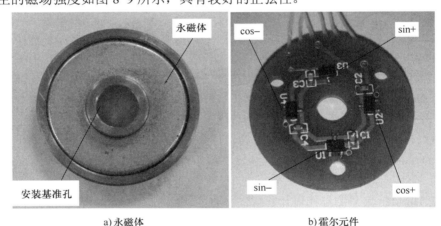

　　　a) 永磁体　　　　　　　　　　　　　　　b) 霍尔元件

图 8-8　线性霍尔传感器

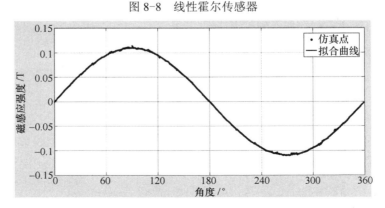

图 8-9　霍尔元件处磁场强度图

由示波器测得的 SIN+霍尔元件和 COS+霍尔元件输出的信号波形如图 8-10 所示,两者相位差为 90°。同样 SIN-霍尔元件和 COS-霍尔元件输出的信号波形也具有 90°的相位差。SIN+霍尔元件和 SIN-霍尔元件会产生相位差 180°的差分信号,有利于信号传输过程中提高抗干扰性能,如图 8-11 所示。

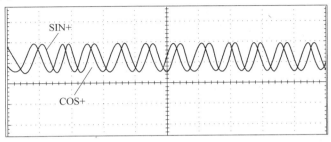

图 8-10 霍尔元件输出信号波形(SIN+和 COS+)

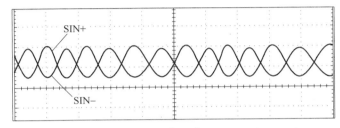

图 8-11 霍尔元件输出信号波形(SIN+和 SIN-)

1. 解码原理

线性霍尔产生的差分信号经过处理后得到相位差为 90°的正余弦信号,如图 8-12a 所示。由于后级的 A-D 转换器为单电源器件,所以需要将 SIN 信号和 COS 信号进行精密整流。从整流后的信号可以看出,整个周期可以分为 8 个 45°的区间,且每个区间内 TAN 信号或 COT 信号与角度的增量可近似看为线性关系。为了使解码器在 8 个区间输出的数字位置信号为线性信号,即电角度 360°(对于本例 360 机械角度)解码器的输出信号为一个周期数字位置信号,首先需要根据 SIN 信号和 COS 信号判断在哪个区间,然后取|TAN|信号或|COT|信号的采样值,如图 8-12c 所示。区间值确定了解码数字位置信号的高三位,采样值确定了解码数字位置信号的低位,把二者结合可以得到完整的数字位置信号。对于本例程,A-D 转换器的分辨率为 10 位,并结合 8 个区间的信息,解码后 360 电角度的分辨率为 13 位。

由图 8-12a 和 b 可以看出,通过 SIN 信号与 COS 信号的符号位以及|SIN|与|COS|信号大小关系将其分为 8 个区间,8 个区间的细分方法见表 8-1。

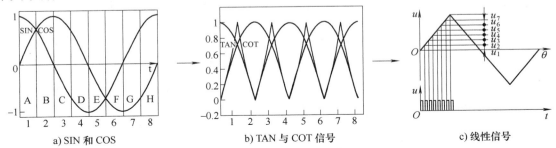

a) SIN 和 COS   b) TAN 与 COT 信号   c) 线性信号

图 8-12 线性霍尔细分方法示意图

表 8-1　8 个空间的细分表

	整流前	整流后	AD 细分值 $d \in (0,1)$	绝对角度:d 为 AD 角度
A	$0 < \mathrm{SIN} < \mathrm{COS}$	$0 < |\mathrm{SIN}| < |\mathrm{COS}|$	$|\mathrm{TAN}|$	$\tan^{-1} d$
B	$0 < \mathrm{COS} < \mathrm{SIN}$	$0 < |\mathrm{COS}| < |\mathrm{SIN}|$	$|\mathrm{COT}|$	$\dfrac{\pi}{2} - \cot^{-1} d$
C	$\mathrm{COS} < 0 < \mathrm{SIN}$	$0 < |\mathrm{COS}| < |\mathrm{SIN}|$	$|\mathrm{COT}|$	$\dfrac{\pi}{2} + \cot^{-1} d$
D	$\mathrm{COS} < 0 < \mathrm{SIN}$	$0 < |\mathrm{SIN}| < |\mathrm{COS}|$	$|\mathrm{TAN}|$	$\pi - \tan^{-1} d$
E	$\mathrm{COS} < \mathrm{SIN} < 0$	$0 < |\mathrm{SIN}| < |\mathrm{COS}|$	$|\mathrm{TAN}|$	$\pi + \tan^{-1} d$
F	$\mathrm{SIN} < \mathrm{COS} < 0$	$0 < |\mathrm{COS}| < |\mathrm{SIN}|$	$|\mathrm{COT}|$	$\dfrac{3\pi}{2} - \cot^{-1} d$
G	$\mathrm{SIN} < 0 < \mathrm{COS}$	$0 < |\mathrm{COS}| < |\mathrm{SIN}|$	$|\mathrm{COT}|$	$\dfrac{3\pi}{2} + \cot^{-1} d$
H	$\mathrm{SIN} < 0 < \mathrm{COS}$	$0 < |\mathrm{SIN}| < |\mathrm{COS}|$	$|\mathrm{TAN}|$	$2\pi - \tan^{-1} d$

2. 硬件实现

以 SIN 信号的处理电路为例，线性霍尔元件输出 SIN 的差分信号首先经过差分转单端电路，如图 8-13 电路中的运算放大器 U11A 组成的电路。运算放大器 U11B 和 U11C 组成全波精密整流电路，把 SIN 信号整流到零位以上电压值，供后级的 ADC 芯片采样。COS 信号的处理电路类似。

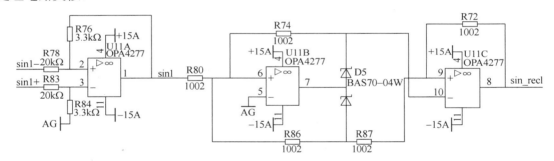

图 8-13　差分变单端电路

差分转单端后的信号（见图 8-13 中 sin1 点的信号）在经过电压比较器后转换为脉冲信号，在 SIN 信号和 COS 信号的过零点翻转电压，电路图如图 8-14 所示。由于得到的脉冲信号的幅值为 15V，不能直接送到 FPGA 的引脚，所以在后级有一光电耦合隔离电路，把幅值 15V 的方波信号转换为幅值为 3.3V 的脉冲信号。同时，光电耦合电路还具有把模拟信号和数字信号隔离的作用，防止数字电路的噪声信号对模拟电路产生影响。光电隔离电路如图 8-15 所示，采用高速光耦芯片 HCPL2630S，光电隔离后采用 SN74LVC04D 非门电路进行整形，得到的波形如

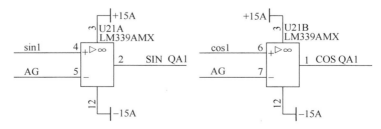

图 8-14　单端信号符号位

图 8-16 所示，这样根据 SIN_Q1 信号和 COS_Q1 信号的电平就把一个 360 度电周期首先细分成了 4 个区间，SIN_Q1 信号和 COS_Q1 信号为 "11" 时在第一个区间，"10" 时在第二个区间，"00" 时在第三个区间，"01" 时在第四个区间。

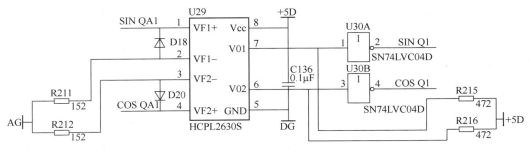

图 8-15　光电隔离电路

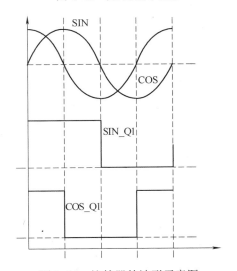

图 8-16　比较器的波形示意图

TAN 信号和 COT 信号的采样由两片 ADI 公司的 10 位模–数转换器 AD9200，如图 8-17 所示。TAN 信号的采样时，以 SIN 信号为输入信号，以 COS 信号为参考信号，如图 8-17a 所示；COT 信号采样时，以 COS 信号为输入信号，以 SIN 信号为参考信号，如图 8-17b 所示。这样在 AD9200 的数字端直接得到 TAN 和 COT 的采样值。以 TAN 信号采样电路为例，当输入电压 SIN 比参考电压 COS 大时，AD9200 的 OTR 引脚（引脚 13）会输出高电平，否则输出低电平。可以根据 OTR 引脚的电平信号来判断 SIN 与 COS 信号的绝对值大小关系。这样结合图 8-17 的四个区间，一个 360 度电周期就被细分成了 8 个区间。两个 AD 的输出信号为 10 位并口信号 AD0_C1 到 AD9_C1，采用 "与" 的方式连接，当|SIN|信号比|COS|电压值小时，图 8-17b 中的 U38 溢出，其输出信号 D0 到 D9 全为高电平，因此总线 AD0_C1 到 AD9_C1 上的信号电平由图 8-17a 中的 U37 输出信号 D0～D9 决定；反之亦然。

SIN_Q1、COS_Q1 和 AD10_C1（见图 8-17a 中 U37 的引脚 OTR）三个信号送到 FPGA 的 I/O 引脚，根据三个信号的状态判断区间位置，同时 AD0_C1 到 AD9_C1 为 10 位采样值数据，这样得到 13 位分辨率的绝对位置信号。

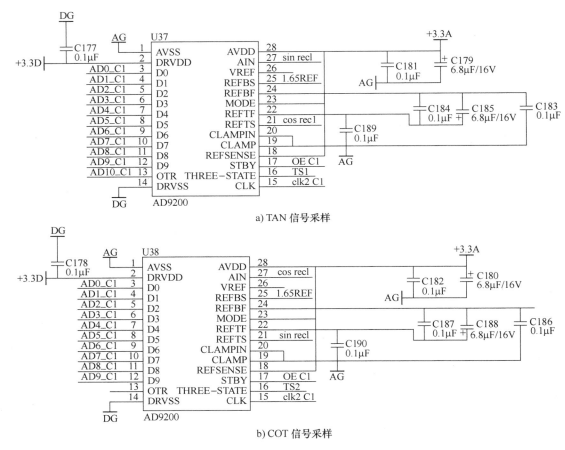

a) TAN 信号采样

b) COT 信号采样

图 8-17 TAN 和 COT 信号采样电路

3. 解码程序

本例程中选用的是 CycloneII 系列的 EP2C8Q208C7 芯片，在 Quartus II 中选好型号，然后编写底层时钟模块、解码模块和通信模块。时钟模块产生系统需要的各种时钟，如图 8-18 所示。解码模块对输入到 FPGA 的信号进行处理，形成 13 位的绝对位置信号，如图 8-19 所示。通信模块完成 FPGA 和 DSP 之间的数据通信，DSP 从 FPGA 读取解码的绝对位置用于对电动机的控制，如图 8-20 所示。

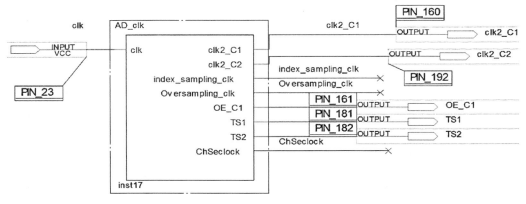

图 8-18 时钟模块

```verilog
module AD_clk
(
    clk,
    clk2_C1,
    clk2_C2,
    Oversampling_clk,
    OE_C1,
    TS1,
    TS2
);
    input clk;
    output clk2_C1;
    output clk2_C2;
    output Oversampling_clk;
    output OE_C1;
    output TS1;
    output TS2;
    reg   clk2_C1;
    reg   clk2_C2;
    reg   Oversampling_clk;
    reg [7:0] counter1;
    reg [9:0] counter3;
    assign OE_C1 = 1'b0;
    assign TS1=1'b0;
    assign TS2=1'b0;
    always@(posedge clk)
    begin
    //clk=50MHZ,AD_clk=100kHZ
      if(counter1<8'b11111010)        //4'b1001         //AD 采样时钟
          counter1<=counter1+1'b1;
      else
       begin
         counter1<=8'b00000000;       //4'b0000
         clk2_C1<=~clk2_C1;
         clk2_C2<=~clk2_C2;
       end
     if(counter3<10'b1111101000)
          counter3<=counter3+1'b1;
       else
       begin
         counter3<=10'b0000000000;
         Oversampling_clk<=~Oversampling_clk;       //解码时钟
       end
endmodule
```

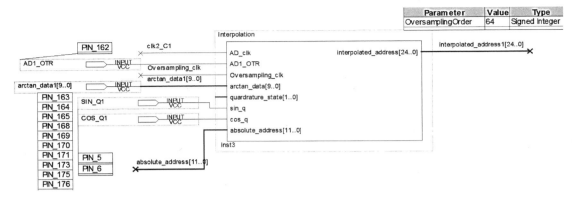

图 8-19　解码模块

```
module Interpolation
(
    AD_clk,
    AD1_OTR,
    Oversampling_clk,
    arctan_data,
    sin_q,
    cos_q,
    interpolated_address
);
    input      AD_clk;
    input      AD1_OTR;
    input       sin_q;
    input        cos_q;
    input      Oversampling_clk;
    input [9:0] arctan_data;
    output[24:0]interpolated_address;
    wire  [2:0] eighth_divide;
    wire       sin_otr;
    reg   [24:0]interpolated_address;
    assign sin_otr=AD1_OTR;
    assign eighth_divide[2:0]={~cos_q,~sin_q,sin_otr};
always @(negedge Oversampling_clk)
    begin
    case(eighth_divide[2:0]) //根据表 8-1 编写
        3'b110 : interpolated_address[12:0]<={3'b000,arctan_data[9:0]};
        3'b111                                                        :
        interpolated_address[12:0]<={3'b001,10'b1111111111-arctan_data[9:0]};
        3'b011 : interpolated_address[12:0]<={3'b010,arctan_data[9:0]};
        3'b010                                                        :
        interpolated_address[12:0]<={3'b011,10'b1111111111-arctan_data[9:0]};
        3'b000 : interpolated_address[12:0]<={3'b100,arctan_data[9:0]};
```

```
        3'b001                                                    :
    interpolated_address[12:0]<={3'b101,10'b1111111111-arctan_data[9:0]};
        3'b101 : interpolated_address[12:0]<={3'b110,arctan_data[9:0]};
        3'b100                                                    :
    interpolated_address[12:0]<={3'b111,10'b1111111111-arctan_data[9:0]};
         default : interpolated_address[12:0]<=13'b0000000000000;
       endcase
      end
endmodule
```

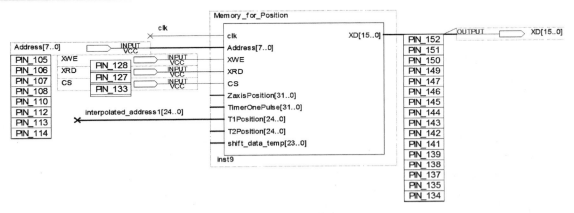

图 8-20　通信模块

```
module Memory_for_Position
(
  clk,
  Address,
  XWE,
  XRD,
  CS,
  T1Position,
  XD,
  shift_data_temp
);
  input clk;
  input [7:0] Address;
  input XWE;
  input XRD;
  input CS;
  input [24:0] T1Position;
  inout [15:0] XD;
// reg [15:0] XD;
  reg [15:0] TmpData;
  parameter T1PosLow = 8'h80,              //地址线为 80h
  assign XD[15:0] =(!CS)?TmpData[15:0]:16'hzzzz;
```

```
      always@(posedge clk)
        begin
          if(!CS)
            begin
              case(Address[7:0])
                T1PosLow:                                //the low 16bit of T1
Position
                  begin
                    TmpData[15:0] = T1Position[15:0];    //输出位置信号
                  end
                default:
                  begin
                  end
              endcase
            end
        end
  endmodule
```

最后根据解码电路配置好引脚号，如图 8-21 所示。

Node Name	Direction	Location	I/O Bank	VREF Group	Fitter Location
AD1_OTR	Input	PIN_162	2	B2_N0	PIN_162
Address[7]	Input	PIN_105	3	B3_N1	PIN_105
Address[6]	Input	PIN_106	3	B3_N1	PIN_106
Address[5]	Input	PIN_107	3	B3_N1	PIN_107
Address[4]	Input	PIN_108	3	B3_N1	PIN_108
Address[3]	Input	PIN_110	3	B3_N1	PIN_110
Address[2]	Input	PIN_112	3	B3_N1	PIN_112
Address[1]	Input	PIN_113	3	B3_N1	PIN_113
Address[0]	Input	PIN_114	3	B3_N1	PIN_114
arctan_data1[9]	Input	PIN_163	2	B2_N0	PIN_163
arctan_data1[8]	Input	PIN_164	2	B2_N0	PIN_164
arctan_data1[7]	Input	PIN_165	2	B2_N0	PIN_165
arctan_data1[6]	Input	PIN_168	2	B2_N0	PIN_168
arctan_data1[5]	Input	PIN_169	2	B2_N0	PIN_169
arctan_data1[4]	Input	PIN_170	2	B2_N0	PIN_170
arctan_data1[3]	Input	PIN_171	2	B2_N0	PIN_171
arctan_data1[2]	Input	PIN_173	2	B2_N0	PIN_173

图 8-21　FPGA 引脚分配

8.7　本章小结

嵌入式微处理器的几个重要技术特征包括功耗、代码存储密度、集成度和多媒体加速功能等。

ARM 是 Advanced RISC Machines 的缩写，可以理解为是一个公司的名字，也可以认为是对一类微处理器的通称，还可以认为是一种技术。ARM 的应用领域包括工业控制、智能物联网系统、网络应用和家庭电子产品等。

基于 ARM 体系结构的处理器包括 ARM7、ARM9、ARM9E、ARM10E、ARM11、SecurCore、Intel 的 Xscale、StrongARM、Cortex-A、Cortex-R 和 Cortex-M 等系列。ARM 的体系结构经历了从 V3、V4、V5、V6 到 ARMv7 的发展过程，功能、性能和速度不断增加，功耗、面积

和成本不断降低是必然的发展趋势。

Zynq 是 Xilinx 推出的一款 FPGA+ARM（Cortex-A9）的 SoC，是行业内第一个可扩展处理平台，旨在为视频监视、辅助驾驶以及工厂自动化等高端嵌入式应用提供支持。ZedBoard 是基于 Xilinx Zynq™-7000 可扩展处理平台（EPP）的开发板。

FPGA（现场可编程门阵列）是在 PAL、GAL、CPLD 等可编程器件的基础上发展而来的。FPGA 内部包括可配置逻辑模块（Configurable Logic Block，CLB）、输出输入模块（Input Output Block，IOB）和内部连线（Interconnect）三个部分。

FPGA 芯片主要由可编程输入输出单元、可配置逻辑块、数字时钟管理模块、嵌入式块 RAM、丰富的布线资源、内嵌的底层功能单元和内嵌专用硬核等 6 个功能模块组成。

FPGA 的开发流程包括设计输入、综合、布局布线、时序分析、仿真和编程配置等。

了解 FPGA 的常用开发工具。掌握 FPGA 解码细分电动机位置传感器线性霍尔输出的正弦余弦信号实例。

参考文献

[1] 陆佳华. 嵌入式系统软硬件协同设计实战指南：基于 Xilinx Zynq[M]. 北京：机械工业出版社，2012.

[2] ARM 嵌入式系统基础教程，广州周立功单片机发展有限公司，2005.

[3] The Arm Architecture Reference Manual，ARM 公司，2000.

[4] 马忠梅. ARM 嵌入式处理器结构与应用基础[M]. 北京：北京航空航天大学出版社，2002.

[5] 张国斌. 电子工程师创新设计必备宝典系列之 FPGA 开发全攻略，2009.

[6] 夏宇闻. 从算法设计到硬线逻辑的实现[M]. 北京：高等教育出版社，2000.

[7] 夏宇闻，Verilog HDL 数字系统设计与综合[M]. 北京：电子工业出版社，2004.

[8] 物联网. http://www.arm.com/zh/markets/internet-of-things-iot.php.

[9] 解读 x86、ARM 和 MIPS 三种主流芯片架构，http://www.eepw.com.cn/article/268232.html.

[10] ZYNQ 开发入门，http://wenku.baidu.com.

[11] 我的 FPGA 学习步骤，http://wenku.baidu.com.

[12] Quartus_II 官方教程，http://wenku.baidu.com.

[13] 王诚，蔡海宁，吴继华. Altera FPGA/CPLD 设计（基础篇）[M]. 北京：人民邮电出版社，2011.

[14] 吴继华，王诚. Altera FPGA/CPLD 设计（高级篇）[M]. 北京：人民邮电出版社，2011.

[15] Altera Cyclone IV Device Handbook, https://www.altera.com.cn/products/fpga/cyclone-series/cyclone-iv/support.html.

[16] 常晓明. Verilog-HDL 实践与应用系统设计[M]. 北京：北京航空航天大学出版社，2003.

习 题

8.1 什么叫嵌入式系统处理器？

8.2 嵌入式微处理器的组成部分有哪些？

8.3 嵌入式微处理器和通用的 PC 处理器有什么区别？

8.4 ARM 处理器的主要应用领域有哪些？

8.5 用在 FPGA 设计中的硬件描述语言有哪些？

8.6 什么是 FPGA？FPGA 的基本结构由几部分组成的？

8.7 什么是 LUT？

8.8 FPGA 芯片的主要功能模块有哪几个 ？

8.9 Zynq 的功能是什么？

8.10 请举例最典型的源码开放的嵌入式实时操作系统。

8.11 请简述 ARM 指令集架构的发展趋势。

8.12 FPGA 的开发流程分为哪几步？

8.13 线性霍尔在电动机控制中的作用是什么？为什么要进行细分？

8.14 简述利用线性霍尔信号进行解码细分的原理。

8.15 根据输入时钟信号，采用 Verilog HDL 语言编写对时钟信号的 8 分频的程序，并进行仿真验证。

8.16 编写采用 FPGA 读取外部数据存储器的程序并进行仿真验证。

第9章

机电控制实例

9.1 履带式移动机器人

9.1.1 功能介绍

履带式移动机器人是一种特种地面移动机器人，如图 9-1 和图 9-2 所示，相较于轮式、足式移动机器人，环境适应能力强，在军事和民用领域得到了广泛的应用。本章介绍的履带式移动机器人可实现地下电缆隧道温度、有害气体浓度、作业实时图像的远程监测，减少了现场工作人员的劳动强度并降低操作危险性，提高了电缆隧道维护作业的工作效率。其技术要求如下：

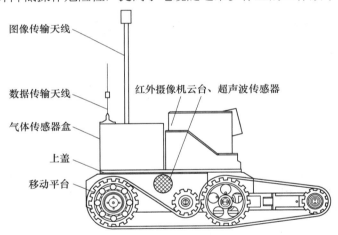

图 9-1　履带式移动机器人组成部分

图 9-2　履带式移动机器人实物照片

1）机器人越障高度 100mm 以下，车体长约 500mm，宽约 400mm，展开时长约 680mm。

2）无线传输距离为 250m（可在隧道内间隔 100m 左右或转弯处加基站）。

3）能进行图像监控，并具有红外测温功能。

4）可检测 CO_2、CH_4、CO、O_2 等气体浓度。

9.1.2 机器人结构设计

1. 总体结构

履带式移动机器人的整体结构如图 9-3 所示，为了实现以上指标，机器人按对称布置。两台驱动电动机通过减速器和主动轮相连，主动轮驱动橡胶履带运动。分别控制两台电动机的运动速度，可以实现机器人的前进、后退和转弯。摆臂电动机和一个蜗杆减速器相连，驱动摆臂运动，辅助机器人越障。为了简化结构、减轻重量，机器人没有支撑轮，越障时靠履带张力来支撑车体。

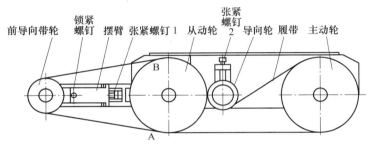

图 9-3　机器人整体结构

2. 张紧结构

由于没有支撑轮，履带需要一定的张力来越障，所以机器人需要有张紧装置。如图 9-3 和图 9-4 所示，履带在 A 点和 B 点与从动轮啮合，这两点把履带分成摆臂和车体两部分。当旋转张紧螺钉 1，将摆臂部分履带张紧时，车体部分履带并不能张紧。所以机器人需要两个张紧装置，分别用来张紧摆臂部分和车体部分履带。旋转张紧螺钉 1，可以调整前导向带轮和从动轮间的轮心距，从而实现张紧功能；张紧后，利用锁紧螺钉固定好前导向带轮和从动轮的轮心距。旋转张紧螺钉 2，中间导向带轮的轮轴在滑槽内上下运动，实现履带的张紧。

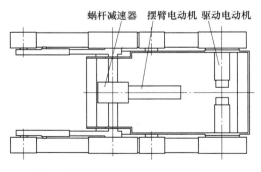

图 9-4　张紧装置示意图

3. 摆臂运动分析

在越障过程中，摆臂需要运动到不同角度，从而引起履带形状发生变化。图 9-5 给出了两个角度状态下履带形状的变化。

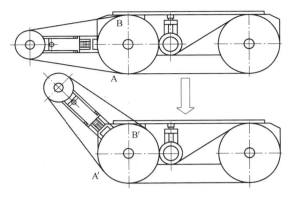

图 9-5　摆臂不同角度时履带形态

观察这两个摆臂在不同角度的机器人构型，其摆臂部分履带和从动轮啮合点由 A 点和 B 点变成了 A'点和 B'点，但摆臂部分履带节线长没有变化，其履带张力亦保持不变。这种双履带结构的移动机器人摆臂运动空间比较小，为 0～90°；而四履带的移动机器人摆臂的运动空间比较大，可以做 360°圆周运动。对履带机器人而言，最大越障能力取决于其重心位置和机器人各项几何参数。

9.1.3　履带机器人控制系统设计

履带式移动机器人控制系统主要包括上位机控制系统、机器人运动控制系统、机器人数据采集系统等，如图 9-6 所示。下面分别对这些子系统进行介绍。

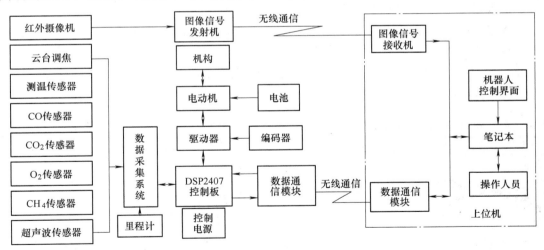

图 9-6　履带式移动机器人控制系统框图

1. 上位机控制系统

上位机控制系统主要由计算机（如笔记本电脑）、机器人控制界面、图像与数据接收模块组成，操作人员通过计算机控制机器人，并查看机器人的状态。计算机和下位机的机器人运动控制系统通过无线跳频数传电台按照定义好的帧格式进行命令数据的通信，工作频率 2.4000～2.4835GHz，串行接口可连接 RS232 / RS485 / RS422 接口、输出功率：100mW～1W。

上位机串口通信的流程图如图 9-7 所示。

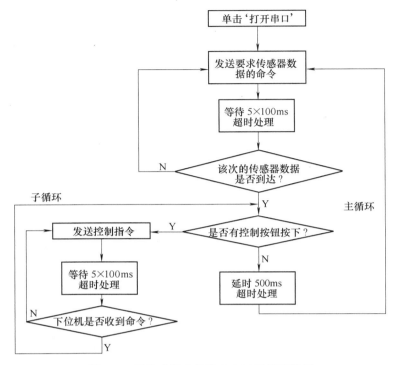

图 9-7　履带式移动机器人串口通信流程图

上位机计算机人机界面系统的设计，采用 delphi 来编写，串口通信使用 MSComm 控件进行编程。机器人系统的视频图像信息是通过以太网无线网桥系统进行无线传输，该无线网桥系统符合 IEEE802.11g 的国际无线通信标准，支持 Web、ESSID 和 MAC 地址过滤功能以确保无线网络的安全性，该网桥采用 N 型接头，用户可以直接连接高增益的室外天线，其通信距离可达 1～5km 以上（无遮挡），从而获得机器人云台上的红外摄像机的图像。上位机的运动控制和气体浓度检测界面如图 9-8 所示。

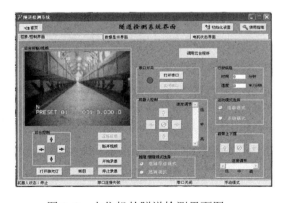

图 9-8　上位机的隧道检测界面图

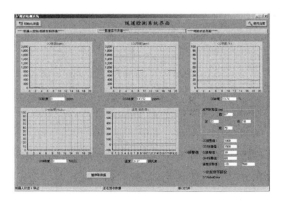

图 9-9　上位机的气体浓度检测曲线界面

2. 机器人运动控制系统

选择 TMS320F2407 作为机器人的运动控制 CPU，TMS320LF2407 是 TI 公司专为电动机控制系统等应用设计的 DSP。TMS320LF2407 的供电电压为 3.3V,有两个事件管理器模块 EVA 和 EVB,每个包括两个 16 位通用定时器,8 个 16 位 PWM 通道,3 个捕获单元,片内增量式光电编码器接口,16 通道 ADC;控制器局域网络(CAN)接口;串行通信接口(SCI),串行外设接口(SPI);40 个可单独编程或复用的通用 I/O 等。该机器人系统的移动是由左右两台电动机和前臂摆动电动机来驱动的,选用 Faulhaber 公司的直流无刷伺服电动机,配套减速器为减速比 134:1 的行星减速器,采用每圈输出 1000 个脉冲的增量式编码器。

为了驱动控制 FAULHABER 直流无刷电动机,选择了 FAULHABER 公司的带有 RS232 串口的驱动器,用于对电动机进行灵活的速度和位置控制。通过 RS232 串口,驱动器可方便地与控制器连接,数据波特率最高可达 115200bit/s。驱动器参数的设置与运动程序的编写,采用 ASCII 码指令。对于 Windows 用户,可辅助以 FAULHABER Motion Manager 专用软件简化所有的配置和操作,并提供运动状态和参数的实时曲线显示功能。

机器人的转向是通过控制机器人的双轮差速运动来实现的。DSP 系统通过 RS232 接口接收来自上位机的运动控制指令,然后通过向驱动器发送相应的速度控制指令,从而控制电动机进而控制机器人的运动。

3. 机器人数据采集系统

该机器人除了行走的功能外,还有一个很重要的任务就是检测隧道内的气体浓度,判断是否有大量的有害气体存在,以及是否适合操作人员直接进入隧道进行察看,因此根据检测要求,我们需要的传感器包括:CO_2 气体传感器、CO 气体传感器、CH_4 气体传感器、O_2 气体传感器以及温度传感器。CO_2 气体传感器测量范围为 0～2000ppm,采用模拟信号输出 0～10V;CO、CH_4、O_2 气体传感器把浓度信号转换成标准的 4～20mA 电流信号(量程略)。采用单片机 diPIC30F4012 作为数据采集的 MCU,diPIC30F4012 是 Microchip 公司的 16 位数字信号控制器,芯片自带 6 通道 10 位 A–D 转换输入,可用于传感器的数据采集。假设 A–D 采样的参考电压是 5V,则需要经过信号调理后才能把电流量变成电压量。下面重点介绍电流 4～20mA(用 I 表示)的信号调理电路(见图 9-10)。

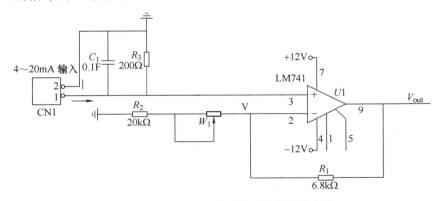

图 9-10　4～20mA 变成电压量的模拟电路

图中,CN1 的 1 引脚接传感器的电流正输出,CN1 的 2 引脚接传感器的电流负输出。则运放 LM741 的 3 引脚的电压 $V = \dfrac{R_3}{R_3 S C_1 + 1} I$,运放 LM741 的 3 引脚 2 引脚"虚短",电压相同,则有 $(V_{\text{out}} - V)/R_1 = V/(W_1 + R_2)$,代入 V 有

$$V_{\text{out}} = \frac{1}{R_3 C_1 S + 1} \frac{R_1 + W_1 + R_2}{W_1 + R_2} R_3 I \tag{9-1}$$

该式第一项为一阶无源低通滤波器，第二项为比例系数。通过调节电位器 W_2 可以对输出电压 V_{out} 进行微调。对于机器人车体温度的测量，可采用 National Semiconductor 所生产的半导体室温测量元件 LM35，经过运算放大器 LM741 将温度信号（mV 级）放大至 $0\sim5\text{V}$，再输出到 AD 芯片进行采集。

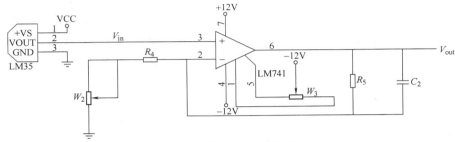

图 9-11　模拟电压信号的输入

和上面的分析类似，可以得到输出和输入之间的关系为

$$V_{\text{out}} = \left(\frac{R_5 + W_2 + R_4}{W_2 + R_4} \right) \left(\frac{\dfrac{R_5(W_2 + R_4)}{R_5 + W_2 + R_4} C_2 S + 1}{R_5 C_2 S + 1} \right) V_{\text{in}} \tag{9-2}$$

令 $S = \mathrm{j}\omega = \mathrm{j}2\pi f$，$f = \dfrac{1}{2\pi RC}$，对照 $\dfrac{V_{\text{out}}}{V_{\text{in}}} = k\dfrac{1 + \mathrm{j}(f/f_{\text{H}})}{1 + \mathrm{j}(f/f_{\text{L}})}$，可得到 $k, f_{\text{H}}, f_{\text{L}}$。式中，$k$ 是放大系数；f_{H} 是高频转折频率；f_{L} 是低频转折频率。

代入电阻和电容的参数：$R_5 = 1000000$，$R_4 = 20000$，$W_2 = 0\sim10000$，$C_2 = 0.1/1000000$。当 $W_2 = 0$ 时，$\dfrac{V_{\text{out}}}{V_{\text{in}}} = 51 \times \dfrac{0.00196s + 1}{0.1s + 1}$，可以得到 f_{L} 为 1.59Hz，f_{H} 为 81.24Hz，对应的角频率分别为 $\omega_{\text{L}} = 10\text{rad/s}$，$\omega_{\text{H}} = 510.2\text{rad/s}$。用 MATLAB 的指令 bode（num，den），代入分子分母 num、den 各变量的参数，可以得到系统的伯德图（见图 9-12）。从图 9-12 可知，当频率大于 f_{L} 时，

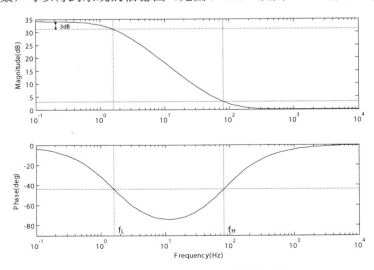

图 9-12　用 MATLAB 绘制的博德图

输出增益逐渐衰减，当达到 f_H 时，增益变为 3dB，系统的输入信号的频率小于 f_L 时正常通过，因此是一种典型的低通滤波，可以过滤高频噪声的干扰。

9.2 麦克纳姆轮全方位移动平台

基于麦克纳姆轮技术的全方位移动平台可以实现前行、横移、斜行、旋转及其组合运动方式，如图 9-13 所示。

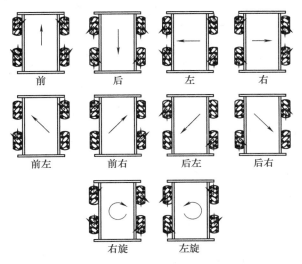

图 9-13 麦克纳姆轮全方位移动平台运动方式

全方位移动平台非常适合转动空间有限、作业通道狭窄的环境。图 9-14 为一个麦克纳姆轮全方位移动平台的实物照片。

图 9-14 平台实物照片

9.2.1 运动分析

麦克纳姆轮是瑞典麦克纳姆公司研制的特种轮，在麦克纳姆轮的轮缘上，有成角度斜向分布的小滚轮（称为辊子），故轮子可以横向滑移，实现全方位移动（见图 9-15）。忽略麦克纳姆轮本体及辊子的柔性和工作场地的不规则，并假定 4 个全方位轮能同时正常转动，且全方位轮与地面有足够大的摩擦力，轮体不存在打滑现象，下面进行运动分析。

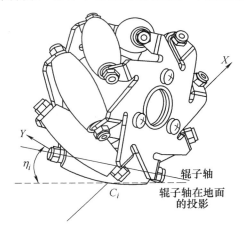

图 9-15　麦克纳姆轮

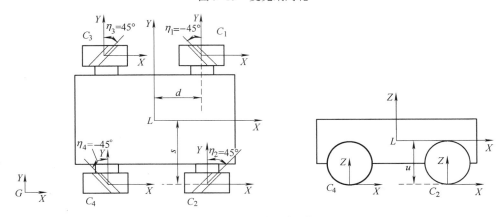

图 9-16　小车坐标系

图 9-16 为小车的坐标系。小车本体坐标系 L 是动坐标系，固定于本体几何中心和本体一起运动。全局坐标系 G 是固定坐标系，固定于工作平面。小车的绝对运动即坐标系 L 相对于固定坐标系 G 运动。各车轮与地面的接触点的坐标系为 C_i（i=1,2,3,4），其坐标原点到坐标系 L 各轴的距离分别为 s、d、u。所有这些坐标系各相应坐标轴均平行同向，Z 轴方向符合右手定则。

该全方位移动平台存在沿 X、Y 方向平动和绕 Z 方向转动 3 个自由度。因坐标系的位置不断变化，描述小车及其各部件的速度时，需要设置"瞬时重合坐标系"。设 A 的瞬时重合坐标系为 $\vec{A}$，那么 $\vec{A}$ 与 A 有相同的方向和位置，但 A 为动系，$\vec{A}$ 固定在绝对坐标系 G 中，$\vec{A}$ 相对于 G 静止。在这样的坐标系下描述小车的运动，与小车的位置无关。所以，对于每个动坐标系 L 和 C_i（i=1，2，3，4），在每一时刻，都有与之相对应的瞬时重合坐标系 $\vec{L}$ 和 $\vec{C_i}$。

针对小车在 XOY 平面上的平移及绕 Z 轴旋转 3 个自由度，用 $V=\begin{pmatrix}\dot{x} & \dot{y} & \dot{\theta}\end{pmatrix}^{\mathrm{T}}$ 表示小车的连体坐标系 L 与相应的瞬时重合坐标系 $\vec{L}$ 之间的相对速度关系。具有 3 个自由度的全方位轮 i 的速度矢量 $W=\begin{pmatrix}\dot{\theta}_{iy} & \dot{\theta}_{ir} & \dot{\theta}_{iz}\end{pmatrix}^{\mathrm{T}}$ 的 3 个分量是：轮转速 $\dot{\theta}_{iy}$、辊子转速 $\dot{\theta}_{ir}$ 和触地点绕自身坐

标系 Z 轴的转速 $\dot{\theta}_{iz}$。

在坐标系 $\vec{L}$ 下，第 i 个轮子的速度为

$$\dot{x}_{Ci} = \dot{x} + \dot{\theta}s_i$$
$$\dot{y}_{Ci} = \dot{y} - \dot{\theta}d_i$$

式中　s_i——$s_1,s_3=-s$，$s_2,s_4=s$，s 为轮子坐标系 X 轴与小车连体坐标系 X 轴在 XOY 平面上的距离；

d_i——$d_1,d_2=-d$，$d_3,d_4=d$，d 为轮子坐标系 Y 轴与小车连体坐标系 Y 轴在 XOY 平面上的距离。

在坐标系 $\vec{C}_i$ 下，第 i 个轮子的速度为

$$\dot{x}_{C_i} = R\dot{\theta}_{iy} - r\dot{\theta}_{ir}\cos\eta_i$$
$$\dot{y}_{C_i} = r\dot{\theta}_{ir}\sin\eta_i$$

式中　R——轮子半径；

r——辊子半径；

η_i——辊子径向和轮子前进方向的角度，如图 9-16 中是 45°,因此

$$\dot{x} + \dot{\theta}s_i = R\dot{\theta}_{iy} - r\dot{\theta}_{ir}\cos\eta_i$$
$$\dot{y} - \dot{\theta}d_i = r\dot{\theta}_{ir}\sin\eta_i$$

即

$$\dot{\theta}_{iy} = \frac{1}{R}\begin{pmatrix} 1 & \dfrac{1}{\tan\eta_i} & s_i - \dfrac{d_i}{\tan\eta_i} \end{pmatrix}\begin{pmatrix} \dot{x} \\ \dot{y} \\ \dot{\theta} \end{pmatrix}$$

整合 4 个轮子得到

$$\begin{pmatrix} \dot{\theta}_{1y} \\ \dot{\theta}_{2y} \\ \dot{\theta}_{3y} \\ \dot{\theta}_{4y} \end{pmatrix} = \frac{1}{R}\begin{pmatrix} 1 & \dfrac{1}{\tan\eta_1} & s_1 - \dfrac{d_1}{\tan\eta_1} \\ 1 & \dfrac{1}{\tan\eta_2} & s_2 - \dfrac{d_2}{\tan\eta_2} \\ 1 & \dfrac{1}{\tan\eta_3} & s_3 - \dfrac{d_3}{\tan\eta_3} \\ 1 & \dfrac{1}{\tan\eta_4} & s_4 - \dfrac{d_4}{\tan\eta_4} \end{pmatrix}\begin{pmatrix} \dot{x} \\ \dot{y} \\ \dot{\theta} \end{pmatrix}$$

上式即为在瞬时重合坐标系 $\vec{L}$ 下的运动学逆解。将 η_i、s_i、d_i 带入上式化简得到

$$\begin{pmatrix} \dot{\theta}_{1y} \\ \dot{\theta}_{2y} \\ \dot{\theta}_{3y} \\ \dot{\theta}_{4y} \end{pmatrix} = \frac{1}{R}\begin{pmatrix} 1 & -1 & -(s+d) \\ 1 & 1 & s+d \\ 1 & 1 & -(s+d) \\ 1 & -1 & s+d \end{pmatrix}\begin{pmatrix} \dot{x} \\ \dot{y} \\ \dot{\theta} \end{pmatrix} \tag{9-3}$$

记为

$$\boldsymbol{W}_y = \frac{1}{R}\boldsymbol{TV}$$

用最小二乘法，即可求得在瞬时重合坐标系 $\vec{L}$ 下的运动学正解

$$\boldsymbol{V} = R\left(\boldsymbol{T}^{\mathrm{T}}\boldsymbol{T}\right)^{-1}\boldsymbol{T}^{\mathrm{T}}\boldsymbol{W}_y$$

即

$$\begin{pmatrix} \dot{x} \\ \dot{y} \\ \dot{\theta} \end{pmatrix} = \frac{R}{4} \begin{pmatrix} 1 & 1 & 1 & 1 \\ -1 & 1 & 1 & -1 \\ -\dfrac{1}{s+d} & \dfrac{1}{s+d} & -\dfrac{1}{s+d} & \dfrac{1}{s+d} \end{pmatrix} \begin{pmatrix} \dot{\theta}_{1y} \\ \dot{\theta}_{2y} \\ \dot{\theta}_{3y} \\ \dot{\theta}_{4y} \end{pmatrix} \qquad (9\text{-}4)$$

通过坐标变换,求出小车在全局坐标系 G 下的速度 $V_g = \begin{pmatrix} \dot{x}_g & \dot{y}_g & \dot{\theta}_g \end{pmatrix}^{\mathrm{T}}$ 与在瞬时重合坐标系 $\vec{L}$ 下的速度的关系

$$\begin{pmatrix} \dot{x} \\ \dot{y} \\ \dot{\theta} \end{pmatrix} = \begin{pmatrix} \cos\theta_g & \sin\theta_g & 0 \\ -\sin\theta_g & \cos\theta_g & 0 \\ 0 & 0 & 1 \end{pmatrix} \begin{pmatrix} \dot{x}_g \\ \dot{y}_g \\ \dot{\theta}_g \end{pmatrix} \qquad (9\text{-}5)$$

带入式(9-3),即可得到小车在全局坐标系 G 下的运动学逆解

$$\begin{pmatrix} \dot{\theta}_{1y} \\ \dot{\theta}_{2y} \\ \dot{\theta}_{3y} \\ \dot{\theta}_{4y} \end{pmatrix} = \frac{1}{R} \begin{pmatrix} \sin\theta_g + \cos\theta_g & \sin\theta_g - \cos\theta_g & -(s+d) \\ -\sin\theta_g + \cos\theta_g & \sin\theta_g + \cos\theta_g & s+d \\ -\sin\theta_g + \cos\theta_g & \sin\theta_g + \cos\theta_g & -(s+d) \\ \sin\theta_g + \cos\theta_g & \sin\theta_g - \cos\theta_g & s+d \end{pmatrix} \begin{pmatrix} \dot{x}_g \\ \dot{y}_g \\ \dot{\theta}_g \end{pmatrix} \qquad (9\text{-}6)$$

将式(9-6)带入式(9-4)得到小车在全局坐标系 G 下的运动学正解

$$\begin{pmatrix} \dot{x}_g \\ \dot{y}_g \\ \dot{\theta}_g \end{pmatrix} = \frac{R}{4} \begin{pmatrix} \sin\theta_g + \cos\theta_g & -\sin\theta_g + \cos\theta_g & -\sin\theta_g + \cos\theta_g & \sin\theta_g + \cos\theta_g \\ \sin\theta_g - \cos\theta_g & \sin\theta_g + \cos\theta_g & \sin\theta_g + \cos\theta_g & \sin\theta_g - \cos\theta_g \\ -\dfrac{1}{s+d} & \dfrac{1}{s+d} & -\dfrac{1}{s+d} & \dfrac{1}{s+d} \end{pmatrix} \begin{pmatrix} \dot{\theta}_{1y} \\ \dot{\theta}_{2y} \\ \dot{\theta}_{3y} \\ \dot{\theta}_{4y} \end{pmatrix} \qquad (9\text{-}7)$$

式中 θ_g 为瞬时重合坐标系 $\vec{L}$ 和全局坐标系 G 的夹角,如图 9-17 所示。

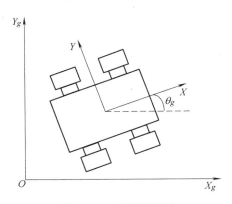

图 9-17　全局坐标系

麦克纳姆轮移动平台的运动是非完整约束条件下的运动,并且运动过程中存在摩擦力,其动力学模型可以用拉格朗日方程求解,相关介绍请参考文献[3]。

9.2.2　全方位移动平台设计

本节中的麦克纳姆轮全方位移动平台由 1 块 Arduino 控制板、4 个麦克纳姆轮(2 个左轮,

2 个右轮)、4 台 Faulhaber 直流电动机(最大转速为 8000r/min)、4 台减速器(减速比 64∶1)、4 个增量式光电编码器、4 个双头超声波模块、车体等组成。

图 9-18 为小车内部结构图,图 9-19 为主要部件连线图,下面介绍一下主要部件。

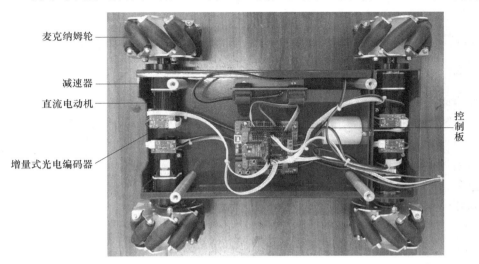

图 9-18　小车内部结构

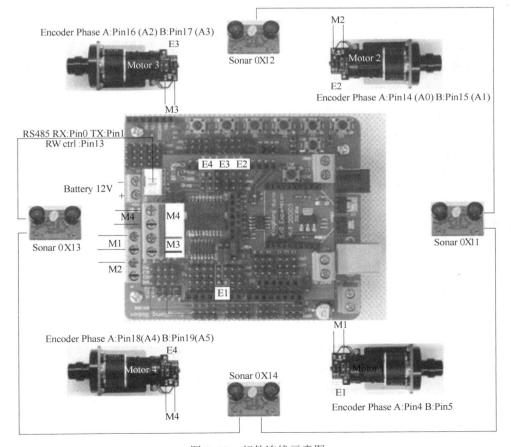

图 9-19　部件连线示意图

1. Atmega328P 控制器基本功能

Atmega328P 是一款高性能，低功耗的 AVR8 位微控制器。它有 32 个 8 位通用工作寄存器，32KB 的系统内可编程闪存，1KB 的 EEPROM 和 2KB 的片内 SRAM；有 2 个具有独立预分频和比较模式的 8 位定时器/计数器，1 个具有独立预分频、比较和捕捉模式的 16 位定时器/计数器，同时有 6 个 PWM 通道。

端口 B（PB0～PB7）为 8 位带可编程内部上拉电阻的双向 I/O 端口。B 端口输出缓冲器具有对称的驱动特性，可以输出和吸收较大的电流（一般大于 20mA）。作为输入使用时，若内部上拉电阻使能，端口被外部电路拉低时将输出电流；在复位过程中，B 端口引脚为高阻。同时这 8 位端口还具有第二功能，其中，PB6 和 PB7 在内部标定 RC 振荡器作系统时钟源的情况下，可以作为外接晶振的输入。

端口 C（PC0～PC5）也是带可编程内部上拉电阻的双向 I/O 端口，其输出缓冲器具有对称的驱动特性，可以输出和吸收较大的电流。作为输入使用时，若内部上拉电阻使能，端口被外部电路拉低时将输出电流；在复位过程中，C 端口引脚为高阻。PC6 为复位引脚，也可编程设置为 I/O 口。

端口 D（PD0～PD7）也是带可编程内部上拉电阻的双向 I/O 端口，其输出缓冲器具有对称的驱动特性，可以输出和吸收较大的电流。作为输入使用时，若内部上拉电阻使能，端口被外部电路拉低时将输出电流；在复位过程中，D 端口引脚为高阻。同时，D 口还有其他功能，这里不做详细介绍。

AVCC 为 A–D 转换器 PC0～PC3、ADC6 和 ADC7 的电源。不使用 ADC 时，该引脚与 VCC 直接相连；使用 ADC 时，通过一个低通滤波器与 VCC 相连。

AREF 为 A–D 的模拟基准输入引脚。

ADC6 和 ADC7 为两个 10 位 A–D 转换器的输入接口。

2. Atmega328P 控制器 PWM 输出功能

Atmega328P 有 1 个 16 位的定时器/计数器 T1 和 2 个 8 位的定时器/计数器 T0 和 T2，T0、T1、T2 均具有 PWM 输出的功能。因为使用 Arduino（详细介绍见下一节），所以单片机的晶振周期由外部提供，此处为 16MHz。同时，计时函数会用到 T0，因此一般用 T1 和 T2 作为 PWM 输出。

Arduino 定时器输出有 CTC 模式、快速 PWM 模式和相位修正 PWM 模式等。其中 CTC 模式可理解为通过"比较匹配时自动清零定时器"，输出占空比恒定为 50% 的脉冲，而快速 PWM 和相位修正 PWM 模式可以调节占空比。在 Arduino 中，默认 T0 是快速 PWM 模式而 T1 和 T2 是相位修正 PWM 模式。

要调整 PWM 输出的频率，可以通过修改 TCCRnB 来实现。以 TCCR2B 为例：

位	7	6	5	4	3	2	1	0
TCCR2B	FOC2A	FOC2B	–	–	WGM22	CS22	CS21	CS20

其中，4～7 位在 PWM 输出中不用，3 位与另一个控制寄存器 TCCR2A 共同决定 PWM 模式，Arduino 中已经设置好了模式，因此不需要修改。0～2 位可用来调整时钟分频选择，见表 9-1。

表 9-1 时钟分频选择

CS22	CS21	CS20	功能（N 为分频系数）
0	0	0	定时器/计数器不工作
0	0	1	N=1
0	1	0	N=8
0	1	1	N=32
1	0	0	N=64
1	0	1	N=128
1	1	0	N=256
1	1	1	N=1024

相位修正 PWM 时序图，如图 9-20 所示。计数器从最小值计数到最大值（由 OCRNx 更新，在麦克纳姆轮移动平台中为 0～255），再从最大值计数到最小值（TOVn Interrupt Flag 置位），然后重复。当通过比较器比较计数值与预设值相等时（OCnx Interrupt Flag Set，使 TCNTn 计数器下降时 OCnx 置位，上升时 OCnx 清零），输出电平改变。通过修改预设值即可调整占空比。在 Arduino 中调整占空比可通过函数 analogwrite（）实现。调整时钟分频选择，可以修改 PWM 的脉冲频率。例如，如果 CS22、CS21、CS20 为 001，则

$$f_{PWM} = \frac{f_{clk}}{255 \times 2 \times N} = \frac{16MHz}{255 \times 2 \times 1} \approx 31373Hz$$

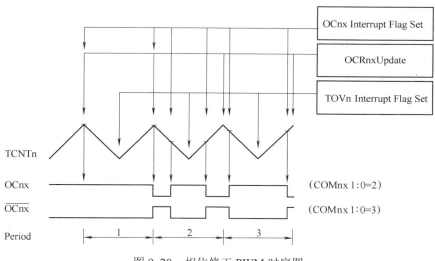

图 9-20 相位修正 PWM 时序图

3. Arduino 介绍

Arduino 是一个开源的电子设计平台，它采用了 Processing 语言的开发环境。Arduino 的硬件部分是可以用来作电路连接的 Arduino 电路板；另外一个则是 ArduinoIDE，即计算机中的程序开发环境。先在 IDE 中编写程序代码，再将程序上传到 Arduino 电路板上的处理器中，电路板就可以工作了。

（1）Arduino 硬件

Arduino 硬件由一个小型微处理器（本例中为 Atmega328P）和一块电路板构成。图 9-21

为麦克纳姆轮全方位移动平台上的 Arduino 电路板，其主要引脚的功能介绍如下：

1）14 个数字 IO 引脚，可以在程序中被设定为输出或输入。

2）6 个模拟输入引脚（AD）：用于读取各种模拟输入信号，并在程序中将其转换成 0～1023（10 位）的数值。

3）6 个模拟输出引脚（DA）：实际上是 6 个数字 IO，但可由程序设置为模拟量输出。

上述引脚与 Atmega328P 的引脚连接关系如图 9-22 所示。标有 0～13 标号的引脚对应的是数字 IO 端口，标有 A0~A5 标号的是 A-D 模拟端口。电路板可由 USB 或外部的直流 9V 电源供电。

如果是用 ArduinoNG 或者 ArduinoDiecimila 版本，则没有自动选择电源的功能，必须自行手动更改电路板上的跳线（Jumper）。跳线位置在电路板上 USB 引脚与外部供电引脚的中间，并标示有 PWR_SEL 文字。

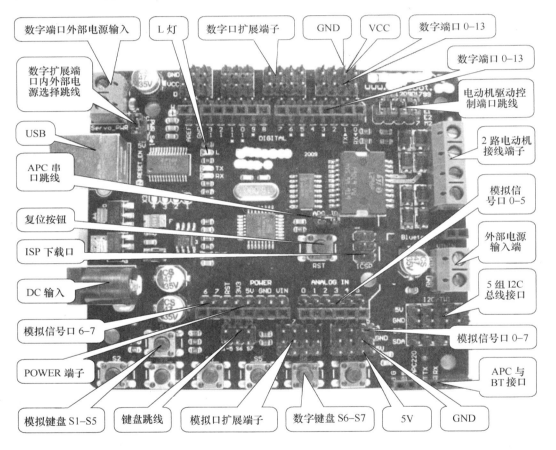

图 9-21　Arduino 硬件

（2）Arduino 集成开发环境（IDE）

Arduino 集成开发环境（IDE）是一个在计算机上运行的软件，可向 Arduino 上传不同的程序，而 Arduino 的编程语言是由 Processing（www.processing.org）语言改编而来。程序上传到 Arduino 时 IDE 会自动把代码转换成 C 语言，再传给 avr-gcc 编译器（一个开源软件），然后把代码编译成微处理器能理解的指令。这是 Arduino 的重要功能，它隐藏了复杂的编译过程，使微处理器的控制变得简单。使用 Arduino 编写、执行程序的流程如下：

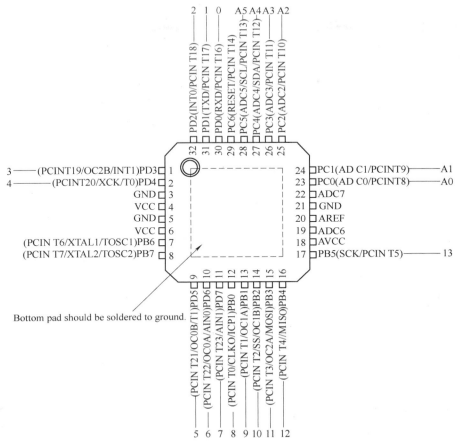

图 9-22　Arduino_URO 端口与 Atmega328P 引脚对应图

1）通过 USB 连接线把 Arduino 连上计算机。

2）开始编写代码。

3）通过 USB 上传代码，然后等待几秒，Arduino 会自动更新。

4）Arduino 板会在数秒之后依照所写的程序开始工作。

4. 增量式光电编码器

增量式光电编码器用于读取电动机转角，使处理器能够求取电动机转速以达到对小车进行闭环控制的目的。图 9-23a 为增量式光电编码器的内部结构图。码盘随电动机轴转动，LED 发射光线，每当光线通过光栅照在光敏元件上，即产生 1 个计数脉冲。通过光挡板及 A、B 狭缝的位置关系（见图 9-24）保证通过 A、B 的光线形成的计数脉冲的相位差为 $\frac{\pi}{2}$，该相位差用于判断电动机转向，如图 9-23b 和 c 所示。

通过设定 A 相脉冲的上升沿触发中断，用两次中断的时间差得到脉冲周期，用来计算转速。

5. 双头超声波模块

双头超声波模块用于检测距离，当距离小于一定值时，单片机会改变小车的运动轨迹从而达到避障的目的。

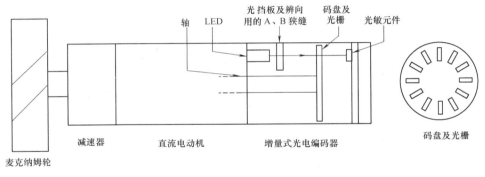

a) 增量式光电编码器结构

b) 正转　　　　　　　　　　　　　　c) 反转

图 9-23　增量式编码器原理

（1）模块连接

模块使用 RS485 总线通信，通过用 2 个 PH2.0 四芯插座并联，以方便多个模块并联在 RS485 总线上使用，具体的连接方法如图 9-25 所示。

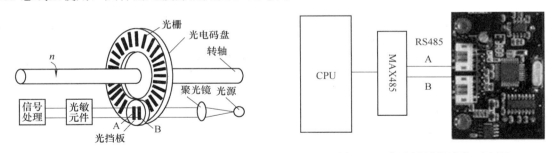

图 9-24　光栏板及辨向用的 A、B 狭缝　　　　　图 9-25　超声波模块连接示意图

每个超声波模块上的 RS485 接口有 2 个，可以在连接下一个模块时使用第二个接口。

（2）模块通信协议

模块波特率 19200bit/s，无奇偶效验，有一位停止位。以下数据均为 16 进制数据，帧长度为命令字与校验和之间的数据长度（如"模块地址设置"中为"设置地址"的数据长度），1 个帧长度等于 1 个字节（8 位二进制数据）。

1）模块地址设置

字头		命令	帧长度	命令字	设置地址	校验和
55	Aa	AB	1	55	ADD	SUM

返回值：

字头		地址	帧长度	命令字	操作标志	校验和
55	Aa	ADD	1	55	S	SUM

用户可以自行给模块设置地址，以适应组网需要，设置地址时 RS485 总线只能连 " 待编程 " 的模块。发送通用的编址命令，将地址 ADD 参数设置到模块，ADD 地址范围 0x10<ADD≤0x80。模块返回操作标志，设置成功 S 返回 0x01，设置失败无返回（模块出厂时，默认地址为 0x11）。

2）触发超声波测距指令

字头		地址	帧长度	命令字	校验和
55	aa	ADD	0	01	SUM

触发一次测量，测量结果会最多延迟 30ms（超声波最大测距 5m，反射路径 10m，声速度 331m/s）保存到存储器，等待读取命令。

3）超声波测距读取指令

字头		地址	帧长度	命令字	校验和
55	aa	ADD	0	02	SUM

返回值：

字头		地址	帧长度	命令字	距离高 8 位	距离低 8 位	校验和
55	aa	ADD	2	02	H	L	SUM

本指令读取超声波测量距离，测量成功返回 16 位距离数据，返回的高 8 位和低 8 位均为 0xFF 表示测量失败。如果在触发后立即进行读操作，超声波模块会先完成测量后才响应读取操作，将数据返回。

9.3 物联网嵌入式节点介绍与农田环境监测实例

物联网是指在约定通信协议下，以传感网、射频识别等信息传感设备及系统、条码、二维码、全球定位系统为基础，实现人与物的全面互联，达到信息全面共享、智能化管理的信息网络。物联网的兴起使得环保、医疗、安保等领域的场景远程监控和多终端信息集聚成为可能，而嵌入式传感节点是物联网实现泛在感知的基础，是互联网与感知器件融合的枢纽，是大数据与云计算信息获取的基础装置。本节首先介绍物联网的基本概念和架构，继而以 ZigBee 无线传感网络节点设计展示物联网嵌入式节点开发要点，并以农田环境监测为例说明自供电无线传感网络的设计方法。

9.3.1 物联网共性架构

物联网按照功能属性可划分为 4 个层次（见图 9-26），感知层利用传感器、RFID 射频技术等感知元件在不同时间和空间尺度上获取物体信息，专用芯片及无线模组可视为跨越感知层和网络层的中间跨接件，实现信号调制及通信链路构建。网络层将局域无线组网技术（如蓝牙、ZigBee、RFID、NFC、NB-IoT 等）与广域网络融合，实现将终端节点的信息采集至信息处理系统的通信传输。平台层完成通信接口、软硬件管理等支撑功能。物联网与行业专业技术在应用层深度融合，与行业需求结合实现行业智能化。

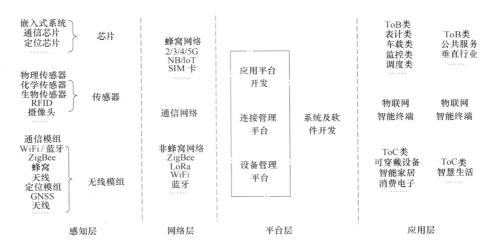

图 9-26　物联网共性架构

9.3.2　ZigBee 无线传感网络节点设计

无线传感网络终端节点位于物联网感知层，节点设计主要从实时性、功耗、存储、通信 4 个方面着手，考虑因素包括：嵌入式处理器计算性能、节点所带传感器件信息获取速率及精度、节点自身数据存储空间及无线传感网络数据协调存储能力、无线传输协议带宽及功耗。典型无线传感网络结构如图 9-27 所示，信息由终端物联网节点获取并组成无线传感网络汇聚成大数据，经过路由器发送至协调器，再由网关节点通过广域网络（如 GPRS/3G/WiFi 等）推送至服务器，远端用户可以通过访问服务器获取物联网终端大范围信息。

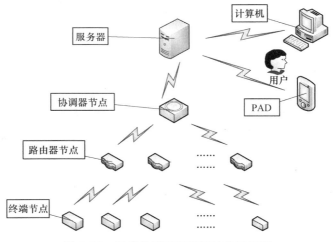

图 9-27　无线传感网络系统结构示意图

协调器节点是无线传感网络中的核心节点，通常也配属无线网关功能。网关是在传输层以上实现异构网络间的通信、负责网络间的协议转换以及不同类型网络的数据传输的设备。网关可以实时感知来自传感器网络的信息（数据流），并接收来自客户端的控制信息（控制流），实现对物联网的实时感知与控制。ZigBee 是一种低成本、低功耗、低复杂度的无线技术，ZigBee

技术相对于蓝牙更适合构建低速低功耗无线传感器网络。ZigBee 网络物理层、MAC 层遵从 IEEE802.15.4 标准，该标准提供了 3 种有效的网络结构（树形、孔形、星形）和 3 种器件工作模式（协调器、全功能模式、简化功能模式）。采用 GPRS 模块构建网关、ZigBee 组网形成无线传感网络，二者结合能够实现将诸多传感网络终端构建成为广域物联网。

图 9-28 给出了一款 ZigBee 无线传感网络节点与 GPRS 无线网关的协调器节点嵌入式系统实物图。

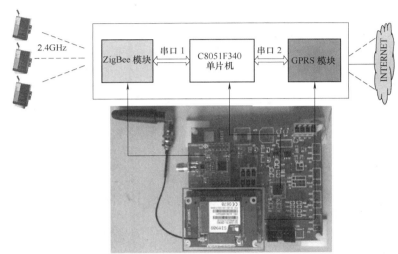

图 9-28 ZigBee 无线传感网络节点与 GPRS 无线网关

该嵌入式 ZigBee 无线传感网络网关节点硬件组成主要包括：

1）ZigBee 无线通信模块 DRF1605H：由 CC2530 芯片和射频天线组成。模块与单片机控制器通信利用串口通信实现。在使用前需要对所有该模块进行配置，配置完可自行组网。该模块支持透明传输与点对点传输，为了网络的稳定性与可靠性，本系统使用的是点对点传输，即网络内的节点可互相发送数据。

2）GPRS 模块 SIM800L：SIM800 的主要功能部分有 GSM 基带、存储器、GSM 射频、天线接口。该模块采用低功耗技术设计，在休眠模式下最低耗流只有 1mA。模块内嵌 TCP/IP，扩展的 TCP/IP AT 命令可方便的使用 TCP/IP。

3）主控处理器 C8051F340 单片机：C8051F340 单片机是完全集成的混合信号片上系统型 MCU，70%的指令执行时间为一个或两个系统时钟周期。通过串口分别与 ZigBee 模块和 GPRS 模块进行通信，而且还自带 A-D 功能。

4）电源模块：为了提供稳定的直流工作电压，电源稳压芯片采用了 AMS1117 和 LM2596 芯片。升压芯片采用了 XL6009 芯片。AMS1117 芯片是一个正向低压降稳压器，最大输出电流可达 1A，可以充分满足单片机以及 ZigBee 模块等主要芯片的 3.3V 供电。LM2596S（5.0）芯片最大能驱动 3A 的负载，有优异的负载调整能力。LM2596 系列芯片应用简单，外围只需少量元器件就可以构成性能高效的稳压电路。XL6009 是一款高性能升压芯片，该芯片内置额定电流为 4A 的 MOSFET 开关管，转换效率高达 94%，开关频率 400kHz，用小容量的滤波电容就可达到很好的效果。

5）继电器模块：可选型号 HK4100F-DC5V-SHG，质量轻，仅为 3.5g，触点负载 3A AC（250V）/ DC（30V），吸合电压 DC 3.75V，释放电压 DC 0.5V，额定电流可达 3A，电气寿命超 10 万次。

图 9-29 给出了该 ZigBee 无线传感网络网关节点原理图。

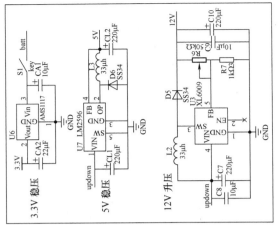
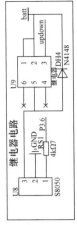
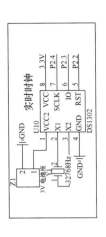
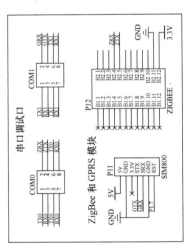
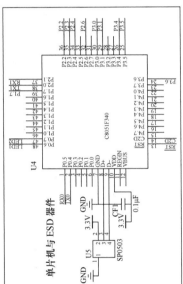
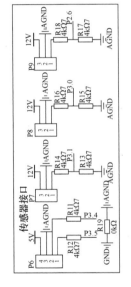
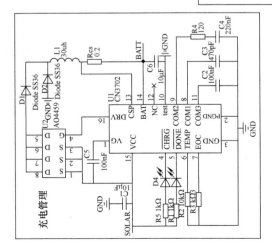
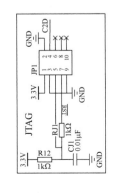

图 9-29 ZigBee 无线传感网络网关节点原理图

9.3.3 农田环境监测自供电无线传感网络设计

农田现场数据信息的及时获取是进行现代化精准管理的重要基础，影响农作物生长的因素有很多，如空气温湿度、土壤温湿度、光照度、土壤电导率等，如何快速、有效地获取农业现场各类数据成为目前信息农业研究的重要领域。针对大型温室环境的实际需求，构建温室 ZigBee 无线传感网络用于大中型温室群的环境信息收集，为低功耗泛在感知和物联网技术实现提供了典型范例。

该无线传感网络的目标是采集温室内定点的环境参数，如空气温湿度、土壤湿度、土壤电导率等。继而利用温室本地无线网连接英特网，将温室内数据发送到远程服务器上，用户可通过计算机或者手机端打开网页查看信息。温室无线传感网络的节点按功能分为三种：第一种是终端节点，该节点只负责采集信息，发送信息至路由节点；第二种是路由节点，该节点不仅负责采集信息，还负责转发终端节点的信息至协调器节点；第三种是协调器节点，该节点负责收集汇总信息，利用 TCP/IP，把数据发送到远程服务器中。三种节点都包含主控电路板和 ZigBee 模块，ZigBee 模块用于建立无线局域网络，主控电路板是节点的核心，主要功能是由单片机处理传感器采集到的数据，通过串口把数据发送给 ZigBee 模块，同时还需要具备定时、开关传感器电源的功能。终端节点和路由节点还应该包含环境信息传感器（空气温湿度传感器、土壤湿度传感器、土壤电导率传感器、光照度传感器）。该系统的结构如图 9-30 所示。

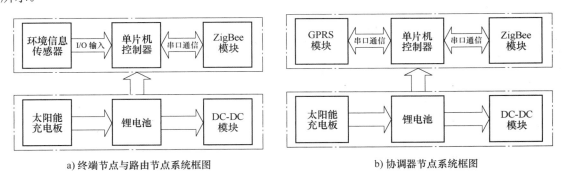

a) 终端节点与路由节点系统框图　　　　　　　　　　b) 协调器节点系统框图

图 9-30　ZigBee 无线传感网络终端节点、路由及协调器功能设计

温室无线传感网络的软件模块按需要部署至终端节点、路由及协调器。控制程序设计采用 C 语言。主要的控制程序有：初始化程序、A–D 转换程序、ZigBee 通信程序、GPRS 通信程序和继电器控制程序。

（1）初始化程序的主要功能是初始化系统时钟，初始化 I/O 口，初始化 A–D，设定串行口 0 和串行口 1 的工作方式、设定定时器 T0 的处置和工作方式，设定中断任务。

（2）A–D 转换程序的主要工作是计算从 I/O 口进入单片机的电压信号，A–D 的参考电压是供电电压 3.3V，针对不同的环境参数，有不同的计算方法得出实际值。

（3）ZigBee 通信通过串口 0 实现。由于 ZigBee 模块发送方式为点对点格式，所以发送数据格式为"FD+数据长度+目的地址+数据"，ZigBee 通信的接收端收到的格式为"FD+数据长度+目的地址+数据+发送方地址"，由此单片机可以判断发送方的编号。ZigBee 通信程序的主要功能是利用单片机串口 0 收发数据，下面给出 ZigBee 通信程序的功能片段。

ZigBee 程序分为发送程序、转发程序和接收程序，其原理都是通过单片机和 ZigBee 模块进行串口通信，发送和转发程序通过单片机串口 0 发送数据实现，接收程序通过单片机串口 0 接收数据实现。发送程序包括启动 A–D 转换，计算各传感器数据，串口 0 发送。接收程序包括串口 0 接收。

1）发送 AD 数据程序

功能：测 AD，将数据放入结构体中，再通过串口 0 发送

```
void SendAdc()
{
 u16 adc1;
 u8 adc2,adc3,adc4,adc5;
 u32 atemp,ahum,shum,light,sec;
 LED2 = 1;
 relay = 1;
 Delay_s(5);
 atemp=StartAdc(0x08);      //测空气温度对应输入引脚 P3.4,其 AMX0P 对应 0x08
 ahum=StartAdc(0x09);       //测空气湿度对应输入引脚 P3.5,其 AMX0P 对应 0x09
 shum=StartAdc(0x07);       //测土壤湿度对应输入引脚 P3.1,其 AMX0P 对应 0x07
 light=StartAdc(0x06);      //测光照度对应输入引脚 P3.0,其 AMX0P 对应 0x06
 sec =StartAdc(0x05);       //测土壤电导率输入引脚 P2.6,其 AMX0P 对应 0x05
 atemp =((atemp*3270/1024)-600)/3;
 ahum = ahum*3270/1024/30;
 shum = shum*3270/1024*50/1000;
 light = light*3270/1024/100/3*5*20;
 sec = sec*3270/1024*25;
 adc1 = atemp;   adc2 = ahum;
 adc3 = shum;    adc4 = sec;
 adc5 = light;
 send_data.ZigbeePkg.header     = 0xFD;        // 点对点标志位
 send_data.ZigbeePkg.len        = 0x09;        // 数据区长度 9
 send_data.ZigbeePkg.addr[0]    = 0x00;        // 目标地址：0001
 send_data.ZigbeePkg.addr[1]    = 0x01;
 send_data.ZigbeePkg.start       = 0xAA;
 memcpy(send_data.ZigbeePkg.dat     , &adc1, 2);   // 待传数据
 memcpy(send_data.ZigbeePkg.dat + 2, &adc2, 1);
 memcpy(send_data.ZigbeePkg.dat + 3, &adc3, 1);
 memcpy(send_data.ZigbeePkg.dat + 4, &adc4, 1);
 memcpy(send_data.ZigbeePkg.dat + 5, &adc5, 1);
 send_data.ZigbeePkg.end1        =0xBB;
 send_data.ZigbeePkg.end2        =0XCC;
 ZigbeeSend();
 Delay_s(1);
 relay = 0;
 LED2 = 0;
}
```

2）发送 16 位数据程序

功能：将 16 位数据发送出去

输入：16 位数据和发送过来的地址

```
void Retrans(u16 dat0,u16 dat1,u16 dat2,u16 dat3,u16 dat4,u16 addr)       {
u16 adc1,adc2,adc3,adc4,adc5;
LED2 = 1;
adc1 = dat0;    adc2 = dat1;
adc3 = dat2;    adc4 = dat3;
adc5 = dat4;    adc6 = addr;
send_data.ZigbeePkg.header     = 0xFD;         // 点对点标志位
send_data.ZigbeePkg.len        = 0x0A;         // 数据区长度 4
send_data.ZigbeePkg.addr[0]    = 0;            //目标地址 :coordinator
send_data.ZigbeePkg.addr[1]    = 0;
send_data.ZigbeePkg.start        = 0xAA;
memcpy(send_data.ZigbeePkg.dat     , &adc1, 2); // 待传数据
memcpy(send_data.ZigbeePkg.dat + 2, &adc2, 1);
memcpy(send_data.ZigbeePkg.dat + 3, &adc3, 1);
memcpy(send_data.ZigbeePkg.dat + 4, &adc4, 1);
memcpy(send_data.ZigbeePkg.dat + 5, &adc5, 1);
memcpy(send_data.ZigbeePkg.dat + 6, &adc6, 2);
send_data.ZigbeePkg.end1            =0xBB;
send_data.ZigbeePkg.end2            =0XCC;
ZigbeeSend();
LED2 = 0;
}
```

3）发送 ZigBee 数据程序

功能：串口 0 发送 ZigBee 数据程序，发送前灯亮，发送完后灯灭

```
void ZigbeeSend(void)
{
    int j;                              // 循环发送变量
    Delay_ms(10);
    ES0 = 0;
    for(j = 0; j < ZIGBEE_SEND_LEN; j++)
    {
        SBUF0 = send_data.u8_array[j];    // 将接收到数据送出
        while(TI0 == 0) NOP;              // 发送标志位是否产生
        TI0 = 0;                          // 清发送标志位
        Delay(100);                       // 延时
    }
    ES0 = 1;
}
```

（4）GPRS 通信通过串口 1 实现。它的主要工作就是与远程服务器连接，把本地处理后的数据发送到服务器上，发送的数据包括空气温湿度信息、土壤湿度信息、土壤电导率信息、

光照度信息和节点编号。

（5）继电器控制程序的功能是吸合、释放继电器线圈，控制 5V 稳压和 12V 升压芯片的供电，实现对环境信息传感器和 GPRS 模块的供电控制。

温室 ZigBee 无线传感网络通过 GPRS 模组将数据发送至服务器，如图 9-31 所示，网页上包含传感器的信息和日期信息，可以查看每日收集的信息。

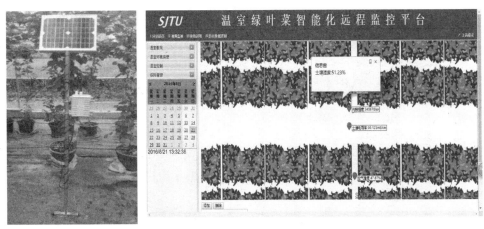

a) 温室 ZigBee 无线传感网络节点　　　　　　　　b) Web 界面

图 9-31　温室 ZigBee 无线传感网络节点及 Web 界面

9.4　本章小结

本章主要以履带式移动机器人、麦克纳姆轮全方位移动平台和物联网为例介绍了机电控制的设计方法。第一个实例中，首先介绍了履带式移动机器人结构，然后介绍了控制系统，最后介绍了机器人数据采集系统。第二个实例中，首先建立了麦克纳姆轮全方位移动平台的运动学模型，然后介绍了 Atmega328P 控制器、Arduino 的软硬件、增量式光电编码器和双头超声波模块。第三个例子中，对物联网嵌入式节点进行了介绍，并给出了面向农田环境监测的实例。这三个例子可为机电控制系统的设计提供参考。

参考文献

[1]　Yoon S W, Park S B, Kim J S. Kalman Filter Sensor Fusion for Mecanum Wheeled Automated Guided Vehicle Localization[J]. Journal of Sensors, 2015.

[2]　Gfrerrer A. Geometry and kinematics of the Mecanum wheel[J]. Computer Aided Geometric Design, 2008, 25（9）：784-791.

[3]　Zimmermann K, Zeidis I, Abdelrahman M. Dynamics of Mechanical Systems with Mecanum Wheels,Applied Non-Linear Dynamical Systems. Springer International Publishing, 2014：269-279.

[4]　http://www.seeedstudio.com，4WD_Mecanum_Wheel_Robot_Kit.

[5]　Banzi,M. 爱上 Arduino[M]. 于欣龙，郭浩赟，译. 北京：人民邮电出版社，2012.

[6]　http://wiki.dfrobot.com.cn，URM04V2.0 超声波测距传感器.

[7] 警用机器人一览: 2005 中国（北京）国际警用装备及反恐技术装备展览会参观纪实[J].轻兵器，2005，（12）：28-29.

[8] 段星光，黄强，李京涛，等. 多运动模式的小型地面移动机器人设计与实现[J]. 中国机械工程，2007，18（1）：8-12.

[9] 张凯. 防爆机器人系统平台的研制[D]. 哈尔滨：哈尔滨工业大学，2005.

[10] 张铁军. 小型排爆机器人整体设计的研究[D]. 南京：南京理工大学，2006.

[11] 孙斌. 便携式地面移动机器人运动分析及控制[D]. 湖南：国防科技大学，2005.

[12] W.Merhop, E.M.Hackbarth. 履带车辆行驶力学[M]. 韩雪海，刘侃，周玉珑，等译. 北京：国防工业出版社，1989.

[13] 蔡自兴. 机器人学[M]. 北京：清华大学出版社，2000.

[14] J.Denavit, R.S.Hartenberg. A kinematic notation for lower pair mechanisms based on matrices[J]. ASME Journal of AppliedMechanics, 1955，77（6）：215-221.

[15] 解冰. μCOS-II 在基于 ARM7 核微控制器上的移植[D]. 哈尔滨：哈尔滨工业大学，2006.

[16] 陈波，李晓楠，王进. 警用机器人.轻兵器，2005-12-011.

[17] 吕伟文. 全向移动机器人结构分析与设计. 南京：东南大学机械工程学院，2006：22-27.

[18] 杜军朝，刘惠，刘传益，等.ZigBee 技术原理与实战[M]. 北京：机械工业出版社，2015.

[19] ShahinFarahani. ZigBee Wireless Networks and Transceivers[M]. Burlington, USA: Elsevier/Newnes, 2008.

习 题

9.1　请考虑如何基于 Arduino 开发板进行双轮差速小车的位置和旋转方向控制，进行建模，并给出控制方案。

9.2　请进行双轮差速小车的结构设计，要求负载 20kg，速度 0.5m/s，加速度最大允许加速度 $1m/s^2$，请进行电动机和减速器的选型设计。

9.3　请设计一个流水线称量系统，质量测量范围为 0～300g，精度为 1g。

9.4　请设计一个直线单自由度可伸缩机械臂，要求用一台电动机和减速器驱动控制，伸长时 2m，缩短的距离尽可能小。

9.5　结合一阶无源低通滤波器的信号输入输出特性，解释幅频特性、截止频率、相位裕度的物理意义；如何用电阻电容调节一阶无源低通滤波器的截止频率？滤波器相位滞后与输出信号相对于输入信号的延时是否有对应关系？

9.6　设 CO 气体传感器输出的是 4～20mA 的电流信号，请设计电流电压转换电路，使电路的输出为 0～5V。

9.7　列举本章机电控制系统范例中使用的通信协议。国际标准化组织制定了 OSI（Open System Interconnect，开放式系统互联）七层模型，查阅资料并分析本章履带式移动机器人、ZigBee 网络通信分别使用了 OSI 模型的哪些层？

9.8　简述无线传感网络网关功能和特点，基于无线传感网络汇聚节点设计一种具有人机交互功能的物联网网关。

9.9　请针对日常生活中的某一问题，提出并设计一个机电控制系统的实例。

第 10 章

现场总线技术与应用

10.1　现场总线技术简介

机电控制系统从单点控制方式发展到网络化的多点控制方式，已经成为现代机电控制技术发展的必然趋势。而机电控制系统的多点控制方式也经历了从集中式直接数字控制（DDC）系统、集散控制系统（DCS）到现场总线控制系统（FCS）的不断发展过程。目前，现场总线控制技术已经普遍应用于自动化领域，并成为控制工程师设计的重要选择之一。

10.1.1　现场总线技术的发展

1984 年，国际电工委员会（International Electrotechnical Commission，IEC）给出了现场总线（Fieldbus）的定义：现场总线是一种应用于生产现场，在现场设备之间、现场设备和控制装置之间实行双向、串行、多节点的数字通信技术。

DDC、DCS 和 FCS 有什么区别呢？DDC 和 DCS 的传感器、执行器等现场设备的输入输出为模拟量，需要通过接线盒，经过电缆与控制器相连；而 FCS 的现场设备的输入输出均为数字量，实现了全数字化控制，只要将现场设备挂接到串行信号线上即可。

工业现场总线和普通的计算机互联网的区别为：

1）现场总线数据传输和系统响应的实时性是最基本的要求，通常要求过程控制系统的响应时间为 0.01～0.5s，制造自动化系统的响应时间为 0.5～2s，而普通的计算机互联网的响应时间为 2～6s，因此普通的计算机互联网难以满足工业控制的实时性要求。

2）在工厂自动化系统中，现场总线网络的通信方式采用了广播和多组方式；而普通的计算机互联网中一个自主系统与另一个自主系统只建立暂时的一对一方式。

3）现场总线不但强调在强电磁干扰或无线电干扰等恶劣环境下传送数据的完整性，还强调在可燃或易爆环境下的本质安全性。

4）现场总线的数据通信量不大，但要求稳定可靠；而普通的计算机互联网的通信量大，可靠性差。

10.1.2　现场总线的标准和分类

由于现场总线使用简单可靠，因此每年以约 7% 的速度不断增长。到 2015 年为止，被国际标准化组织承认的标准化现场总线有：PROFIBUS、Modbus、POWERLINK、EtherCAT、DeviceNet、CC-Link、CAN、SERCOS I、SERCOS II、WorldFIP、P-NET、AS-i（actuator sensor interface）、Control Net、Swift Net、Interbus、FF、LonWorks 等。其中 Profibus 用的比较多，其次是 Modbus-TCP，而 POWERLINK 和 EtherCAT 是目前增长速度最快的两

种现场总线技术。

1. 开放式系统互连参考模型

国际标准化组织（International Organization for Standardization，ISO）定义了 ISO7498 网络通信标准，将一个通信任务分成了七层，称为开放式系统互连参考模型（Open System Interconnection Reference Model），模型的各层分别介绍如下：

第 7 层：应用层（Application Layer） 该层提供实际用户的信息处理功能，以及与应用程序相关的各种服务，一个用户可利用这些功能与网络中其他用户进行通信。

第 6 层：表示层（Presentation Layer） 该层负责使所传输的编码数据能够以适合用户操作的方式表示。

第 5 层：会话层（Session Layer） 该层负责在由网络连接的应用程序进程之间建立对话。该层负责决定何时打开或关闭两台工作站之间的通信。

第 4 层：传输层（Transport Layer） 该层提供可靠的端到端报文传输，负责建立与保持发送端与接收端之间的连接。

第 3 层：网络层（Network Layer） 该层负责处理通信网络中报文的寻址、路由与控制，以保证报文能被传送至正确的目的地。

第 2 层：数据链路层（Data Link Layer） 该层定义了用于发送与接收报文、检测与修正错误、对所发送数据进行顺序控制的协议。该层主要负责将数据打包放入线路中，以及在接收端将数据包从线路中取走。

第 1 层：物理层（Physical Layer） 该层描述了网络中各物理组件之间的传输方式，主要负责硬件问题，例如电缆与接头的种类、同步数据传输与信号电平等。

2. 工业控制系统现场总线标准

ISO7498 定义了通信的标准，而基于 ISO7498，国际电工委员会（International Electrotechnical Commission，IEC）在现场总线标准 IEC61158 第四版中，将 20 种现场总线列为国际标准，从而建立了"测量和控制数字数据通信工业控制系统现场总线标准"（见表 10-1）。

表 10-1 IEC61158 第四版规定的现场总线类型

类 型	总线名称		类 型	总线名称	
Type1	TS61158	现场总线	Type11	TCnet	实时以太网
Type2	CIP	现场总线	Type12	EtherCAT	实时以太网
Type3	Profibus	现场总线	Type13	Ethernet Powerlink	实时以太网
Type4	P-NET	现场总线	Type14	EPA	实时以太网
Type5	FF HSE	高速以太网	Type15	Modbus-RTPS	实时以太网
Type6	SwiftNet 被撤消		Type16	SERCOS I、II	现场总线
Type7	WorldFIP	现场总线	Type17	VNET/IP	实时以太网
Type8	INTERBUS	现场总线	Type18	CC_Link 现场总线	
Type9	FF H1	现场总线	Type19	SERCOS III	实时以太网
Type10	PROFINET	实时以太网	Type20	HART	现场总线

IEC 又制定了 IEC61784 作为 IEC61158 的补充。IEC61784 又被称为"工业控制系统的连续和离散制造用现场总线行规"，涉及 7 个协议簇，即 FF、ControlNet、Profibus、P-Net、SwiftNet、WorldFIP 和 Interbus。

另外，IEC/TC17/SC17B 分管低压电器的分委员会制订了 IEC62026 有关的现场总线 AS-I、DeviceNet、SDS 及 Seriplex 四种现场总线标准；IEC/TC22 分管电力电子的分委员会将 CAN 总线列为国际标准，而且 ISO 也批准其为正式标准：CANISO11898（1Mbit/s）与 CANISO11519（125Kbit/s）。以上通常称为 12 种（7+4+1）现场总线国际标准。也有很多人把部分应用较少或原理与其他总线相近的总线略去而称为 8 种现场总线。

除了上述标准总线外，还有一些总线在国际上得到了应用。

3. 几种典型总线的比较与对现场总线的要求

许多公司都开发了自己的现场总线，如 SIEMENS 的 Profibus DP 总线，Rockwell AB 的 DeviceNet 总线，Rexroth 的 SERCOS 总线，Bosch 的 CAN 总线，三菱的 CC-Link 总线，Fieldbus Foundation 组织负责开发的 FF（HSE），Phoenix contact 开发的 Interbus，Modicon 的 Modbus 等。其中 CAN、PROFIBUS、DeviceNet 等已经存在超过 20 年，其参数比较见表 10-2。

表 10-2　几种现场总线之间的比较

比较项目 ＼ 总线	CAN	PROFIBUS	DeviceNet	Modbus
始创公司	Bosch	SIEMENS	Rockwell AB	Modicon
物理层	RS-485	RS485	CAN	RS485
传输速率	1 Mbps	12Mbit/s	0.5Mbit/s（max）	10Mbit/s
最小循环周期	1ms	10ms	10ms	10ms
节点传输距离	40m@1Mbps	40m@1Mbit/s	100m@0.5Mbit/s	100m@0.5Mbit/s
节点数	32	128（max）	64	247
延迟	100μs	100μs	100μs	100μs
数据帧容量	44~108 标准帧	246B		
可靠性	高可靠性网络	高可靠性网络	高可靠性网络	高可靠性网络
通信机制	CSMA/CA	主-主：令牌，主-从结构	CSMA/CA	
开发时间	1992		1994	

现代的机电控制系统对现场总线提出了严格的要求：

（1）实时性要求高

与过程控制的测量与控制不同，要求机电控制系统的速度、位置、扭矩、张力等闭环控制的响应速度更快。例如对于高速打印机、机器人等控制，其循环周期往往低至 200μs 甚至可能更低。

（2）延时要求短

对于高速运动控制，网络延时越短控制精度越高。例如全轮转新闻纸印刷机，如果印刷速度为 100m/min，则 1μs 的延时会引起 0.17mm 的印刷误差。

（3）传输数据量要求大

现代机电控制系统对伺服驱动的伺服轴数要求越来越多，有的机器一台就会用到上百个伺服轴，这就要求控制器与驱动器进行大量的数据传输。

（4）对于网络的功能性要求

首先要求网络支持"热插拔"，这有利于对机电系统在运行期间能够进行检修。其次要求"直接交叉通信"。这是较为高效的数据交换方式，对于多个伺服轴的同步控制而言，交叉通信使数据无需被主站处理，而仅在从站间自主传输并计算，这就为智能驱动控制、智能控制奠定了基础。

10.2　以太网技术

以太网（Ethernet）是当今现有局域网采用的最通用的通信协议标准。以太网络使用 CSMA/CD（载波监听多路访问及冲突检测）技术，包括标准的以太网（10Mbit/s）、快速以太网（100Mbit/s）和 10G（10Gbit/s）以太网，都符合 IEEE802.3 标准。

以太网技术的数据传输实时性低，但数据传输的容量大，接口标准化方便了不同设备之间的物理连接。以太网的技术优点包括：①速度更快。例如 PROFIBUS 的传输速度最大仅为 12Mbit/s，而以太网则可以达到 100Mbit/s，甚至 10Gbit/s。②传输距离更远。例如 CAN 总线若传输 1km，但速率会降低，仅为 12.5kbit/s，而以太网则以 100Mbit/s 的速度可传输 100m。③拓扑结构灵活。传统总线则往往不够灵活，且节点数有限。④成本更低。⑤应用更为广泛。以太网技术的应用范围从商业网络延伸到了工业网络领域。但上述基于 IEEE802.3 的以太网在工业现场应用还存在一些障碍，例如：CSMA/CD 机制的非确定数据交换、可靠性问题和网络安全问题。

10.3　实时以太网技术及其比较

2001 年，奥地利 B&R（Bernecker&Rainer 贝加莱）开发了 Ethernet POWERLINK 实时以太网技术，可以达到微秒级的数据循环周期。之后，ProfiNet、Ethernet/IP、SERCOS III、EtherCAT 等实时以太网技术相继问世。实时以太网与普通的现场总线相比，除了有普通以太网的优点外，可靠性和实时性也得到了很大提高。

随着工业控制精度要求的提高，同步控制的实时性要求也越来越高。而且被控制的执行器往往不仅仅是 6 台电动机，8 台电动机，甚至多达上百台电动机，只有采用实时以太网技术，才能降低接线的复杂度，提高系统的可靠性。

表 10-3 给出了几种常见的实时以太网技术的比较。

表 10-3　几种实时以太网总线之间的比较

比较项目 ＼ 总线	POWERLINK	EtherCAT	ProfiNet	Ethernet/IP	SERCOS III
发布时间	2001	2003	2006	2006	2008
冗余支持	是	否	是	是	是
应用层协议	CANopen	CANopen	Profibus	DeviceNet	SERCOS
交叉通信	是	否	是	是	否
循环周期/μs	100	100	100	100	100
抖动/ns	50～80	20	20	100	50~80
技术实现	无 ASIC	ASIC	ASIC	无 ASIC	ASIC
开放性	主从开放	需购买授权	从站开放	主从开放	主从开放
通信模式	轮询机制	集束帧	轮询机制	轮询机制	集束帧
时钟标准	IEEE1588	IEEE1588	IEEE1588	IEEE1588	IEEE1588
安全支持	openSAFETY	FEoE	ProfiSafe	CIP Safety	SERCOS Safe

10.4　主要实时以太网介绍

工业自动化的应用可分为单机控制，生产过程控制和工厂级的控制。单机控制对实时性要求高，在高精度控制情况下甚至要求达到微秒级；生产过程控制要求毫秒级的实时性，工厂级的控制实时性要求在 10ms 级别。下面对几种主要的实时以太网总线进行一下介绍。

10.4.1　POWERLINK

POWERLINK 是免费开源的总线，无需 ASIC 芯片，可在 FPGA、ARM、DSP、x86 CPU 等各种不同的平台上实现。POWERLINK 的开源代码里包含了物理层（标准以太网）、数据链路层（DLL）和应用层（CANopen）完整的代码，用户只需将 POWERLINK 程序在已有的硬件平台上编译运行，就可以很快实现 POWERLINK 总线通信。POWERLNK 的数据链路层协议实时性高，同时还定义了 CANopen 应用层协议。因此，POWERLINK 实时以太网具有如下优点：

1）开源技术，开放性好，无需授权。

2）无需专用的 ASIC 芯片，有标准以太网的地方，就可以实现 POWERLINK。

3）硬件平台多种多样，ARM、FPGA、DSP、x86 等均可。

4）速度快，支持 100M/1000M 以太网。由于 POWERLINK 建立在标准以太网的基础上，POWERLINK 的技术会随着以太网技术的发展而发展。

5）性能好，用一般的 FPGA 硬件也能达到 100~200μs 的循环周期。

6）支持标准的网络设备，如交换机、HUB 等，并支持所有以太网的拓扑结构，使布线更自由、灵活。

7）数据吞吐量大，每个节点每个循环周期支持 1500B 的输入和 1500B 的输出。

10.4.2　ProfiNet

ProfiNet（过程现场网络）按照实时性需求分为两种不同的等级：当需要软实时或没有实时性的应用时可采用 ProfiNet RT；当需要硬实时的应用时，可采用 ProfiNet IRT。

ProfiNet 是由 SIEMENS 和 Profibus 用户成员共同开发，是基于以太网的 Profibus DP 的成功应用，ProfiNet I/O 指定所有 I/O 控制器之间的数据传输，以及参数化、诊断和网络的布局。高优先级的有效载荷数据通过以太网协议以以太网帧 VLAN 的优先次序直接发送，而诊断和配置数据发送使用 UDP/IP。这使系统实现了循环周期约 10ms 的 I/O 应用。对于时钟同步周期要求低于毫秒级的运动控制应用，则提供了 ProfiNet IRT，它实现了一个分时复用的硬件同步开关，即动态帧包装（DFP），为用户提供了一个新的 ProfiNet 周期的优化设计。

PROFIBUS 和 ProfiNet 的主要区别为：

1）ProfiNet 是基于工业以太网的，而 Profibus 是基于 RS485 串行总线的。

2）ProfiNet 的应用层协议是基于 Profibus 的。

3）任何基于标准以太网的开发都可以应用到 ProfiNet 中。

4）ProfiNet 的数据传输采用全双工方式，带宽为 100Mbit/s；Profibus 的数据传输采用半双工方式，传输速率为 12Mbit/s。

10.4.3 Ethernet/IP

Ethernet/IP 是基于 DeviceNet 应用层协议，可在标准以太网硬件上运行，并同时使用 TCP/IP 和 UDP/IP 进行数据传输。CIP（Common Industrial Protocol）是一种为工业应用开发的应用层协议，被 DeviceNet、ControlNet、EtherNet/IP 三种网络所采用，因此这三种网络相应地统称为 CIP 网络。由于生产者/消费者模式为 CIP 协议所支持，Ethernet/IP 采用不同的通信机制来处理，例如周期性轮询、时间或事件触发、多播或仅采用点对点连接方式。Ethernet/IP 一般可实现 10ms 左右的软实时周期，而针对 CIP Sync 和 CIP Motion 及精确的节点同步，则需采用 IEEE1588 标准定义的分布式时钟方法，可以达到 100μs 的循环周期和 100ns 的抖动，使得它能够用于伺服电动机的控制与驱动。

10.4.4 EtherCAT

此外，EtherCAT（以太网控制自动化技术）是一个以以太网为基础的开放式架构现场总线系统，EtherCAT 名称中的 CAT 为 Control Automation Technology（控制自动化技术）的缩写。EtherCAT 系统最初由德国倍福自动化有限公司（Beckhoff Automation GmbH）研发，它的实时性和拓扑的灵活性使其成为重要的现场总线技术之一。

1. EtherCAT 运行原理

EtherCAT 技术突破了其他以太网解决方案的系统限制，基于集束帧的方法，从站设备在报文经过其节点时读取相应的编址数据，同样输入数据也是在报文经过时插入至报文中。在整个过程中，报文只有几纳秒的时间延迟。由主站发出的帧被传输并经过所有从站，直到网段（或分支）的最后一个从站。当最后一个设备检测到其开放端口时，便将帧返回给主站。从而该网络拓扑构成了一个逻辑环。

由于发送和接收的以太网帧压缩了大量的设备数据，所以有效数据率可达 90% 以上。100 Mbit/s TX 的全双工特性完全得以利用。

EtherCAT 主站采用标准的以太网介质存取控制器（MAC），而无需额外的通信处理器。因此，任何集成了以太网接口的设备控制器都可以实现 EtherCAT 主站，而与操作系统或应用环境无关。EtherCAT 从站采用 EtherCAT 从站控制器（EtherCAT Slave Controller，ESC）来高速动态地（on-the-fly）处理数据。

2. EtherCAT 的优点

EtherCAT 通信性能优秀，接线非常简单，并对其他协议开放。传统的现场总线系统已达到了极限，而 EtherCAT 则突破性地建立了新的技术标准，例如 30μs 内可以更新 1000 个 I/O 数据，可选择双绞线或光纤，并利用以太网技术实现垂直优化集成。分布时钟技术使伺服轴的同步偏差小于 1μs。使用 EtherCAT，可以用简单的线型拓扑结构替代昂贵的星形以太网拓扑结构，无需昂贵的基础组件。EtherCAT 还可以使用传统的交换机连接方式，以集成其他的以太网设备。其他的实时以太网方案需要与控制器进行特殊连接，而 EtherCAT 只需要价格低廉的网络接口卡（NIC）便可实现。

EtherCAT 拥有多种机制，支持主站到从站、从站到从站以及主站到主站之间的通信。它实现了安全功能，采用技术可行且经济实用的方法，使以太网技术可以向下延伸至 I/O 级。EtherCAT 功能较强，可以完全兼容以太网，并最大化地利用了以太网所提供的巨大带宽，是一种高实时性的网络技术。

EtherCAT 连线灵活、经济，标准超五类以太网电缆可采用 100BASE-TX 模式或 E-Bus（LVDS）传送信号。塑封光纤（PFO）则可用于特殊应用场合，还可通过交换机或介质转换器实现不同的光纤和铜电缆等不同以太网连线的组合。EtherCAT 连接的设备数量可高达 65535 个。

3. EtherCAT 的其他特点

EtherCAT 需要用专用的 ASIC 才能实现，虽然有利于控制市场，但同时也会增加成本。此外，由于 EtherCAT 所有节点的输入和输出数据共用一个数据帧，而以太网的一个数据帧容量有限，这就使得 EtherCAT 不能用于数据量大的应用场合。

10.4.5　SERCOS Ⅲ

串行实时通信协议（Serial Real Time Communication Specification，SERCOS）是一种用于数字伺服和传动系统的现场总线接口和数据交换协议，能够实现工业控制计算机与数字伺服系统、传感器和可编程控制器 I/O 口之间的实时数据通信，也可以理解为一个开放的智能控制、数字化驱动接口，是用于高速串联的、闭环数据在光纤上进行实时通信的接口。SERCOS 接口由一个主站（Master）和若干个从站（Slave，1～254 个伺服主轴或 PLC-IO）组成，各站之间采用光缆连接，构成环形网。站间的最大距离为 80m（塑料光纤）或 240m（玻璃光纤），最大从站数为 254，数据传输率为 2Mbit/s～16Mbit/s。

SERCOS 于 1985 年被推向市场，是一个标准的遵循 IEEE802.3 的数据传输协议，这个通信系统最初被使用于自动化系统的运动控制。SERCOS Ⅲ 是 SERCOS 的第三代产品，SERCOS Ⅲ 在主站和从站均采用特定的硬件，这些硬件减轻了主 CPU 的任务，并确保快速的实时数据处理和基于硬件的同步。同时，从站需要特殊的硬件，而主站可以基于软件方案。SERCOS 用户组织提供 SERCOS Ⅲ 的 IP Core 给基于 FPGA 的 SERCOS Ⅲ 硬件开发者，SERCOS Ⅲ 采用集束帧方式来传输，网络节点必须采用菊花链或封闭的环形拓扑结构。

除了实时通道，SERCOS Ⅲ 也提供可选的非实时通道来传递异步数据。在通信循环的第一个实时报文初期，主站同步报文（MST）被嵌入第一个报文，确保 100ns 的高精度时钟同步。

10.5　POWERLINK 和 EtherCAT 的比较

POWERLINK 是一套开源的实时现场总线，而 EtherCAT 是 Beckhoff 公司的技术，用户需要支付许可费用。贝加莱的专家曾对二者进行了公正客观的比较，现介绍如下。

POWERLINK 和 EtherCAT 都是很优秀的实时现场总线，例如 POWERLINK 一个主站带 10 个从站的网络最小的循环周期为 100μs 左右；而同样规模的 EtherCAT 网络，最小的循环周期也在 100μs 这个数量级，具体长短与用户添加的应用层以及主站的性能有关。

POWERLINK 最初的设计目标是工业现场总线，在面向的应用上包括机器控制、过程控制和 DCS 系统等；而 EtherCAT 最初是针对机器设备的控制进行设计的。

1. 成本费用

POWERLINK 的主站和从站都基于标准以太网，可以在 FPGA、ARM、DSP、x86 等带有以太网接口的芯片上实现，不用专用 ASIC 芯片。而 EtherCAT 的从站需要购买专用的 ASIC 芯片，如果采用 FPGA，还需要购买昂贵的 IP core 授权。

2. 主站的实现

POWERLINK 的主站可以采用 MCU 或者 FPGA，可使用开源代码，比较灵活。EtherCAT 的主站目前多基于高性能 CPU，对操作系统的实时性要求也较高。

3. 应用层协议

POWERLINK 采用了统一标准的 CANopen 应用层，方便了所有具有 POWERLINK 总线的设备的连接。EtherCAT 在应用层支持 CANopen、SERCOS、HTTP 等协议，设备连接前要确认应用层协议是否一致。

4. 性能

由于 EtherCAT 采用了"集束帧"，即网络上所有的节点共用一个以太网数据帧；而 POWERLINK 的每个节点使用一个单独的数据帧。因此 EtherCAT 理论上的最小循环周期比 POWERLINK 小，特别是当传输小数据量时，EtherCAT 比 POWERLINK 要快一些。

EtherCAT 的主站设计对 CPU 和操作系统的实时性要求比较高，例如 RTOS 加 ARM/X86/ZYNQ，其中 RTOS 可选择 Vxworks、QNX、uCOS、Linux+开源 Xenomai、Linux+开源 rt-preempt、Windows+INtime/RTX、winCE 等方案。因此，如果 EtherCAT 的主站性能设计不佳，就会导致循环周期增大。

POWERLINK 的主站和从站都可以采用 FPGA，在某些大数据传输的情况下实际性能有时会高于 EtherCAT。特别是如果 EtherCAT 网络中数据帧大于 1500B，则需要分两个或多个循环周期发送，从而增大循环周期。

5. 冗余

POWERLINK 支持环形冗余、双网冗余、双环网冗余、多主冗余等冗余方式，可提高网络的可靠性。EtherCAT 只支持环形冗余。

6. 稳定性

POWERLINK 的每个节点的输入和输出采用单独的数据帧传输，如果数据帧出现问题，只会影响本节点，而不会影响其他节点。

EtherCAT 的所有节点共用一个数据帧，当该数据帧出错时，所有节点的数据都将被丢弃，这会影响网络上的所有节点。

总之，POWERLINK 和 EtherCAT 各有优缺点，在实时以太网领域都具有非常广阔的应用前景。

10.6 本章小结

现场总线技术是自动化控制领域重要接口控制技术之一。本章介绍了现场总线的标准和分类和常用的现场总线类型。重点介绍了 POWERLINK、Profinet、Ethernet/IP、Modebus-TCP、EtherCAT 等总线，并对各种总线的优缺点进行了介绍。特别是对 PROFIBUS 和 ProfiNet 的主要区别，POWERLINK 和 EtherCAT 的主要区别进行了介绍分析。

参考文献

[1] 肖维荣，王谨秋，宋华振. 开源实时以太网 POWERLINK 详解[M]. 北京:机械工业出版社，2015.

[2] 阳宪惠. 现场总线技术及其应用[J]. 1999.

[3] 李正军. 现场总线及其应用技术[M]. 北京:机械工业出版社，2005.

[4] 饶运涛，邹继军，郑勇芸. 现场总线 CAN 原理与应用技术[M]. 北京:北京航空航天大学出版社，2003.

[5] 唐济扬. 现场总线(PROFIBUS)技术应用指南[J]. 中国现场总线(PROFIBUS)专业委员会，1998，31.

[6] 魏庆福. 现场总线技术的发展与工业以太网综述[J]. 工业控制计算机，2002，15(1): 1-5.

[7] 甘永梅，李庆丰，刘晓娟等. 现场总线技术及其应用[J]. 北京: 机械工业出版社，2004.

[8] 张桢，牛玉刚. DCS 与现场总线综述[J]. 电气自动化，2013(1): 4-6.

[9] 王杰. 现场总线技术的现状与发展[J]. 电气传动自动化，2005，27(3): 15-19.

[10] 王佳承，费敏锐，王海宽. 基于 Modbus 的多现场总线集成测控系统设计[J]. 自动化仪表，2009(6): 20-22.

[11] 王征. 现场总线技术在电厂自动化控制中的应用[J]. 华电技术，2014，36(7): 28-31.

[12] 王林，金鑫. 电厂 DCS 以及 PLC 现场总线技术的应用发展[J]. 科技创新与应用，2014(10): 126.

[13] 廖康杰，韩峻峰. Profibus-DP 现场总线在精整生产系统中的应用[J]. 工业控制计算机，2014(1): 9-12.

[14] 刘春阳. 现场总线技术在自动控制系统中的应用探讨[J]. 科技信息，2013(2): 152-152.

[15] 陈建斌. 现场总线技术及其应用要点[J]. 热力发电，2014(10): 110-111.

[16] 洪波，彭利军，张民生等. 基于现场总线的大型仪器运行动态管理系统[J]. 实验室研究与探索，2012(6): 211-213.

[17] Thomesse J P. Fieldbus technology in industrial automation[J]. Proceedings of the IEEE, 2005，93(6): 1073-1101.

[18] Tovar E, Vasques F. Real-time fieldbus communications using Profibus networks[J]. IEEE transactions on Industrial Electronics, 1999，46(6): 1241-1251.

[19] Fieldbus technology: industrial network standards for real-time distributed control[M]. Springer Science & Business Media，2013.

[20] Galloway B, Hancke G P. Introduction to industrial control networks[J]. IEEE Communications surveys & tutorials, 2013，15(2): 860-880.

[21] Eberle S. Adaptive internet integration of field bus systems[J]. IEEE Transactions on Industrial Informatics, 2007，3(1): 12-20.

[22] Talbot S C, Ren S. Comparision of fieldbus systems can, ttcan, flexray and lin in passenger vehicles[C], Distributed Computing Systems Workshops, 2009. ICDCS Workshops' 09. 29th IEEE International Conference on. IEEE, 2009: 26-31.

[23] Pang Y, Yang S H, Nishitanic H. Analysis of control interval for foundation fieldbus-based control systems[J]. ISA transactions, 2006, 45(3): 447-458.

[24] Saranli U, Avci A, Ozturk M C. A modular real-time fieldbus architecture for mobile robotic platforms[J]. IEEE transactions on instrumentation and measurement, 2011，60(3): 916-927.

[25] Cuong D M, Kim M K. Real-time communications on an integrated fieldbus network based on a switched Ethernet in industrial environment[C],International Conference on Embedded Software and Systems. Springer

Berlin Heidelberg, 2007: 498-509.

[26] Kim J S, Lee S H, Jin H W. Fieldbus virtualization for integrated modular avionics[C],Emerging Technologies & Factory Automation(ETFA), 2011 IEEE 16th Conference on. IEEE, 2011: 1-4.

[27] He Y, Zhao W, Liu Y. Study on application and trend of fieldbus technology [J]. Industrial Measurement, 2005，1: 009.

[28] Elmenreich W, Krywult S. A comparison of fieldbus protocols: LIN 1.3, LIN 2.0, and TTP/A[C],2005 IEEE Conference on Emerging Technologies and Factory Automation. IEEE, 2005，1: 7 pp.-753.

[29] Wilfried F. Voss ,September 11, 2013, Comments on The Current World Market for Industrial Ethernet, http://bitstream24.com/the-current-worldmarket-for-industrial-ethernet/.

[30] EtherCAT 技术手册 http://wenku.baidu.com/view/39bf4d50f01dc281e53af06d.html.

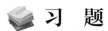

习　题

10.1　请简述工业现场总线和普通的计算机互联网的区别。

10.2　请简述 PROFIBUS 和 ProfiNet 的主要区别。

10.3　开放式系统互连参考模型包括哪几层？

10.4　常用的实时以太网有哪些？

10.5　请简述 POWERLINK 和 EtherCAT 的主要区别。

10.6　EtherCAT 运行原理是什么？

10.7　EtherCAT 的优点是什么？

附　录

附录 A　　MCS-51 指令集

序号	助记符	功能说明	机器代码（Hex）	字节数	机器周期	类别
1	MOV A，Rn	寄存器内容送入累加器（n=0～7,下同）	E8～EF	1	1	
2	MOV A，direct	直接地址单元中的数据送入累加器	E5,dir	2	1	
3	MOV A，@Ri	间接 RAM 中的数据送入累加器（i=0 or 1,下同）	E6～E7	1	1	
4	MOV A，#data	立即数送入累加器	74,#data8	2	1	
5	MOV Rn，A	累加器内容送入寄存器	F8～FF	1	1	
6	MOV Rn，direct	直接地址单元中的数据送入寄存器	A8～AF,dir	2	2	
7	MOV Rn，#data	立即数送入寄存器	78～7F,#data8	2	1	
8	MOV direct，A	累加器内容送入直接地址单元	F5,dir	2	1	
9	MOV direct，Rn	寄存器内容送入直接地址单元	88～8F,dir	2	2	
10	MOV direct，direct	直接地址单元中的数据送入另一个直接地址单元	85,dir1,dir2	3	2	数据传送类指令28条
11	MOV direct，@Ri	间接 RAM 中的数据送入直接地址单元	86～87，dir	2	2	
12	MOV direct，#data	立即数送入直接地址单元	75,dir,#data8	3	2	
13	MOV @Ri，A	累加器内容送间接 RAM 单元	F6～F7	1	1	
14	MOV @Ri，direct	直接地址单元数据送入间接 RAM 单元	A6～A7,dir	2	2	
15	MOV @Ri，#data	立即数送入间接 RAM 单元	76～77,#data8	2	1	
16	MOV DPTR，#data16	16 位立即数送入地址寄存器	90，#data16	3	2	
17	MOVC A,@A+DPTR	以 DPTR 为基地址变址寻址单元中的数据送入累加器	93	1	2	
18	MOVC A,@A+PC	以 PC 为基地址变址寻址单元中的数据送入累加器	83	1	2	
19	MOVX A,@Ri	外部 RAM（8 位地址）送入累加器	E2～E3	1	2	
20	MOVX A,@DPTR	外部 RAM（16 位地址）送入累加器	E0	1	2	
21	MOVX @Ri,A	累加器送外部 RAM（8 位地址）	F2～F3	1	2	
22	MOVX @DPTR ,A	累加器送外部 RAM（16 位地址）	F0	1	2	
23	PUSH direct	直接地址单元中的数据压入堆栈	C0,dir	2	2	
24	POP direct	出栈送直接地址单元	D0,dir	2	2	
25	XCH A,Rn	寄存器与累加器交换	C8～CF	1	1	
26	XCH A,direct	直接地址单元与累加器交换	C5,dir	2	1	
27	XCH A,@Ri	间接 RAM 与累加器交换	C6～C7	1	1	
28	XCHD A,@Ri	间接 RAM 的低半字节与累加器的低半字节交换	D6～D7	1	1	

（续）

序号	助记符	功能说明	机器代码（Hex）	字节数	机器周期	类别
1	ADD A，Rn	寄存器中的数据加到累加器	28～2F	1	1	
2	ADD A，direct	直接地址单元中的数据加到累加器	25,dir	2	1	
3	ADD A，@Ri	间接 RAM 中的数据加到累加器	26～27	1	1	
4	ADD A，#data	立即数加到累加器	24,#data8	2	1	
5	ADDC A，Rn	寄存器中的数据带进位加到累加器	38～3F	1	1	
6	ADDC A，direct	直接地址单元中的数据带进位加到累加器	35,dir	2	1	
7	ADDC A，@Ri	间接 RAM 中的数据带进位加到累加器	36～37	1	1	
8	ADDC A，#data	立即数带进位加到累加器	34,#data8	2	1	算
9	SUBB A，Rn	累加器带借位减寄存器中的数据	98～9F	1	1	术
10	SUBB A，direct	累加器带借位减直接地址单元中的数据	95,dir	2	1	操
11	SUBB A，@Ri	累加器带借位减间接 RAM 中的数据	96～97	1	1	作
12	SUBB A，#data	累加器带借位减立即数	94,#data8	2	1	类
13	INC A	累加器加 1	04	1	1	指
14	INC Rn	寄存器加 1	08～0F	1	1	令
15	INC direct	直接地址单元加 1	05,dir	2	1	24
16	INC @Ri	间接 RAM 单元加 1	06～07	1	1	条
17	DEC A	累加器减 1	14	1	1	
18	DEC Rn	寄存器减 1	18～1F	1	1	
19	DEC direct	直接地址单元减 1	15	1	1	
20	DEC @Ri	间接 RAM 单元减 1	16～17	1	1	
21	INC DPTR	地址寄存器 DPTR 加 1	A3	1	2	
22	MUL AB	A 乘以 B,积的高 8 位到 B,低 8 位到 A	A4	1	4	
23	DIV AB	A 除以 B,商的整数部分到 A,余数到 B	84	1	4	
24	DA A	对累加器进行十进制（BCD）调整	D4	1	1	

（续）

序号	助记符	功能说明	机器代码（Hex）	字节数	机器周期	类别
1	ACALL addr11	绝对（短,2K 以内）调用子程序,必须和 RET 配对使用	a10 a9 a8 1 0 / 0 0 1 a7~a0	2	2	控制转移类指令 17 条
2	LCALL addr16	长调用子程序,必须和 RET 配对使用	12,addr16	3	2	
3	RET	子程序返回,用于返回子程序	22	1	2	
4	RETI	中断返回,用于中断程序的返回	32	1	2	
5	AJMP addr11	绝对（短,2K 以内）转移	a10 a9 a8 1 0 / 0 0 1 a7~a0	2	2	
6	LJMP addr16	长转移	02,addr16	3	2	
7	SJMP re1	相对（短）转移	80,rel	2	2	
8	JMP @A+DPTR	相对于 DPTR 的间接转移	73	1	2	
9	JZ re1	累加器为零则转移	60,rel	2	2	
10	JNZ re1	累加器非零则转移	70,rel	2	2	
11	CJNE A，direct，re1	累加器与直接地址单元比较,不相等则转移	B5,dir,rel	3	2	
12	CJNE A，#data，re1	累加器与立即数比较,不相等则转移	B4,#data8,rel	3	2	
13	CJNE Rn，#data，re1	寄存器与立即数比较,不相等则转移	B8~BF,#data8,rel	3	2	
14	CJNE @Ri，#data，re1	间接 RAM 单元与立即数比较,不相等则转移	B6 ～ B7,#data8,rel	3	2	
15	DJNZ Rn，re1	寄存器先减 1,非零则转移	D8~DF,rel	2	2	
16	DJNZ direct，re1	直接地址单元先减 1,非零则转移	D5,dir,rel	3	2	
17	NOP	空操作	00	1	1	

序号	助记符	功能说明	机器代码（Hex）	字节数	机器周期	类别
1	ANL A，Rn	寄存器"与"到累加器	58～5F	1	1	逻辑操作类指令 25 条
2	ANL A，direct	直接字节"与"到累加器	55,dir	2	1	
3	ANL A，@Ri	间接 RAM "与"到累加器	56～57	1	1	
4	ANL A,#data	立即数"与"到累加器	54,#data8	2	1	
5	ANL direct, A	累加器"与"到直接字节	52,dir	2	1	
6	ANL direct, #data	立即数"与"到直接字节	53,dir,#data8	3	2	
7	ORL A，Rn	寄存器"或"到累加器	48～4F	1	1	
8	ORL A，direct	直接字节"或"到累加器	45,dir	2	1	
9	ORL A，@Ri	间接 RAM "或"到累加器	46～47	1	1	
10	ORL A,#data	立即数"或"到累加器	44,#data8	2	1	
11	ORL direct, A	累加器"或"到直接字节	42,dir	2	1	
12	ORL direct, #data	立即数"或"到直接字节	43,dir,#data8	3	2	

（续）

序号	助记符	功能说明	机器代码（Hex）	字节数	机器周期	类别
13	XRL A，Rn	寄存器"异或"到累加器	68~6F	1	1	
14	XRL A，direct	直接字节"异或"到累加器	65,dir	2	1	
15	XRL A，@Ri	间接 RAM "异或"到累加器	66~67	1	1	
16	XRL A, #data	立即数"异或"到累加器	64,#data8	2	1	
17	XRL direct, A	累加器"异或"到直接字节	62,dir	2	1	逻辑操作类指令25条
18	XRL direct, #data	立即数"异或"到直接字节	63,dir,#data8	3	2	
19	CLR A	累加器清"0"	E4	1	1	
20	CPL A	累加器取反	F4	1	1	
21	RL A	累加器循环左移（由低向高移,如最高位为 0, 类似乘2）	23	1	1	
22	RLC A	经过进位位的累加器循环左移	33	1	1	
23	RR A	累加器循环右移（由高向低移,如最低位为 0, 类似除2）	03	1	1	
24	RRC A	经过进位位的累加器循环右移	13	1	1	
25	SWAP A	累加器内部高、低四位字节相互交换	C4	1	1	

序号	助记符	功能说明	机器代码（Hex）	字节数	机器周期	类别
1	CLR C	进位位清 0	C3	1	1	
2	CLR bit	直接寻址位清 0	C2,bit	2	1	
3	SETB C	进位位置 1	D3	1	1	
4	SETB bit	直接寻址位置 1	D2,bit	2	1	
5	CPL C	进位位取反	B3	1	1	布尔变量操作类指令17条
6	CPL bit	直接寻址位取反	B2,bit	2	1	
7	ANL C，bit	直接寻址位"与"到进位位	82,bit	2	2	
8	ANL C，/bit	直接寻址位的反码"与"到进位位	B0,bit	2	2	
9	ORL C，bit	直接寻址位"或"到进位位	72,bit	2	2	
10	ORL C，/bit	直接寻址位的反码"或"到进位位	A0,bit	2	2	
11	MOV C，bit	直接寻址位传送到进位位	A2,bit	2	1	
12	MOV bit，C	进位位传送到直接寻址位	92,bit	2	2	
13	JC rel	进位位为 1 则转移	40,rel	2	2	
14	JNC rel	进位位为 0 则转移	50,rel	2	2	
15	JB bit，rel	直接寻址位为 1 则转移	20,bit,rel	3	2	
16	JNB bit，rel	直接寻址位为 0 则转移	30,bit,rel	3	2	
17	JBC bit, rel	直接寻址位为 1 则转移,并清 0 该位	10,bit,rel	3	2	

附录 B   MCS-51 系列 SFR 寄存器功能说明

MCS-51 系列 SFR 寄存器功能说明

序号	符号	字节地址	名称	位符号	位地址	位名称	功能和使用说明	RESET状态	可否位寻址
1				ACC.7	E7H				
2				ACC.6	E6H				
3				ACC.5	E5H				
4	ACC	E0H	累加器 A（Accumulator）	ACC.4	E4H			0x00	Yes
5				ACC.3	E3H				
6				ACC.2	E2H				
7				ACC.1	E1H				
8				ACC.0	E0H				
9				B.7	F7H				
10				B.6	F6H				
11			通用寄存器 B（General Purpose Register）	B.5	F5H				
12	B	F0H		B.4	F4H			0x00	Yes
13				B.3	F3H				
14				B.2	F2H				
15				B.1	F1H				
16				B.0	F0H				
17				C	D7H	Cy（Carry）进位位	算术运算最高位 A7 产生进位或借位时置 1,否则为 0	0	
18				AC	D6H	AC（Auxiliary Carry）	辅助进位位,当 A3 位向 A4 进位或借位时置 1,否则为 0	0	
19				F0	D5H	F0（Flag zero）	用户标志位,可由用户设定和检测	0	
20			程序状态字（Program Status Word）	RS1	D4H	RS1 寄存器选择位 1	寄存器组选择,RS1、RS0=00～11 对应 R0～R7 在 RAM 中物理地址的 0～3 组	0	
21	PSW	D0H		RS0	D3H	RS0 寄存器选择位 0		0	Yes
22				OV	D2H	OV（Overflow）溢出位	带符号运算超范围（-128～+127）,1 为超出;0 为未超出	0	
23				F1	D1H	F1	未定义的位,可由用户设定和检测	0	
24				P	D0H	P（Parity）奇偶标志位	运算结果累加器中 1 的个数,1 为偶数个;0 为奇数个	0	
25	P0	80H	P0 口缓冲		87H		P0 口通道,可位寻址	0xff	Yes
26					86H				

（续）

序号	符号	字节地址	名称	位符号	位地址	位名称	功能和使用说明	RESET状态	可否位寻址
27					85H				
28					84H				
29	P0	80H	P0 口缓冲		83H		P0 口通道,可位寻址	0xff	Yes
30					82H				
31					81H				
32					80H				
33					97H				
34					96H				
35					95H				
36	P1	90H	P1 口缓冲		94H		P1 口通道,可位寻址	0xff	Yes
37					93H				
38					92H				
39					91H				
40					90H				
41					A7H				
42					A6H				
43					A5H				
44	P2	A0H	P2 口缓冲		A4H		P2 口通道,可位寻址	0xff	Yes
45					A3H				
46					A2H				
47					A1H				
48					A0H				
49					B7H				
50					B6H				
51					B5H				
52	P3	B0H	P3 口缓冲		B4H		P3 口通道,可位寻址	0xff	Yes
53					B3H				
54					B2H				
55					B1H				
56					B0H				
57				*	BFH	*		0x0	
58				*	BEH	*		0x0	
59				*	BDH	*		0x0	
60	IP	B8H	中断优先级控制寄存器	PS	BCH	串行口优先级设定位		0x0	Yes
61				PT1	BBH	T1 优先级设定位		0x0	
62				PX1	BAH	/INT1 优先级设定位		0x0	

表题: MCS-51 系列 SFR 寄存器功能说明

（续）

| | | | | | | | | RESET | 可否位 |

MCS-51 系列 SFR 寄存器功能说明

序号	符号	字节地址	名称	位符号	位地址	位名称	功能和使用说明	RESET 状态	可否位寻址
63	IP	B8H	中断优先级控制寄存器	PT0	B9H	T0 优先级设定位		0x0	Yes
64				PX0	B8H	/INT0 优先级设定位		0x0	
65	IE	A8H	中断允许控制寄存器	EA	AFH	中断总开关位	所有中断的开关,0 为关;1 为开	0x0	Yes
66				*	AEH	*		0x0	
67				*	ADH	*		0x0	
68				ES	ACH	串行中断开关位	串行口中断开关,0 为关;1 为开	0x0	
69				ET1	ABH	定时器 1 中断开关位	定时器 1 中断开关,0 为关;1 为开	0x0	
70				EX1	AAH	/INT1 中断开关位	/INT1 中断开关,0 为关;1 为开	0x0	
71				ET0	A9H	定时器 0 中断开关位	定时器 0 中断开关,0 为关;1 为开	0x0	
72				EX0	A8H	/INT0 中断开关位	/INT0 中断开关,0 为关;1 为开	0x0	
73	TMOD	89H	定时器/计数器方式选择寄存器	GATE	07H	0=与/INT1 无关,1=有关	0=与/INT1 无关,1=有关	0x00	No
74				C/T	06H	C/T, For T1	0=Timer,1=Counter		
75				M1	05H	M1, For T1	M1,M0=00~11 为方式 0 到 3		
76				M0	04H	M0, For T1			
77				GATE	03H	GATE,For T0	0=与/INT0 无关,1=有关		
78				C/T	02H	C/T, For T0	0=Timer,1=Counter		
79				M1	01H	M1, For T0	M1,M0=00~11 为方式 0 到 3		
80				M0	00H	M0, For T0			
81	TCON	88H	定时器/计数器控制寄存器	TF1	8FH	T1 中断标志位	当 T1 计数溢出后由硬件置位	0x0	Yes
82				TR1	8EH	T1 启停控制位	控制 T1 计数的启停,1 启;0 停	0x0	
83				TF0	8DH	T0 中断标志位	当 T0 计数溢出后由硬件置位	0x0	
84				TR0	8CH	T0 启停控制位	控制 T0 计数的启停,1 启;0 停	0x0	
85				IE1	8BH	/INT1 中断标志位	/INT1 检测到外部中断由硬件置位	0x0	
86				IT1	8AH	/INT1 触发方式选择位	/INT1 触发方式选择,0 为负电平;1 负边沿	0x0	
87				IE0	89H	/INT0 中断标志位	/INT0 检测到外部中断由硬件置位	0x0	

（续）

MCS-51 系列 SFR 寄存器功能说明

序号	符号	字节地址	名称	位符号	位地址	位名称	功能和使用说明	RESET 状态	可否位寻址
88	TCON	88H	定时器/计数器控制寄存器	IT0	88H	/INT0 触发方式选择位	/INT0 触发方式选择,0 为负电平;1 负边沿	0x0	Yes
89				SM0	9FH	串行方式选择位		0x0	
90				SM1	9EH			0x0	
91				SM2	9DH	多机控制位		0x0	
92	SCON	98H	串行控制器	REN	9CH	允许串行接收位		0x0	Yes
93				TB8	9BH	发送数据的第 9 位		0x0	
94				RB8	9AH	接收数据的第 9 位		0x0	
95				TI	99H	发送中断标志位		0x0	
96				RI	98H	接收中断标志位		0x0	
97				SMOD	07H	波特率加倍位			
98				*	06H	*			
99				*	05H	*			
100	PCON	87H	电源控制及波特率选择寄存器	*	04H	*		0xff	No
101				GF1	03H	通用工作标志位	用户可以自由使用		
102				GF0	02H	通用工作标志位	用户可以自由使用		
103				PD	01H	掉电模式设定位			
104				IDL	00H	空闲模式设定位			
105	SP	81H	堆栈指针（Stack Pointer）			内部 RAM 中的堆栈指针,用于存放栈顶地址,堆栈中的数据先进后出,后进先出,当栈顶指向栈底时无数据。除用户操作外,程序调用和中断响应及返回都会有地址进出栈操作		0x07	No
106	DPL	82H	16 位专用地址指针 DPTR（Data Pointor）DPL 为低 8 位,DPH 为高 8 位			用于外部数据存储器和 I/O 口寻址		0x00	No
107	DPH	83H						0x00	No
108	TH0	8CH	T0 高 8 位					0x00	No
109	TL0	8AH	T0 低 8 位					0x00	No
110	TH1	8DH	T1 高 8 位					0x00	No
111	TL1	8BH	T1 低 8 位					0x00	No
112	TH2	CDH	T2 高 8 位					0x00	No
113	TL2	CCH	T2 低 8 位					0x00	No
114	SBUF	99H	串行口缓冲器			串行口数据进/出的双向缓冲器		0xXX	No